国家出版基金项目
NATIONAL PUBLICATION FOUNDATION

未来无线通信网络

认知无线网络中的人工智能

李　屹　李　曦　著

纪　红　审阅

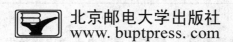

北京邮电大学出版社
www.buptpress.com

内 容 简 介

　　本书系统地阐述了认知无线网络中人工智能算法的应用。本书分为 6 章,第 1 章介绍认知无线网络与人工智能的关系,第 2～6 章描述各类学习算法,包括人工神经网络、遗传算法、隐马尔可夫模型、案例学习模型和增强学习算法,以及这些算法如何用于解决认知网络中的频谱检测、功率分配、参数调整、信道估计、干扰避免和流量预测等具体问题。

　　本书可供高等学校通信工程、信息工程、计算机工程、电子工程、系统工程和其他相近专业的研究生、教师和科研人员参考。

图书在版编目(CIP)数据

认知无线网络中的人工智能 / 李屹,李曦著 . -- 北京:北京邮电大学出版社,2014.8
ISBN 978-7-5635-3564-4

Ⅰ. ①认…　Ⅱ. ①李…②李…　Ⅲ. ①无线网—人工智能　Ⅳ. ①TN92

中国版本图书馆 CIP 数据核字(2013)第 159484 号

书　　　名	认知无线网络中的人工智能
著作责任者	李　屹　李　曦　著
责 任 编 辑	刘春棠
出 版 发 行	北京邮电大学出版社
社　　　址	北京市海淀区西土城路 10 号(邮编:100876)
发 行 部	电话:010-62282185　传真:010-62283578
E-mail	publish@bupt.edu.cn
经　　　销	各地新华书店
印　　　刷	北京宝昌彩色印刷有限公司印刷
开　　　本	720 mm×1 000 mm　1/16
印　　　张	15.5
字　　　数	293 千字
印　　　数	1—3 000 册
版　　　次	2014 年 8 月第 1 版　2014 年 8 月第 1 次印刷

ISBN 978-7-5635-3564-4　　　　　　　　　　　　　　　　定　价:48.00 元

· 如有印装质量问题,请与北京邮电大学出版社发行部联系 ·

丛书总序

近年来,智能手机、平板电脑、移动软件商城、无线移动硬盘、无线显示器、无线互联电脑等的出现开启了无线互联的新时代,无线数据流量和信令对现有无线通信网络带来了前所未有的冲击,容量需求呈非线性爆炸式增长。伴随着无线通信需求的不断增长,用户希望能够享受更加丰富的业务和更好的用户体验,这就要求未来的无线通信网络能够提供宽带、高速、大容量的无线接入,提高频谱利用率、能量效率及用户服务质量,降低成本和资费。基于此,本丛书着眼于未来无线通信网络中各种创新技术的理论和应用,旨在给广大读者带来一些思考和帮助。

本丛书首批计划出版五本书,其中《无线泛在网络的移动性管理技术》一书详细介绍无线泛在网络环境中移动性管理技术面临的问题与挑战,为读者提供了移动性管理技术的研究现状及未来的发展方向。《认知无线电与认知网络》一书主要阐述认知无线电的概念、频谱感知、频谱共享等,向读者介绍并示范如何利用凸函数最优化、博弈论等数学理论来进行研究。环境感知、机器学习和智能决策是认知网络区别于其他通信网络的三大特征,《认知无线网络中的人工智能》一书关注的是认知网络的学习能力,重点讨论了人工神经网络、启发式算法和增强学习等算法如何用于解决认知网络中的频谱检测、功率分配、参数调整等具体问题。《宽带移动通信系统的网络自组织(SON)技术》一书通过系统讲解 IMT-Advanced 系统的 SON 技术,详细分析了 SON 系统方案、协议流程、新网络测量方案、关键技术解决方案和算法等。《绿色通信网络技术》一书重点介绍多网共存的绿色通信网络中的相关技术,如绿色通信网络概述、异构网络与绿色通信、FPGA 与绿色通信等。

从最早的马可尼越洋电报到现在的移动通信,从第一代移动通信到现在第四代移动通信的二十年中,无线通信已经成为整个通信领域中的重要组成部分,是具有全球规模的最重要的产业之一。当前无线移动通信的持续发展面临着巨大的挑战,也带来了广阔的创新空间。我们衷心感谢国家新闻出版总署的大力支持,将"丛书"列入"十二五"国家重点图书出版规划项目,并给予国家出版基金的支持,衷心希望本丛书的出版能为我国无线通信产业的发展添砖加瓦。本丛书的作者主要是年轻有为的青年学者,他们活跃在教学和科研的第一线,本丛书凝聚了他们的心血和潜心研究的成果,希望广大读者给予支持和指教。

前　言

　　1998 年 10 月 14 日，Joseph Mitola 提出了"认知无线电"（Cognitive Radio，CR）的概念，用以表示大量的计算智能——特别是机器学习、视觉与自然语言处理——到软件无线电（Software Defined Radio，SDR）的集成。1998—2000 年间，Joseph Mitola 在其博士学位论文中改进了认知无线电的定义，广义上讲是无线节点能通过对周围无线环境的历史和当前状况进行检测、分析、学习、推理和规划，利用相应结果调整自己的传输参数，用最适合的无线资源完成无线传输。目前，智能化特征正从无线节点向无线网络拓展，在此基础上形成的网络形态称为认知无线网络。这种智能网络具有环境感知能力，对环境变化的自学习能力和自适应能力，能够实现网际和网间协同、资源的动态管理、系统功能模块和协议的重构等。认知无线网络的出现为频谱资源的高效利用、异构网络多种标准的并存、泛在接入与服务、网络的自主管理等问题的解决提供了一种新的思路、方法与途径。

　　近年来，认知无线网络得到了学术界和工业界的广泛关注，已成为无线通信研究的前沿领域之一，研究热点主要包括频谱感知、频谱检测、认知引擎、动态频谱管理、智能联合无线资源管理、认知导频信道、端到端重配置以及网络自管理等。不难发现，人们关注的点基本在于环境感知和智能决策两方面。事实上，认知网络区别于其他通信系统的显著特征还包括机器学习。虽然美国联邦通信委员会（Federal Communications Commission，FCC）曾把术语"认知"用于表示不需要机器学习的"自适应"，但随着研究工作的深入，人们发现没有学习能力的认知网络是不够的，不足以应对体系结构、接入方式、通信模式等的根本变化。

　　鉴于此，本书关注的是认知网络的学习能力，着重讲述人工智能系统中的机器学习算法在认知网络中的应用。第 1 章阐述认知无线网络与人工智能的关系,第 2~6 章讨论各类学习算法,包括人工神经网络、遗传算法、隐马尔可夫模型、案例学习模型和增强学习算法,以及这些算法如何用于解决认知网络中的频谱检测、功率分配、参数调整、信道估计、干扰避免和流量预测等具体问题。

在本书编著过程中,陈丹、安春燕、张鹤立、吴婧、吴旭光、张滔等研究生做了许多工作,纪红教授审阅了全书,在此表示诚挚的感谢。

本书的编著得到了国家自然科学基金项目(批准号 60832009 和 61271182)以及国家自然科学基金青年基金项目(批准号 61001115)的支持。

限于作者水平,书中难免存在不妥之处,恳请读者批评指正。

目　　录

第1章 认知无线网络与人工智能

认知无线电技术是无线通信领域与人工智能领域相结合的产物,其核心思想是使无线电设备像人一样具备"智能",通过感知无线通信环境,根据一定的学习和决策算法,实时、自适应地改变系统工作参数,动态地检测和有效地利用空闲频谱,在时间、频率以及空间上实现多维的频谱复用。因此,将人工智能领域的相关理论和方法引入到通信网络决策系统中,实现通信系统的"认知"智能化,对发展认知无线电具有重要的科学意义和迫切的现实意义。

1.1 认知无线网络

1.1.1 认知无线网络概述

随着无线通信网络的日益发展,飞速增长的频谱资源需求和相对匮乏的频谱资源供给之间的矛盾日益加剧。一方面,在传统的频谱资源管理机制下,每一种无线标准或系统都独占某一特定的频段,这就导致频谱资源越分越少,至今可用的频段基本已经分配殆尽。另一方面,已经分配的频谱资源在空间和时间上利用率都极不均匀,导致了无线频谱资源的极大浪费。根据美国联邦通信委员会(Federal Communications Commission,FCC)的研究结果[1],授权给某些无线系统的频谱竟然在大多数时间都是空闲的。针对 6 个城市在频谱使用效率方面的调查数据表明,从 30 GHz 到 3 GHz 的频谱利用率平均为 5.2%,而使用率最高的纽约市也不过为 13.1%。固定频谱分配是造成频谱利用率低下的主要原因,如何提高频谱利用效率已成为热点研究课题。

为了缓解上述矛盾,Joseph Mitola 在 1999 年首次提出了"认知无线电"(Cognitive Radio,CR)的概念[2],打破传统僵化的频谱资源管理和使用机制,允许无线通信系统对周围频谱环境进行动态感知,并以更高效、灵活的方式进行频谱接入,来减少频谱资源的浪费从而提高频谱利用率。图 1.1 描述了认知无线电如何利用暂时没有被使用的频谱,通常称其为频谱空洞(Spectrum Hole)或空白(White Space)[3]。如果这一频段随后被授权用户(Primary User,PU)使用了,那么认知用户(Secondary User,SU)或转移到另外一个空闲频谱,或继续使用该频段,但要改变它的调制方式与发送功率以避免对授权用户产生干扰,这样就可以实现动态频谱接入(Dynamic Spectrum Access,DSA)。具备智能化是认知无线电的标志,也是实现认知无线电的技术难点。人工智能技术的蓬勃发展使得认知无线电实现智能化成为可能。

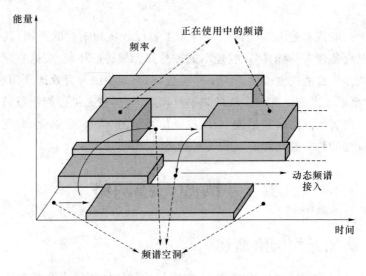

图 1.1　频谱空洞示意图

认知无线网络(Cognitive Radio Network,CRN)是从认知无线电发展而来的,两者有很多相同的属性。例如,两者都是以认知循环(或称认知环路)作为性能优化的核心;都需要通过认知语言进行推理学习,并采用软件可调整平台根据认知循环进行调整。然而,认知无线网络与认知无线电还是存在明显的区别,主要区别总结如下[4]。

(1)认知无线网络以端到端的性能优化为目标,包括运营、用户、雨雾以及资源需求等,目标由局部演进为全局,使认知特性深入各层协议;而认知无线电仅仅侧重于无线信道的局部目标。

(2)认知无线网络允许无线通信七层协议栈被动态重构;而认知无线电只侧重于物理层和 MAC 层。

(3)认知无线网络需要根据目前环境的观察信息,确定最佳网络并进行网络元素协议栈的重构,因而需采用基于应用和网络特征的跨层体系结构;而认知无线电中的跨层设计侧重于单目标优化,不考虑网络方面的性能,会造成多个自适应过程相互冲突。

（4）相比认知无线电，认知无线网络中的整体网络可以提高资源管理、服务质量、安全、接入控制或吞吐量等端到端性能。

认知无线网络是认知无线电的网络化，其本质是将认知特性纳入到无线通信网络的整体中去研究。因此，它可以定义为：认知无线网络能够利用环境认知来获取环境信息，并对信息进行挖掘处理与学习，为智能决策提供依据，并通过网络重构实现对无线环境的动态适应。

如图 1.2 所示，认知无线网络的系统架构主要由两部分组成：授权网络（Primary Network）和非授权网络（Unlicensed Network）。授权网络，也称为主用户网络，是运行在授权频段的，如广播电视网、蜂窝网。若主用户网络为集中式网络，则主用户（Primary User，PU）通过主用户基站（Primary Base Station，PBS）控制接入，不会被其他 PU 影响。这里，PBS 是指具有频谱授权的固定基础设施网元（Fixed Infrastructure Network Component），如蜂窝网中的 BTS（Base-station Transceiver System）。由于 PU 对授权频谱的使用具有优先权，因此 PU 的通信不能被次级用户（Secondary User，SU）干扰。

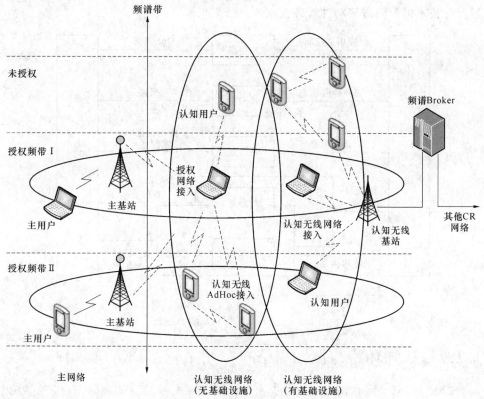

图 1.2　认知无线网络系统架构

非授权网络,又称次级网络(Secondary Network)或动态频谱接入网络(Dynamic Spectrum Access Network),没有授权频段可用。根据组织方式的不同,次级网络也可以分为有基础设施(with Infrastructure)和无基础设施(without Infrastructure)两类,其中前者属于集中式网络(Centralized Network),后者属于分布式网络(Distributed Network)。次级网络不能像授权网络一样能拥有自己的特定通信频段,因此 SU 需要附加额外的功能模块与 PU 共享授权频谱。认知基站(Cognitive Base-station),又称次级基站(Secondary Base-station),是集中式次级网络中的一个固定基础设施,提供对认知用户的单跳(Single-hop)连接。另外,不同的次级网络之间通过频谱 Broker 连接,又称调度服务器(Scheduling Server),用以分配频谱资源。

认知无线网络的本质是将认知特性融入无线通信网络的整体中去研究,以端到端性能为目标,允许无线通信协议栈被动态重构,如图 1.3 所示[5]。认知无线网络所涵盖的研究内容非常丰富,涉及从物理层到应用层以及不同层间的跨层设计等多方面的关键技术,如频谱感知技术、动态频谱管理技术、动态频谱共享技术、跨层设计技术以及频谱移动性管理技术等。

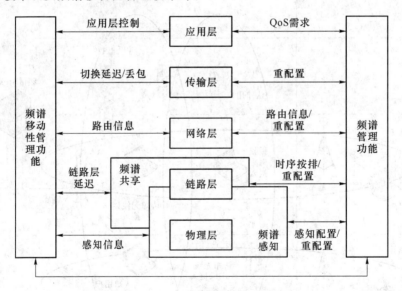

图 1.3 认知无线网络通信协议栈

1.1.2 认知环路与认知引擎

2000 年,Mitola 在博士论文中提出了如图 1.4 所示的认知环路[6]。它包括以下状态:观测(Observe)、判断(Orient)、计划(Plan)、决定(Decide)、行动(Act)、学习(Learn),简称 OOPDAL 环路。此外,学术界还提出了其他认知环路模型,如美国著名军事战略家 Col John Boyd 提出的 OODA(观察-判断-决策-行动)环路、Motorola 为自主网络提出的 FOCALE(基础-观察-比较-行动-学习-擦除)环路、IBM 为自主计算提出的 MAPE(监测-分析-计划-执行)环路等。OOPDAL 环路具有完整的认知功能和清晰的认知过程,是认知无线网络最为理想的环路模型。

如图 1.4 所示,OOPDAL 认知环路由外环和内环组成。外环也称决策环,内环又称学习环,用于从外环运行的历史经验中提取知识,并存放入知识库以指导决策环运行。OOPDAL 环路各个状态的主要工作如下:

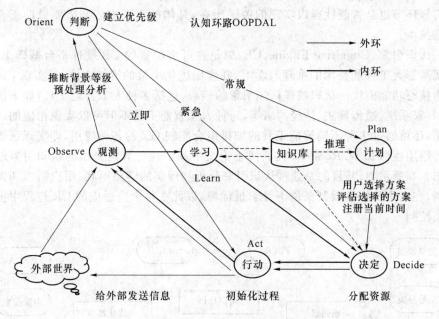

图 1.4 Mitola 提出的 OOPDAL 认知环路

(1)观测:通过对输入的激励流进行分析而观察其周围的环境。在观察阶段,CR 根据地理位置、光线强度传感器、温度等去推断通信环境。与此同时,将这些激励流与先验知识捆绑起来,去检测随时间改变的模式。

(2)判断:对外部情形进行评估来确定情形是否熟悉,如果需要则立即作出反应。同时,判断外部激励的优先级并分以下三种情况处理:①电源故障会直接导致动作的产生,即执行图 1.4 中标识"立即"的线路;②被认为是"紧急"的情况会送入到判决,例如当网络中链路信号遭受不可恢复的损失而导致资源重新分配时,可通过图 1.4 中标识"紧急"的线路来完成;③一般情况下,输入网络的消息通过生成计划来完成,即执行图 1.4 中标识"常规"的线路。

（3）计划：通常以"慎重"而非"反应式"的方式处理绝大部分的激励。根据用户需求和当前通信环境生成优化目标。

（4）决定：在候选的计划中作出选择。例如，CR 有权利立即提醒用户目前有新到来的消息，或者对此推迟提醒。

（5）行动：将决策结果付诸实施，使外部环境和内部状态发生变化，这些变换又被重新感知，进入下一轮循环。

（6）学习：是观察和判决的函数。例如，可以通过对当前的内部状态与期望之间的比较来学习通信模式的有效性。

OPPDAL 环路对知识的运用过程充分体现了 CR 的智能性，其中计划、学习、决策等环节更是智能性得以实现的关键所在，具体的实现方法则需要借助于人工智能技术。

认识引擎（Cognitive Engine，CE）就是在可重配置的 CR 硬件平台基础上[7]，实现基于人工智能技术的推理与学习，并作出优化决策的智能主体，是实现 CR 智能的核心功能模块。认知核是认知引擎的核心，包括多种人工智能工具，如案例推理、专家系统、遗传算法、神经网络等，每种人工智能工具不但可以实现相应的认知功能，还可通过多种不同智能工具的编排组合实现 CR 的各种应用，即实现认识引擎的通用性。T. W. Rondeau 在其博士论文中基于遗传算法提出的认知引擎结构如图 1.5 所示[8]，其目的是通过认识引擎分析物理层的链路形状、用户需求和调整机制，在多个目标和限制条件下寻求最优解，以此在整个自适应的 CR 过程中提供智能控制。

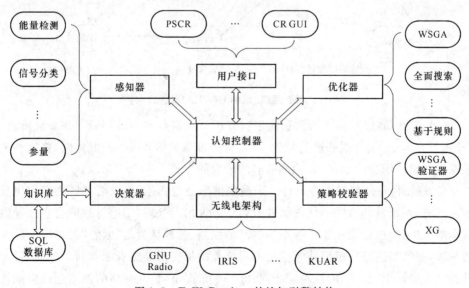

图 1.5 T. W. Rondeau 的认知引擎结构

认知引擎的关键是一个认知控制器(也称为认知核),作为系统的核心和调度中心,控制输入/输出和其他与之相连的结构单元。认知控制器提供各种丰富的工具,包括知识表示工具、各种推理机、学习机、优化算法库等,为完成认知循环的各环节功能提供支持。结构单元包括无线电架构(负责与无线电平台通信以确保优化方案能够得到执行,为感知器提供信息)、用户接口(提供控制和见识认知引擎的端口)、感知器(感知周围无线电和通信环境信息)、优化器(在确定的环境条件和目标下,给出优化波形)、决策器(挖掘信息,判断如何优化和行动)、策略校验器(加强对调整过程的控制)。每一个结构单元都可作为一个独立的模块启动,在执行过程中,各单元之间通过普通的接口(如插槽)连接和交换信息。

T. W. Rondeau 的认知引擎结构有两个特点。

(1)允许每一个结构单元单独开发、测试和启动,不同的单元依靠不同的主机或者处理器,能够执行分布式过程。

(2)允许使用不同类型的算法和过程来实现不同的单元,例如,针对不同情况开发的感知器都可以应用在该认知引擎结构中,或者不同的优化函数都可以被比较和应用。遗传算法是基于变化的参数构成基因,从而通过进化达到最优解,而对于某些恒定参数(如用户资费长时间内保持不变)作用的研究,该认知引擎结构还没有考虑,但它对用户是否使用 CR 有决定性影响。

C. Clancy 等人提出的认知引擎模型较为简单,即在软件无线电(Software Definition Radio,SDR)的平台上,增加知识库、推理引擎和学习引擎 3 个模块,如图 1.6 所示[9]。其中,知识库存储感知信息的逻辑描述、正确的预测和可以采取的行动策略集;推理引擎负责根据优化目标函数确定从知识库提取的可以直接采取的行动方案;学习引擎的主要目的是判断哪个输入状态能使目标函数最优,完成特殊情况的处理,提供新的行动方案,并且丰富知识库。根据实际应用的需要,学习引擎即可从初始化开始就保持运行,也可在认知无线电系统需要的时候阶段性运行。

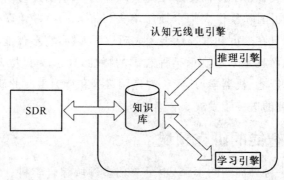

图 1.6   C. Clancy 的认知引擎模型

文献[10]给出了设计认知引擎的基本考虑和特殊应用的细节研究,文献[11]给出了不受任何特殊 SDR 软件和硬件结构约束的认知引擎例子。认知引擎的工作过程正是认知环路的一个循环过程。虽然认知引擎的目标是推动整个认知环路反复循环,但是应用不同的人工智能技术决定了 CR 系统中认知引擎的不同工作方式和功能。

1.2　人工智能概述

1.2.1　人工智能的定义和发展

关于智能的研究,有两个大的方向:一是关于人类智能的探讨与研究,认知科学(Cognitive Science)就是这样一门基础学科;二是用计算机来实现人类智能行为的研究,这就是所谓人工智能(Artificial Intelligence,AI)[12]。

人工智能是研发用于模拟、延伸和扩展人类智能的技术科学,它是相对于人的智能而言的。由于意识是一种特殊的物质运动形式,所以可以根据控制理论,运用功能模拟的方法,通过计算机模拟人脑的部分功能,把人的部分智能活动机械化。人工智能的本质是对人类思维信息过程的模拟,是人类智能的物化,旨在了解智能的实质,并产出一种能与人类相似的方式作出反应的智能机器。

人工智能发展的过程可归纳为机器不断取代人的过程,其诞生可追溯到 20 世纪 50 年代。1956 年夏季,人工智能这一概念被正式提出,从此开创了人工智能的研究方向。20 世纪 70—80 年代,知识工程的提出与专家系统的成功应用确定了知识在人工智能中的地位。随着智能计算机技术日新月异的发展,自主学习、启发式搜索、并行处理、智能决策、机器学习等人工智能技术已成功应用于博弈程序设计中,使"计算机棋手"的水平大为提高。1997 年,IBM 公司研制的深蓝(Deep Blue)计算机战胜了国际象棋大师卡斯帕洛夫(Kasparov)。计算机不仅能代替人脑的某些功能,而且在速度和准确性上大大超过了人脑,它不仅能模拟人脑部分分析和综合的功能,而且越来越显示某种意识的特性,真正成了大脑的增强和延伸。近十几年来,计算智能、机器学习、人工神经网络等和行为主义的研究深入开展,推动了人工智能研究的进一步发展。

1.2.2　人工智能的研究领域

人工智能是一种外向型的学科,也是一门多领域综合学科。它的主要目标是使机器能够胜任一些通常需要人类智能才能完成的复杂工作,其基本模型如

图 1.7 所示。通过对环境的信息获取、信息认知、形成知识、智能决策、执行作用环境形成循环过程，与 1.1.2 节 Mitola 的认知环路相比，该模型更能表征认知过程的基本要素。

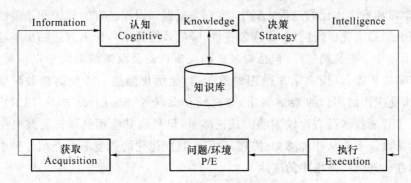

图 1.7　人工智能基本模型

在过去的 40 多年中，已经建立了一些具有人工智能的计算机系统。例如，能够求解微分方程、设计分析集成电路、检索情报、合成人类自然语言的具有不同程度人工智能的计算机系统。人工智能在现阶段的研究领域主要有专家系统、模式识别、机器学习、自然语言理解、自动定理证明、博弈论、人工神经网络和智能决策支持系统等。

1.3　人工智能在认知无线网络中的应用

认知无线电的"智能化"体现在整个认知过程中，包括用户和环境信息的检测和辨识、获取信息的推理和学习、最终决策的制定和执行、新的认知过程实现等。认知引擎作为认知无线电的智能主体需具备以下 3 个基本功能。

（1）观察（Observation）：收集关于认知无线电的运行环境、自身能力和特征的信息。

（2）认知（Cognition）：理解认知无线电的环境和能力（即 Awareness），作出相应的决策行动（即 Reasoning），并且学习这些行动对认知无线电性能及网络性能的影响（即 Learning）。

（3）重配置（Reconfiguration）：改变认知无线电的运行参数。

在认知无线网络中，认知引擎的大致工作过程为：根据用户的 QoS 需求、外界无线环境和认知无线电自身状态等输入信息（观察），对情况进行分析和归类，作出合适的反应（认知），然后将决策输出（重配置）。

认知引擎是认知无线电的核心，它是利用人工智能的最佳平台，集多种人工智能领域的相关技术来实现认知智能。文献[13]给出了人工智能技术在认知无线网络中3个阶段的应用：环境感知与信息存储阶段，认知学习和推理阶段，以及CR决策和调整阶段，如图1.8所示。文献[14]指出体现认知无线电智能的过程包括推理、学习和智能优化的过程。其中，推理是根据知识库已有的知识和当前的系统目标(例如，最大化运行时间，提高鲁棒性，降低系统开销)，作出合适的决策行动的过程；学习是一个长期过程，包括对过去的决策行动及反馈结果的知识积累，并且不断丰富知识库，以提高未来推理的效能；智能优化能进一步提高参数配置的性能，最大化应用层用户的QoS需求，如时延和误码率(Bit Error Rate，BER)要求。虽然人工智能技术已有比较成熟的理论体系，但是将其应用到认知无线电中还处于探索阶段。下面从环境感知、推理、学习和智能优化的角度简要介绍几种人工智能技术在认知无线网络中的应用。

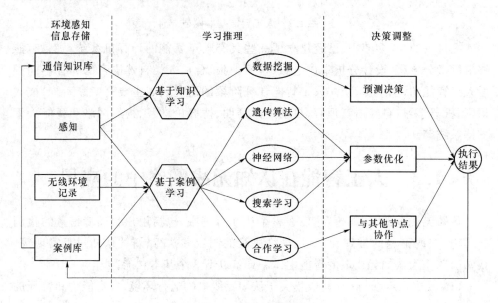

图1.8   人工智能技术在CR中的应用

1.3.1   环境感知、推理阶段的应用

1. CR 知识表示

知识表示就是将知识信息描述成一种便于机器识别的数据结构，它是认知的信息基础，会直接影响到知识库的构建和知识检索的难易程度、效率等，并决定CR的实际可用性。以前和现在的CR状态、内部和外部的观察信息、可用的频谱资源等都是认知过程的重要资料，这些信息的表达形式直接影响它们的使用价值。另

外,可用的行动序列和对行动的评价也是必备的数据。

一般来说,从源实体得到的信息都有某种严格的描述规则,为了更好地解释这些信息,认知设备需要遵循一个通用的语法协议。T. W. Rondeau 提出用 XML (eXtensible Markup Language)来描述感知的信息[8];E. K. Nolan 等人提出使用 OWL(Ontology Web Language)[15];Mitola 提出"无线知识表示语言"(RKRL)来表达系统配置、无线规则、网络传送、软件模块、应用环境和用户需求等知识。不同的知识表示方式各有优劣,XML 是一种简便的信息表达方法,可以由软件处理并以人类思维的形式呈现;OWL 提供了一种说明场景的语义学方法,由不同的语法平台来传达和解释;RKRL 是一种并行对象语言,每个部分根据描述语言的基础和规则的模式来构成,其能力来自于感知循环中的模式匹配、计划产生能力,通过基于模式的推理综合了各种语言的特点。RKRL 可动态定义 CR 系统突发的数据变化,可快速地通过操作相关协议使无线规则更好地满足用户需求,增强了系统的反应能力和灵活性。

2. 隐马尔可夫模型

隐马尔可夫模型(Hidden Markov Model,HMM)是一种由马尔可夫模型发展起来的统计模型,最早被应用到语音识别系统,并被认为是目前实现语音识别最成功的方法。HMM 是一个双重随机过程,包括以下两个部分。

(1) 具有一定状态数目的马尔可夫链,这是基本的随机过程,描述状态的转移,用转移概率描述。

(2) 一般随机过程,描述状态和观察值之间的统计对应关系,用观察值概率描述。在 HMM 中,只有观察值是可见的,而状态的转移过程是不可见的。

在认知无线网络中,认知用户通常采用固定检测周期(Fixed Sensing Period, FSP)技术检测主用户的频谱空洞并进行数据传输。然而,由于检测周期固定,一旦认知用户占用授权频段,则该频段只有在下一个检测周期结束时才能被释放。这期间,若主用户使用该频段,则势必受到干扰。为解决这一问题,已有学者提出利用 HMM 对信道状态进行预测,以降低认知用户对主用户的碰撞概率[16];或者通过信道状态的多步预测来估计认知用户对主用户的干扰时间与主用户进行一次数据传输时间的比值,并通过对该比值限定预设阈值的方法,把认知用户对主用户的干扰控制在一定范围内[17]。文献[18]提出一种基于 HMM 的联合概率信道预测(Joint Probability Channel Prediction,JPCP)的动态频谱接入技术,以 FSP 为基础,若认知用户已占用授权频段,则将 JPCP 值与设定阈值进行比较,以确定是否采用提前退出信道的机制来降低对主用户的干扰;若认知用户为占用授权频段,则通过在二次固定检测周期中增加临时频谱空洞检测机制,来提高认知用户的频谱利用率。

3. 专家系统

专家系统(Expert System)在人工智能技术领域有着非常成功的应用,并能很好地与其他人工智能技术相结合,如神经网络、遗传算法等。专家系统内部含有大量的某领域专家水平的经验和知识,运用推理过程来解决一般没有算法解的问题,并且经常在不完全、不确定或不精确的信息基础上得出结论。也就是说,专家系统是一种模拟专家决策能力的计算机系统。

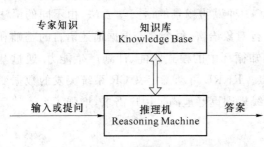

图 1.9 给出了专家系统的简化结构图,主要包括两个部分:知识库和推理机。其中,知识库用来存储专家经验和知识;推理机则根据专家知识对已有事实进行推理和决策。CR 可以通过主动学习或者"人在环中"的方式获取 CR 知识并且存储到知识库中,然后根

图 1.9 专家系统的简化结构图

据用户需求和外部无线环境的变化,到知识库中查询相应的先验知识,并通过推理机进行决策,从而调整 CR 的工作参数以适应外部环境和用户需求的变化。另外,针对 CR 中的频谱分配,在认知引擎中可以构建一个专门的知识库来存储频谱分配案例,当感知到非授权用户(即次级用户)信息和环境数据后,可先在专家系统进行检索,若有相同案例,立即采用同样的行动方案进行通信,保证通信的简单性、实时性。CLIPS(C Language Integrated Production System)是目前比较成熟的专家系统工具,已有学者将基于 CLIPS 的专家系统应用到 CR 的研究中[19]。

4. 基于规则的推理

与专家系统类似,基于规则的推理(Rule-Based Reasoning,RBR)系统也包括知识库和推理引擎两部分,首先将知识编写为规则存入到知识库中,然后推理引擎根据输入的信息和知识库中的规则进行推理,最后决定要执行的动作。这里值得注意的是,根据工作机理和结构,除了有基于规则的专家系统,还有基于框架的专家系统和基于模型的专家系统[20]。RBR 系统执行简单,只需正确地将相关知识编成规则,无线电设备就可以根据输入快速决定输出的动作,但对规则的完备性和准确性要求较高,如果知识没有被很好地表达,就会得到错误的推理结果,而且当遇到复杂问题时,规则之间容易发生冲突,影响系统正常运行。另外,当面临未知的新通信环境时,RBR 缺乏学习的能力,因而在认知无线网络中的应用受限。

5. 基于案例的推理

基于案例的推理(Case-Based Reasoning,CBR)是根据已掌握的一些问题的解决方案来获取与之相似的新问题的解决方案。CBR可以模仿人类的思维过程,当遇到新问题时可以根据以往的经验得出解决方法,并将新的案例纳入知识库中,从而实现系统的增量式学习。应用CBR的认识无线电系统可以不断学习和适应新的无线通信环境,不像RBR那样需要领域知识,认知无线电设备就能够具备学习的能力。

在实际的认知无线电系统中,通常将RBR与CBR结合起来使用。当知识库中的现有规则可以解决当前问题时,应用RBR系统;当规则不足时,则通过案例学习的方法(即应用CBR)丰富系统知识从而作出正确的推理决策。

1.3.2 认知学习阶段的应用

1. 人工神经网络

神经物理学家 W. Mc Culloch 和逻辑学家 W. Pits 在1943年对人脑的研究中提出了人工神经网络(Artificial Neural Networks,ANN)。ANN作为一种人工智能技术主要用于统计评估、优化和控制理论,它由用以模拟生物神经元的大量相连的人工神经元组成。ANN是模拟人脑信息处理机制的并行处理网络系统,它不但具有处理数值数据的一般计算能力,而且还有处理知识的思维、学习和记忆能力。根据网络结构和训练方法的不同,ANN可以分为多种类型,以适应不同的应用需求。

(1) 多层线性感知器网络

多层线性感知器网络(Multi-Layer Linear Perception Network,MLPN)由多层神经元组成,每一个神经元都是上一层神经元输出的线性组合。一般这种线性组合的权值在训练前是随机生成的,并且可以随着训练不断地更新,更新方法有多种,如后向传播(Back Propagation,BP)、遗传算法等。其训练方法的性能将由应用场景和网络规模决定。

(2) 非线性感知器网络

非线性感知器网络(Nonlinear Perception Network,NPN)利用对每个神经元的输入平方或两两相乘的方法将非线性引入神经网络使其可以对动态变化的训练数据进行更好的拟合。但是NPN网络结构需根据训练数据进行调整,另外如果采用BP方法进行训练会使得网络收敛缓慢而导致处理时间过长。

(3) 径向基函数网络

径向基函数网络(Radial Basis Function Network,RBFN)和NPN类似,不同

之处在于其非线性的引入是在隐含层利用径向基函数实现非线性映射,可以防止网络收敛到局部最小值。

由于神经网络可以动态地自适应和实时地训练,因而可以对系统的各种参数、模式、属性等进行"学习",并"记住"这些事实。当系统有新的输入和输出时,可以进行实时的训练来记忆新的事实。神经网络的这些特性正符合 CR 认知功能的需求,因此神经网络在 CR 中有着广泛的应用前景[21~23]。神经网络可以用于 CR 中的频谱感知,例如可以根据信号的循环平稳特性或者频谱特性等,利用基于神经网络的分类器对信号进行分类。神经网络可以用于 CR 参数的自适应决策和调整,可以根据当前用户需求和信道质量等所确定的优化目标选择 CR 参数。另外,神经网络还可以对 CR 的各种性能进行预测,可以记忆不同无线参数不同无线环境所达到的系统性能,如吞吐量、误码率、时延等,从而对未来可能产生的系统性能进行预测,进而对各种无线参数进行优化。

2. 增强学习

增强学习(Reinforcement Learning)是用来解决能够感知环境的系统通过学习选择能够达到其目标的最优决策动作的问题。当系统在所处的环境中做出每个决策动作后,通过设定相应的奖惩机制,系统能够从这个非直接的回报中学习,以便使后续的决策动作可以产生最大的累积回报。增强学习的目标是最大化长期的在线性能,可以在没有训练序列的情况下应用,因此适用于认知无线网络的学习,如认知用户可以通过增强学习的方法探索可能的转移策略,同时发掘相关知识,通过调整传输参数,达到限定条件下(如干扰温度受限)的优化目标(如最小化中断概率、最大化系统吞吐量)。

3. 模糊逻辑

由于很多事情都表现为一定的不确定性,模糊理论可以通过模糊描述构建模糊集合,确定隶属函数,从而利用信息本身的不确定性来处理问题。在 CR 的认知学习、推理阶段,要进行各种信息的传输和交换,包括层间的信息传递,这涉及网络的跨层设计和优化问题。N. Balodo 等人提出用模糊逻辑的语言来表达网络所需要的跨层信息,以模糊逻辑控制器作为跨层设计的认知引擎,如图 1.10 所示[24]。模糊逻辑的优点是能够降低网络结构的构建复杂度,改善信息解释,其精确测量的结果可以用一个不精确的知识表示来解决;模糊逻辑存在的问题是跨层网络中各层之间进行通信的跨层信息要求必须是连续可用的,而它的标准化工作还没有解决。

4. 博弈论

博弈理论(Game Theory)是研究决策者在相互影响、相互依存的情况下如何进行战略决策的分析工具。可以用博弈理论来处理多个具有利益冲突或者资源争用的局中人的策略选择及均衡。稳定状态在博弈论中体现为博弈过程的 Nash 均衡(Nash Equilibrium,NE)[25]。在空白频谱的占用竞争机制中引入博弈论的方法实现分布式频谱资源策略的研究已经成为关注的方向。

图 1.10　模糊控制器的结构

在静态博弈模型中,假设所有的参与者同时进行,该模型简单但使用范围有限。这是因为用户决策都是从自身的角度出发来最大化自己的收益,这样得到的 NE 通常与系统最优解之间存在较大的差距;动态决策过程则是强调决策过程和决策顺序对决策行为和结果的影响,可以出现合作等静态博弈过程不会有的结果,系统的稳定性优于静态博弈结果。

在认知无线网络中,功率控制的目标是在不干扰授权用户的前提下尽可能增大认知用户的发射功率。对于存在合作和竞争的多址 CR 系统,发射功率受干扰温度和可用频谱数量的限制,可以用博弈论来解决功率控制等问题。文献[3]提出采用博弈理论来解决认知无线网络中多用户资源管理问题[26]。文献[27]在 Underlay(下垫式)认知无线场景下,为了让认知用户能随机接入授权用户正在使用的授权频段,且对授权用户产生的干扰不高于授权用户能够容忍的干扰温度门限,采用斯塔克伯格(Stackelberg)博弈机制进行认知用户的发射功率分配。将授权用户作为模型中的领导者(Leader),认知用户作为追随者(Follower),认知用户使用授权用户的频段时需以干扰功率为单位支付给授权用户相应的费用,而授权用户可以通过调整价格,限制认知用户产生的总干扰功率不高于其所能容忍的门限值,以便获得最大利益。同时,不同认知用户间根据授权用户制定的价格,进行非合作博弈。文献[28]和文献[29]通过设计新颖的代价函数,提出基于非合作博弈的认知 CDMA 网络中的功率控制方案,并且验证了纳什均衡的存在性、唯一性和帕累托有效性。

其他的学习方法还包括贝叶斯学习、决策树、聚类等,在实际的认知无线网络中,需要根据不同的应用场景和优化目标,选择不同的认知学习方法。

1.3.3　智能优化阶段的应用

根据用户的 QoS 需求和通信环境的变化智能调整认知无线电参数是认知无

线网络的基本功能,参数调整需满足用户需求、无线信道条件和制度限定等多方面的要求,因此认知无线电系统要能在多个优化目标之间进行权衡,并给出一种符合多条件限制的折中参数配置方案。智能优化算法模拟自然界或者生物的现象,适用于认知无线网络中的参数配置问题。

1. 遗传算法

遗传算法(Genetic Algorithm,GA)借鉴生物进化和遗传的生物学原理,可用于解决目标优化问题,通过找到一组参数(基因)使目标函数(如功率消耗最小、数据速率最大、干扰最小、BER 最小、频谱效率改善等)最大化。遗传算法的基本原理是根据求解问题的目标构造适值函数,使初始种群通过杂交和变异不断选择好的适值进行繁殖,从而产生新一代种群,并逐步使种群进化到包含近似最优解的状态。

遗传算法的基因比特序列由两部分组成:一部分用于匹配给定条件的模式,包括带宽、功率、调制方式、中心频率、信号速率等;另一部分是用于匹配后所采取行为的比特模式,如中心频率调整、功率调整、信号速率调整等。遗传算法的基因模型如图 1.11 所示。在执行输入部分匹配并采取相应的行为之后,对基因进行两种调整。

(1) 对成功行为有贡献的基因进行强化,对成功行为没有贡献的基因进行弱化,提高有益基因的存活率,从比特序列中删除无益基因。

(2) 比特序列的随机突变,提供比特序列间产生新的解的机制。基因不仅以自然选择的方式存活或死亡,还可以引入全新的种类,得到更高效的推理。

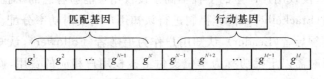

图 1.11　遗传算法的基因模型

遗传算法在 CR 中应用的基本思想是把无线电类比为一个生物系统[8],将无线电的特征定义为一个染色体,染色体的每个基因对应无线电一个可变的参量,如频率、带宽、发射功率、调制算法、纠错编码方法和帧结构等,这样就可以通过遗传算法的进化来满足用户的需求和适应无线环境变化的系统配置参数。今后,遗传算法在 CR 的主要研究方向是:明确构成染色体的信息参量组成和数目的规则;调整构成染色体的所有无线电参量的权重;改进算法,避免陷入局部最优解而得到一个非最佳行动方案,实现拟解决问题的最优化[30];优化算法的效率和计算量,以满足对实时性要求高的应用等。

2. 模拟退火算法

模拟退火（Simulated Annealing，SA）算法模拟热力学中的退火过程，通过模拟的降温过程按玻尔兹曼方程计算状态间的转移概率来引导搜索，以一定的概率选择邻域中目标值相对较小的状态，避免陷入局部最优。该算法执行容易，具有很好的全局搜索能力，但是收敛速度较慢。

3. 禁忌搜索算法

禁忌搜索（Tabu Search，TS）算法的基本思想是在搜索过程中将近期的搜索过程存放在禁忌表中，阻止算法重复进入，禁忌表模拟人类的记忆功能，能够大大提高寻优过程的搜索效率。

4. 蚁群优化算法

蚁群优化（Ant Colony Optimization，ACO）算法是由意大利学者 M. Dorig 等人通过模拟自然界蚂蚁集体协作寻找食物的行为而提出的一种新的随机优化方法[31]，它已经在组合优化问题中得到了广泛的应用[32]。ACO 算法的原理是一种正反馈机制，它通过信息素的不断更新达到最终收敛到最优路径上，并且在实际蚂蚁的基础上融入了人类的智能。另外，ACO 算法是一种全局优化的方法，对于求解单目标优化问题和多目标优化问题都十分有效。文献[33]提出了一种基于改进的蚁群优化算法的认知决策引擎，性能优于基本的遗传算法，但存在难以确定算法参数和早熟收敛等问题。文献[34]提出了一种基于自适应蚁群优化算法的认知引擎，通过改良路径选择机制和信息素挥发因子自适应调整机制，加速了种群的收敛速度，保证了算法的全局搜索能力，有效地避免了陷入局部最优，因而能很好地满足认知无线电决策引擎对多目标优化决策的需要。

上述智能优化算法（即 GA、SA、TS、ACO）都属于启发式算法（Heuristic Algorithm）。它们不仅可以通过推理或者优化目标函数寻找最优解，还可以通过训练样例来学习搜索空间中能够达到目标的一些规则。尽管各种算法有不同的特点，但共同目的都是通过学习广泛的样例，形成对优化目标的解决方案。

本章参考文献

[1] FCC. Spectrum Policy Task Force Report. ET Docket No. 02-155，2002.

[2] Mitola J，Maquire G Q Jr. Cognitive radio：Making software radios more personal. IEEE Personal Communications，1999，6(4)：13-18.

[3] Haykin S. Cognitive Radio：Brain-empowered wireless communications. IEEE Journal on Selected Area in Communications，2005，23(2)：201-220.

[4] 郭彩丽，冯春燕，曾志民. 认知无线电网络技术及应用. 北京：电子工业出版社，2010.

[5] Akyildiz I F，Lee W Y，Vuran M C，et al. Next generation dynamic spectruive radio wireless networks：a survey. Computer Networks Journal，2006，50(13)：2127-2159.

[6] Mitola J. Cognitive radio：an integrated Agent architecture for software defined radio. Sweden：Royal Institute of Technology，2000.

[7] Rondeau T W，Le B，Rieser C J，et al. Cognitive radios with genetic algorithms：Intelligent control of software defined radios. Phoenix：Software Defined Radio Forum Technical Conference，2004：3-8.

[8] Rondeau T W. Application of artificial intelligence to wireless communications. Blacksburg：Virginia Polytechnic Institute and State University，2007：11-12.

[9] Clancy C，Stuntebeck E. Applications of machine learning to cognitive radio networks. IEEE Wireless Communications，2007(8).

[10] Rondeau T W，Le B，Maldonado D，et al. Optimization，learning，and decision making in a cognitive engine. Proceeding of the SDR 06 Technical and Product Exposition，2006.

[11] Ge F，Chen Q，Wang Y，et al. Cognitive radio：from spectrum sharing to adaptive learning and reconfiguration. Aerospace Conference，2008：1-10.

[12] 张仰森，黄改娟. 人工智能教程. 北京：高等教育出版社，2008.

[13] Gaeddert J，Kim K. Applying artificial intelligence to the development of a cognitive radio engine. http://wireless. vt. edu/archives/download/ApplyingArtificialIntelligence. pdf.

[14] He A，Bae K K，Newman T R，et al. A survey of artificial intelligence for cognitive radios. IEEE Transactions on Vehicular Technology，2010,59(4)：1578-1592.

[15] Nolan K E，Sutton P，Doyle L E. An encapsulation for reasoning，learning，knowledge representation and reconfiguration cognitive radio elements. Cognitive Radio Oriented Wireless Networks and Communications，2006.

[16] Akbar I A，Tranter W H. Dynamic spectrum allocation in cognitive radio using hidden Markov models：Poisson distributed case. Proceedings of IEEE Southeast Conference，2007：196-201.

[17] Min R，Qu D，Cao Y，et al. Interference avoidance based on multi-step-ahead prediction for cognitive radio. Proceedings of IEEE Singapore International Conference，2008：227-231.

[18] 刘永年，杨建国，杨辉联，等. 基于隐马尔可夫模型的联合概率信道预测动态认知无线电频谱接入. 上海大学学报：自然科学版，2011，17(5)：581-585.

[19] Newman T R. Multiple objective fitness functions for cognitive radio adaption. University of Kansas，2008.

[20] 蔡自兴，徐光祐. 人工智能及其应用. 北京：清华大学出版社，2003.

[21] Baldo N，Tamma B R，Manoj B S，et al. A neural network based cognitive controller for dynamic channel selection. Proceedings of IEEE Conference on Communications，2009：1-5.

[22] Tumuluru V K，Wang P，Niyato D. A neural network based spectrum prediction for cognitive radio. Proceedings of IEEE International Conference on Communications，2010：1-5.

[23] Baldo N，Zorzi M. Learning and adaption in cognitive radios using neural networks. Proceedings of IEEE Consumer Communications and Networking Conference，2008：998-1003.

[24] Baldo N，Zorzi M. Fuzzy logic for cross-layer optimization in cognitive radio networks. IEEE Communications Magazine，2008，46(4)：64-71.

[25] Owen G. Game theory. New York：Academic Press，1995.

[26] Fudenburg D，Tirole J. Game theory. Cambridge：MIT Press，1991.

[27] Luo R H，Yang Z. Stackelberg game-based distributed power allocation algorithm in cognitive radios. Journal of Electronics & Information Technology，2010，32(12)：2964-2969.

[28] Zhou P，Yuan W，Liu W，et al. Joint power and rate control in cognitive radio networks：a game-theoretical approach. Proceedings of IEEE International Conference on Communications，2008：3296-3301.

[29] Wang W，Cui Y L，Peng T. Non-cooperative power control game with exponential pricing for cognitive radio network. Proceedings of Vehicular Technology Conference，2007：3125-3129.

[30] Daniel H F，Mustafa Y E，Shi Y，et al. Architecture and performance of an island genetic algorithm-based cognitive network. IEEE CCNC，2008.

[31] Dorigo M，Birattari M，Stuzle T. Ant colony optimization. IEEE Computa-

tional Intelligence Magazine，2006，1(4)：28-39.

[32] 史恒亮，白光一，等. 基于蚁群优化算法的云数据库动态路径规划. 计算机科学，2010，37(5)：143-145.

[33] Zhao N. Cognitive radio engine design based on ant colony optimization. Wireless Personal Communications，2011，1(10)：1-10.

[34] 罗云月，孙志峰. 基于自适应蚁群优化算法的认知决策引擎. 计算机科学，2011，38(8)：253-256.

第 2 章　增强学习算法在认知网络中的应用

2.1　增强学习算法概述

　　增强学习是多学科交叉科学,包括运筹学、神经网络、心理学和控制工程等,是目前人工智能领域最活跃的分支之一。其围绕如何与所处环境交互学习的问题,在行动-评价的环境中获得知识,改进行动方案以适应环境达到预想的目的。学习者不会被告知采取哪个动作,智能通过尝试每个动作作出自己的判断。试错搜索和延迟回报是增强学习的两个最显著特征。它主要是依靠环境对所采取行动的反馈信息产生评价,并根据评价去指导以后的行动,使优良行动得到加强,通过试探得到较优的行动策略来适应环境。

2.1.1　增强学习的基本原理

　　增强学习的基本原理是:如果 Agent 的某个行为策略导致环境对 Agent 正的奖赏(Reward),则智能体以后采取这个行为策略的趋势会加强;反之 Agent 采取这个行为策略的趋势会减弱[1]。

　　增强学习把学习看作是试探过程,其基本模型如图 2.1 所示。在增强学习中,Agent 选择一个动作 a 作用于环境,环境接受该动作后发生变化,同时产生一个强化信号 r 反馈给 Agent,Agent 再根据强化信号和环境当前状态选择下一个动作,

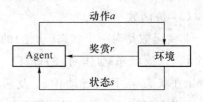

图 2.1　增强学习基本框图

选择的原则是使受到正的奖赏的概率增大。选择的动作不仅影响立即强化值,而且影响环境的下一时刻的状态及最终强化值。

　　Agent 与环境进行交互时,在每一时刻循环发生如下事件序列。

　　(1) Agent 感知当前的环境状态。

（2）针对当前的状态和强化值，Agent 选择一个动作执行。

（3）当 Agent 所选择的动作作用于环境时，环境发生变化，即环境状态，并给出奖赏（强化信号 r）。

（4）奖赏（强化信号 r）反馈给 Agent。

2.1.2　增强学习系统的主要组成要素

除了 Agent 和环境，一个增强学习系统还有 4 个主要的组成要素：策略（Policy）、奖赏函数（Reward Function）、值函数（Value Function）以及环境的模型。

（1）策略

策略也称决策函数，其定义为：描述对状态集合 S 中的每一个状态 s，Agent 应完成动作集 A 中的动作 a，策略 $\pi: S \rightarrow A$ 是一个从状态到动作的映射。关于任意状态所能选择的策略组成的集合 Π，称为允许策略集合，$\pi \in \Pi$ 在允许策略集合中找出使问题最优效果的策略 π^*，称为最优策略。

策略规定了在每一个可能的状态，Agent 应该采取的动作集合。策略是增强学习的核心部分，策略的好坏最终决定了 Agent 的行动和整体性能，策略具有随机性。

（2）奖赏函数

奖赏函数是环境交互的过程中，获取的奖赏信号，奖赏函数反映了 Agent 所面临的任务的性质，同时它也可以作为 Agent 修改策略的基础。奖赏函数 R 是对所产生动作的好坏作一种评价，奖赏信号通常是一个标量信号，例如用一个正数表示奖，而用负数表示罚，一般来说正数越大表示奖励的越多，负数越小表示惩罚的越多。增强学习的目的就是使 Agent 最终得到的总的报酬值达到最大。奖赏函数往往是确定的、客观的，为策略的选择提供依据。

（3）值函数

奖赏函数是对一个状态（动作）的即时评价，值函数则是从长远的角度来考虑一个状态（或状态-动作对）的好坏。值函数又称为评价函数。状态 s_i 的值是指 Agent 在状态 s_i 下执行动作 a_i 及后续策略 π 所得到的累积奖赏的期望，记为 $V(s_i)$。例如，$V(s_i)$ 定义为所有将来奖赏值通过衰减率 $\gamma (\gamma \in [0,1])$ 作用后的总和：

$$V(s_i) = E\left(\sum_{t=0}^{\infty} \gamma^t r_t \mid s_0 = s\right) \tag{2.1}$$

式中，r_t 和 s_t 分别是在时刻 t 的即时奖赏和状态，衰减系数 $\gamma (\gamma \in [0,1])$ 使得邻近的奖赏比未来的奖赏更重要。注意如果设置 $\gamma=0$，那么只考虑即时奖赏；当 γ 被设置成接近 1 的数值时，未来的奖赏相对于即时奖赏有更重大的重要程度。

Q 函数是另一种评价函数。在某些时候,记录状态-动作对的值比只记录状态的值更有用,把状态-动作对的值称为 Q 值。Q 函数:$Q(s,a)$ 表示在状态 s 执行动作 a,及采取后续策略的折扣奖赏的期望。

可以看出,状态值(Q 值)是对奖赏的一种预测,对于一个状态 s,如果它的奖赏值低,并不意味着它的状态值(Q 值)就低,因为如果 s 的后续状态产生较高的奖赏,仍然可以得到较高的状态值(Q 值)。估计函数的目的是得到更多的奖赏,然而动作的选择是基于状态值(Q 值)判断的。也就是说,Agent 选择这样一个动作,以使产生的新状态具有最高状态值,而不是转移到新状态时有最高的即时奖赏,因为从长远看,这些动作将产生更多的奖赏。然而确定值函数要比确定奖赏难很多,因为奖赏往往是环境直接给定的,而状态值(Q 值)则是 Agent 在其整个生命周期内通过一系列观察,不断地估计得出的。事实上,绝大部分增强学习算法的研究就是针对如何有效快速地估计值函数。因此,值函数是增强学习方法的关键。

（4）环境的模型

环境模型是对外界环境状态的模拟,Agent 在给定状态下执行某个动作,模型将会预测下一状态和奖赏信号。利用环境的模型,Agent 在作决策的同时将考虑未来可能的状态并进行规划。

一个智能体面临的环境往往是动态、复杂的开放环境,因此首先 Agent 对环境进行数学建模。通常情况下从以下 5 个方面进行考虑:时间、环境、可用性、时变性、稳定性,如表 2.1 所示。

表 2.1 环境的 5 角度划分

	时间	环境	可用性	时变性	稳定性
角度 1	离散状态	状态完全可感知	插曲式	确定性	静态
角度 2	连续状态	状态部分可感知	非插曲式	不确定性	动态

表 2.1 中,所谓插曲式(Episodic)是指 Agent 在每个场景中学习的知识对下一个场景中的学习是有用的。例如,一个棋类程序对同一个对手时,在每一棋局中学习的策略对下一棋局都是有帮助的。相反,非插曲式（Non-episodic）环境是指 Agent 在不同场景中学习的知识是无关的。时变性是指 Agent 所处的环境中,如果状态的迁移是确定的,则可以唯一确定下一状态。否则,在不确定性环境中,下一状态是依赖于某种概率分布的。进一步,如果状态迁移的概率模型是稳定、不变的,则称之为静态环境;否则,为动态环境。

2.1.3 增强学习的数学模型

一个智能系统面临的环境往往是动态、复杂的开放环境。增强学习技术中首先对随机的、离散状态、离散时间这一类问题进行数学建模。通常,最多采用的模型是马尔可夫模型。表 2.2 给出了常用的几种马尔可夫模型。

表 2.2　常用的马尔可夫模型

马尔可夫模型		是否智能系统行为控制环境状态转移	
		否	是
是否环境为部分可感知的	否	马尔可夫链	马尔可夫决策过程
	是	隐马尔可夫链	部分感知马尔可夫决策过程

马尔可夫决策过程最早来源于 20 世纪 50 年代由 Bellman 讨论的序列决策问题,后经 Howard 使用马尔可夫决策过程这个名字,系统论证了它的理论框架和迭代算法,进而逐渐推广开来。早期的马尔可夫决策过程(Markov Decision Process,MDP)研究主要集中于最优方程和求解算法,即值迭代和策略迭代的方法。近年来,多准则问题的研究成为该知识领域的新热点。

当前,解决增强学习问题主要有两大类算法:一类是值函数估计法,这是目前增强学习领域研究最为广泛、发展最为迅速的方法;另一类是策略空间直接搜索法,如遗传算法、遗传程序设计、模拟退火以及其他一些进化方法。本书只针对值函数估计法进行阐述。

MDP 是处理和解决不确定规划问题的一种方法。这种方法的关键思想是把规划问题看成一个最优化问题来解决。在 MDP 模型中是预先知道转移概率的,但转移概率未知时,优化问题则转变为机器学习问题,在增强学习中,可以采用值迭代或者策略迭代的方式来逼近 MDP 的最优策略。针对转移概率函数已知与否,求解方法可以被划分为转移概率已知和未知两大类。此外,对于环境状况部分可观测的情况,需用部分可观测的 MDP 来处理。

1. 转移概率已知的马尔可夫决策过程

一个 MDP 模型可以描述为由四元组 $\langle S,A,R,P \rangle$ 组成。

① S 为环境状态集合,简单地说就是环境所有可能的存在方式,状态集中的每个量都是 MDP 中的一个状态。

② A 为系统行为集合,是一系列可供选择的办法。要求解的问题的实质就是找到这样的映射关系,即找到每个状态智能体应该选取的相应动作。

③ $R(s_i,a,s_{i+1})$ 为奖赏函数,是系统在状态 s_i 时采取动作 a 后,环境状态转移到 s_{i+1} 所获得的即时奖赏值,只有通过奖赏值才能实现对选择不同动作的效果进行评价、对比,进而指导动作的选择。

④ $P(s_i,a,s_{i+1})$ 为状态转移函数,是系统在状态 s_i 时采用动作 a 使环境状态

转移到 s_{i+1} 的概率值。一个动作在不同状态下执行会产生不同的效果,因此就有必要为某一动作所导致的所有状态设置转换概率值,使得动作和状态能够对应起来。

MDP 问题的求解目标就是要找到一个动作序列,它指示出每个状态下应采用的最优控制动作,从而使得系统获得的总奖赏值最大。因此,MDP 问题要寻找的策略实质上是从状态到动作的一个映射函数,最优策略 π^* 是能使 Agent 获得的奖赏值之和最大的策略。值函数 V 是用于衡量策略优劣的标准。常用的值函数有以下 3 种。

(1) 有限阶段准则值函数

对于给定的 T、选用策略 π 及 $s_i \in S$,令

$$V_T(\pi;s_i) = \sum_{t=0}^{T} E_\pi [r_t(\pi) \mid s_0 = s_i] \tag{2.2}$$

式中,$V_T(\pi;s_i)$ 为用策略 π 在 $t=0$ 时从 s_i 出发的条件下,直到时刻 T 获得的期望总报酬。以有限阶段准则作为准则的 MDP,称为有限阶段模型。在该模型中,所求解的问题化为求有限步骤中的最优策略 π^* 以使下列函数式的值最大:

$$\pi^* = \arg\max_\pi V_T(\pi;s_i) = \arg\max_\pi E_\pi \Big[\sum_{t=0}^{T} r_t \Big] \tag{2.3}$$

针对有限模型 MDP,采用向后递归迭代算法,具体算法流程如下。

步骤 1:$t=T$ 且对一切 $s_i, s_i \in S$。

步骤 2:如果 $t=0$,则 $\pi^* = (a_*^1, a_*^2, \cdots, a_*^T)$ 为最优的马尔可夫策略,策略和奖赏函数之间的值函数为 $V_*^i(s_i)$ 算法停止。否则,令 $t-1 \Rightarrow t$ 后,进入步骤 3。

步骤 3:令 $V_*^{t+1}(s_j) = 0, s_j \in S$,计算

$$V_*^t(s_i) = \max_{a \in A(s_i)} \Big[r(s_i, a) + \sum_{s_j \in S} p(s_j \mid s_i, a) V_*^{t+1}(s_j) \Big] \tag{2.4}$$

$$a_*^t(s_i) = \arg\max_{a \in A(t)} \Big[r(s_i, a) + \sum_{s_j \in S} p(s_j \mid s_i, a) V_*^{t+1}(s_j) \Big] \tag{2.5}$$

步骤 4:返回到步骤 2。

通过向后递归迭代算法,可以得到 T 个有限时间内的最优策略 $\pi^* = (a_*^1, a_*^2, \cdots, a_*^T)$。

(2) 折扣准则值函数

折扣准则报酬效用函数是基于无限时间,引入折扣因子,定义报酬效用函数:

$$V_\gamma(\pi;s_i) = \sum_{t=0}^{\infty} \gamma^t E_\pi [r_t(\pi) \mid s_0 = s_i] \tag{2.6}$$

式中,$0 < \gamma < 1$ 称为折扣因子;$V_\gamma(\pi;s_i)$ 称为折扣准则。以折扣准则作为准则的

MDP,称为折扣模型。

在无限结构模型中,所求解的问题化为求无限步骤中的最优策略 π^* 以使下列函数式的值最大:

$$\pi^* = \arg\max_{\pi} V_\gamma(\pi;s_i) = \arg\max_{\pi} E_\pi \Big[\sum_{t=0}^{\infty} \gamma^t r_t\Big] \tag{2.7}$$

针对以上折扣模型 MDP,采用策略迭代的算法,具体流程如下。

步骤 1:任取一个决策规则 $f \in F$,f 为策略 $\pi = (f_0, f_1, f_2, \cdots, f_\infty)$ 中在某一时刻的决策,解线性方程组:

$$r(s_i, f(s_i)) + \gamma \sum_{s_j \in S} P(s_j | s_i, f(s_i)) V(s_j) = V(s_j), \quad s_j \in S \tag{2.8}$$

式中,$V(s_j) = V_\gamma(f_\infty, s_j)$。

步骤 2:策略改进运算,对上步求出的 $V_\gamma(f_\infty)$ 寻求一个 $f' \in \pi$,使

$$\max_{a \in A} \Big[r(s_j, a) + \gamma \sum_{s_j \in S} P(s_j | s_j, a) V(f_\infty; s_j) \Big]$$

$$= r(s_j, f'(s_j)) + \gamma \sum_{s_j \in S} P(s_j | s_j, f'(s_j)) V(f_\infty; s_j)$$

$$\geqslant r(s_j, f(s_j)) + \gamma \sum_{s_j \in S} P(s_j | s_j, f(s_j)) V(f_\infty; s_j) \tag{2.9}$$

注意,若同时有几个 a 同时达到式(2.9)左端最大,可任取一个作为 $f'(s_j), s_j \in S$。

步骤 3:终止规则。若对所有 $s_j \in S$,式(2.9)都成立,则终止计算,且 f_∞ 为最优策略;若至少存在一个 $s_j \in S$,使式(2.9)成立严格不等号,则以 f' 代替 f,转入步骤 1,且 $V_\gamma(f'_\infty) > V_\gamma(f_\infty)$。

(3) 平均准则值函数

对于任意 $\pi, s_i \in S$,令

$$\overline{V}(\pi, s_i) = \lim_{T \to \infty} \frac{V_T(\pi, s_i)}{T+1} \tag{2.10}$$

式中,$\overline{V}(\pi, s_i)$ 为用策略 π 在 $t=0$ 从 s_i 出发的条件下,长期每单位时间的平均期望报酬。令 $\overline{\mathbf{V}}(\pi)$ 为一列向量,其第 s_i 个分量为 $\overline{V}(\pi, s_i)$;称 $\overline{\mathbf{V}}(\pi)$ 为长期每单位时间平均期望准则,简称为平均准则。以平均准则作为准则的 MDP,称为平均准则模型。其解法可以采用如无限阶段折扣模型的策略迭代算法。

2. 转移概率未知的马尔可夫决策过程

在转移概率函数 P 和值函数 V 已知的环境模型情况下,可以采用马尔可夫决策过程求解最优策略。但是很多环境中,Agent 对外部环境根本不了解,即对转移概率函数 P 和值函数 V 未知,这种情况下,增强学习着重研究 Agent 如何学习最优行为策略。为了解决这个问题,首先了解增强学习的 4 个关键要素之间的关系,

如图 2.2 所示。

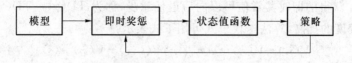

图 2.2　增强学习四要素

考虑到在环境模型未知的情况下，Agent 只能通过每次获得的即时奖赏来选择策略，这样策略和即时奖赏之间构造的值函数为

$$R_t = r_{t+1} + \gamma r_{t+2} + \gamma^2 r_{t+3} + \cdots = r_{t+1} + \gamma R_{t+1} \tag{2.11}$$

$$V_\pi(s) = E_\pi\{R_t \mid s_t = s\} = E_\pi\{r_{t+1} + \gamma V(s+1) \mid s_t = s\} \tag{2.12}$$

但由于增强学习中，转移概率函数 P 和值函数 V 未知，无法用 MDP 中的算法，所以实际中常采用逼近的方法进行值函数估计，其中有 Monte Carlo 采样、瞬时差分（Temporal Difference，TD）学习、Q 学习算法、Sarsa 算法等方法。

（1）Monte Carlo 算法

Monte Carlo（简称 MC）算法是一种无模型（Model Free）的学习方法，不需要系统模型-状态转移函数和值函数，只需要通过与环境的交互获得的实际或模拟样本数据（状态、动作、值）序列，发现最优策略。其基本公式如式（2.13）所示，其中 R_t 是系统采用某种策略 π，从 s_i 状态出发获得真实的累积折扣奖赏值。保持 π 策略不变，在每次学习循环中重复使用式（2.13），将公式逼近式（2.12）。MC 方法是基于平均化取样回报值来求解增强学习问题。

$$V(s_t) \leftarrow V(s_t) + \alpha[R_t - V(s_t)] \tag{2.13}$$

（2）TD 算法

MC 算法并不是增强学习所独有的方法，更能代表增强学习中心思想和新意的是 TD 算法。这是 Sutton 在 1988 年提出的用于解决时间信度分配问题的著名方法。它实际上是 MC 算法和动态规划（Dynamic Programming）算法的融合，与 MC 相似的是它可以直接从原始经验学起，完全不需要外部环境的动态信息。另外，TD 算法和动态规划一样，利用估计的值函数进行迭代。

最简单的 TD 算法为一步 TD 算法，即 TD(0) 算法，这是一种自适应的策略迭代算法。所谓一步 TD 算法，是指 Agent 获得的即时奖赏值仅向后回退一步，也就是只迭代修改了相邻状态的估计值。TD(0) 算法的状态值函数的迭代公式为

$$V(s_t) \leftarrow V(s_t) + \alpha[r_{t+1} + \gamma V(s_{t+1}) - V(s_t)] \tag{2.14}$$

式中，参数 α 称为学习率（或学习步长）；γ 为折扣因子。

TD 算法是由 Sutton 于 1988 年提出，并证明当系统满足 Markov 属性，a 绝对递减条件下，TD 算法必然收敛。但 TD(0) 算法存在收敛慢的问题，其原因在于，

TD(0)中 Agent 获得的即时奖赏值只修改相邻状态的值函数估计值。更有效的方法是 Agent 获得的即时奖赏值可以向后退任意步,称为 TD(γ)。TD(γ)的收敛速度有很大程度的提高,算法迭代公式可用下式表示:

$$V(s_t) \leftarrow V(s_t) + \alpha[r_{t+1} + \gamma V(s_{t+1}) - V(s_t)]e(s) \qquad (2.15)$$

式中,$e(s)$定义为状态的资格迹(Eligibility Traces)。实际应用中,$e(s)$可以通过以下方法计算:

$$e(s) = \begin{cases} \gamma \lambda e(s) + 1, & \text{若 } s \text{ 是当前状态} \\ \gamma \lambda e(s), & \text{其他} \end{cases} \qquad (2.16)$$

式(2.16)说明,如果一个状态被多次访问,表明其对当前奖赏值的贡献最大,然后其值函数通过式(2.15)迭代修改。

(3) Q 学习算法

Q 学习算法是由 Watkins 提出的一种与模型无关的增强学习算法,也被称为离策略 TD 学习,被誉为增强学习算法发展中的一个重要里程碑。Q 学习是对状态-动作对的值函数进行估计的学习策略,最简单的 Q 学习算法是单步 Q 学习,其 Q 值的修正公式如下:

$$Q(s_t, a_t) \leftarrow Q(s_t, a_t) + \alpha[r_{t+1} + \gamma \max_a Q(s_{t+1}, a) - Q(s_t, a_t)] \qquad (2.17)$$

式中,参数 α 称为学习率(或学习步长);γ 为折扣因子。

在单步 Q 学习算法中,需要学习的状态-动作对值函数是对最优状态-动作对的值函数的近似,并与所遵循的策略无关。这一特点使算法的分析得到极大的简化,而且使收敛性的证明得以实现。同样,Q 学习算法也可以根据 TD(γ)算法的方式扩充到 $Q(\gamma)$算法。

(4) Sarsa 算法

Sarsa 算法是 Rummery 和 Niranjan 于 1994 年提出的一种基于模型的算法,最初被称为改进的 Q 学习算法。它仍然采用的是 Q 值迭代,但 Sarsa 是一种在策略 TD 学习。一步 Sarsa 算法可用下式表示:

$$Q(s_t, a_t) \leftarrow Q(s_t, a_t) + \alpha[r_{t+1} + \gamma Q(s_{t+1}, a_{t+1}) - Q(s_t, a_t)] \qquad (2.18)$$

Agent 在每个学习步,首先根据 ε 贪心策略确定动作 a,得到经验知识和训练例 $\{s_t, a_t, s_{t+1}, r_{t+1}\}$;其次再根据 ε 贪心策略确定状态 s_{i+1} 时的动作 a_{i+1},并根据式(2.18)进行值函数修改;然后将确定的 a_{i+1} 作为 Agent 所采取的下一个动作。显然,Sarsa 与 Q 学习的差别在于 Q 学习采用的是值函数的最大值进行迭代,而 Sarsa 则采用的是实际的 Q 值进行迭代。除此之外,Sarsa 学习在每个学习步 Agent 依据当前 Q 值确定下一状态时的动作;而 Q 学习中依据修改后的 Q 值确定动作。因此称 Sarsa 是一种在策略 TD 学习。

3. 部分可观测的马尔可夫决策过程

MDP 算法基于环境是完全可观测的。在这个条件的假设下，Agent 总能知道自己处于哪个状态。结合对于转移模型的马尔可夫假设，这也意味着 Agent 的最优策略只取决于当前状态。当环境只是部分可观测时，Agent 无法准确了解自己周围的环境，这时 Agent 所作决策不能只依据当前的状态而要综合考虑历史状态，部分可观测的马尔可夫决策过程（Partial Observations Markov Decision Process，POMDP）就是针对这种情况的解决方法。本质上，POMDP 模型仍然属于 MDP 模型。在 POMDP 模型中，同样有状态集合、动作集合、转换函数和奖赏值函数。唯一的区别就是，模型是否能够对当前状态进行完全观测，智能体对周围环境是否是完全感知的。在 POMDP 模型中，加入了一组观察函数，这样通过一组反映状态线索的观察值代替了当前状态。观察值通常是概率性的，因此还需给定一个观测模型，此模型可以简明地表示出 POMDP 中每个状态的观察概率值。当简单的维持所有状态的一个概率分布时，就控制了模型的整个历史进程。在模型执行时，每采取一个动作，都通过观测函数更新状态的概率分布。相比而言，对观测概率的计算要比 MDP 模型中对每个状态不间断的完全检测要容易实现得多。

POMDP 算法在 MDP 算法的基础上，引入了两个新的参数。

（1）Z 为观测集合，是所有可能的观测信息的有限集合，对于每一个状态 $s_i \in S$，Agent 的观察值为 $z \in Z$ 的概率值 $v(z \mid s_i)$，观测值之间相互独立。特殊地，当对于任意 $s_i \in S$，$v(z \mid s_i) = 1$ 都成立时，表示环境状态是完全可知的，此时的 POMDP 即为 MDP。

（2）O 为观测函数，$S \times A \to \pi(Z)$ 是对于每个状态和 Agent 采取的动作对应的一个观测函数，是基于观测值的一个概率分布函数。$O(s', a, z)$ 是 Agent 经过动作 a 后处于状态 s_{i+1} 时得到状态值 z 的概率，其值等于 $p(z \mid s_{i+1}, a)$。

如果说状态转移矩阵描述的是不可观测的各状态按马尔可夫链随机转换的联系，那么观测矩阵则是将系统的输出与真实的不可观测的状态联系起来。POMDP 模型的求解目标与 MDP 是一样的，同样是寻找一个按照某种性能准则能使系统性能最优的策略。

图 2.3 显示了 POMDP 模型的结构。当环境处于某一状态时，Agent 基于环境所处状态的信息执行某一动作。此时，智能体将获得一个即时奖赏值，环境转移到了新的状态下，同时获得一个观测概率值。以上过程在 POMDP 模型智能体与环境的交互中不断反复。智能体在每个决策时刻 t 采取一个动作后，都会得到一个即时奖赏值 R_t。POMDP 模型的目标是使得一段时期内的总奖赏值最大化。一个有限阶段模型下，这一目标一般表述为

$$\max E\left[\sum_{t=0}^{k-1} R_t\right] \tag{2.19}$$

当模型框架式无限时，通常用具有折扣的目标函数来描述长期奖赏值之和，并

使这一加权的目标函数最大化。

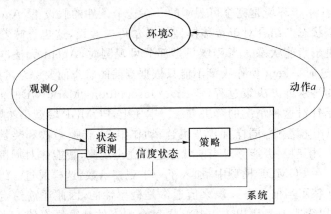

图 2.3　POMDP 模型结构

　　由于 POMDP 模型中环境状态只是部分可观测的,但是任一 t 时刻的动作决策时,须将全部历史信息都考虑在内。Agent 要保存包括初始状态、全部观测信息以及之前所采取的全部动作在内的全部历史信息显然是不现实的,这对智能体的存储设备的要求是无法实现的。因此,在 POMDP 模型中引入信度状态这一向量,用信度状态来表示所有需要的、有用的历史信息。信度状态是决策信息的充分统计量,是 S 中各存储状态的概率分布值。求解 POMDP 问题的最优策略就是要找到一个信度状态集到动作集的映射。习惯上用 b 表示信度状态,t 时刻智能体处于某一状态 s 的信度状态表示为 $b_t(s)$,其值等于 t 时刻智能体处于 s 状态的概率值 $p_t(s:s \in S)$。

　　POMDP 模型中,智能体每执行一个动作后,信度状态都要基于所采取的动作和所得到的观测信息进行更新。设 t 时刻智能体的信度状态为 $b_t(s)$,当智能体执行了动作 a,状态由 s 变为 s',得到的观测值为 z 时,智能体在新状态 s' 的信度值为 $b_{t+1}(s')$,按如下计算公式进行更新:

$$b_{t+1}(s') = p(s' \mid z, a, b_t)$$

$$= \frac{p(z \mid s', a, b_t) p(s' \mid a, b_t)}{p(z \mid a, b_t)}$$

$$= \frac{p(z \mid s', a, b_t) \sum_{s \in S} p(s' \mid a, b_t, s) p(s \mid a, b_t)}{p(z \mid a, b_t)}$$

$$= \frac{p(z \mid s', a) \sum_{s \in S} p(s' \mid s, a) p(s \mid b_t)}{p(y \mid a, b_t)}$$

$$= \frac{O(s', a, z) \sum_{s \in S} T(s, z, s') b_t(s)}{p(z \mid a, b_t)} \tag{2.20}$$

式中,O 和 T 分别是预先定义好的 POMDP 模型中的观测函数和转换函数。分母 $p(z|a,b_t)$ 是智能体依据前一信度状态和所执行的动作得到的全部感知概率值:

$$p(z \mid a,b_t) = \sum_{s \in S} p(z \mid s',a) p(s' \mid s,a) b_t(s)$$

$$= \sum_{s \in S} O(z,s',a) T(s',a,s) b_t(s) \qquad (2.21)$$

如前所述,POMDP 模型的策略求解就是要找到一个信度状态集到动作集的映射。对于任一信度状态 b,$\pi(b)$ 即为策略 π 在 b 信度状态时采取的动作。如果策略 π 独立于决策时刻,只与信度状态的值有关,同一信度状态所采取的策略动作是相同的,则称这一策略为稳定的策略。智能体在 b 信度状态采取策略 $\pi(b)$ 时,它的折扣奖赏值的期望值为

$$V^{\pi}(b) = E_{b,\pi} \Big[\sum_{n=1}^{\infty} \lambda^{n-1} R(b_n,\pi(b_n)) \Big] \qquad (2.22)$$

式中,b_n 为信度状态;$\pi(b_n)$ 为信度状态等于 b_n 时采取的动作;λ 为折扣因子;称 V^{π} 为策略 π 的值函数,其实质就是对策略好坏的评价值。同样,在 MDP 模型中 t 步最优值函数公式在 POMDP 模型中应变为如下形式:

$$V_t^*(b) = \max_{a \in A} \Big[\rho(b,a) + \gamma \sum_{b' \in B} \tau(b,a,b') V_{t-1}(b') \Big] \qquad (2.23)$$

式中,B 为全部信度状态的集合。对比式(2.4)可以发现,原公式中的转换函数 T 和奖赏函数 R 分别被替换为 τ 和 ρ,这是因为 POMDP 模型中,无法完全得知智能体的状态,转换函数和奖赏函数都需要在信度状态 b 基础上定义,而不能像 MDP 模型中一样在单个状态上定义。转换函数和奖赏函数的定义如下:

$$\tau(b,a,b') = p(b' \mid b,a) = \sum_{z \in Z} \sum_{s' \in S} \sum_{s \in S} b(s) O(z,s',a) T(s,a,s') \qquad (2.24)$$

$$\rho(b,a) = \sum_{s \in S} b(s) R(s,a) \qquad (2.25)$$

策略的好与坏是通过其值函数的大小进行比较的。给定两个策略 π_1 和 π_2,如果在 b 信度状态下有 $V^{\pi_1}(b) \leqslant V^{\pi_2}(b)$,则认为策略 π_2 优于策略 π_1,也就称之为 π_2 支配 π_1。一般意义上,当智能体从同一信度状态出发,按支配性策略运行的智能体收到的奖赏值会较大。

如果存在某一策略能够支配所有其他的策略,则此策略为最优策略,表示为 π'。最优策略的值函数即最优值函数表示为 V'。显然,对于任一信度状态 b,$V^*(b)$ 是从信度状态 b 出发智能体所能达到的最大折扣期望奖赏值。如果对所有信度状态 b 都存在一个值 ε,满足 $V(b) + \varepsilon \geqslant V^*(b)$,则称值函数是 ε 最优的。图 2.4 表示了 POMDP 模型与环境交互学习的分解图。

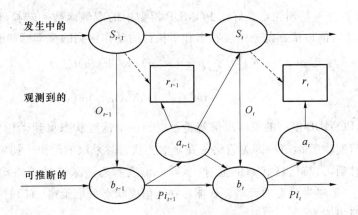

图 2.4　POMDP 模型与环境交互学习分解图

2.2　增强学习算法的应用举例

2.2.1　Q 学习算法在绿色认知无线网络中的应用

　　绿色通信主要采用高效功放、分布式、多载波、智能温控等技术,配合灵活的站点场景模型,对无线设备进行改造,以达到降低能耗的目的。认知无线电中环境感知功能可在高效的功率分配方面有所作为。在绿色通信中,次级用户能自适应环境是十分重要的,因为能量效率高度依赖于环境因素,如主用户的行为模式和 QoS 需求。本节针对无线认知 Mesh 网络(即 CogMesh 网络)中的次级用户,研究绿色节能的功率分配方法[2]。

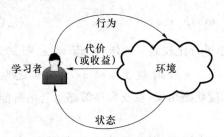

图 2.5　Q 学习的流程描述

　　针对未知环境,本节采用 Q 学习算法(增强学习算法的一种)进行问题建模。如图 2.5 所示,在学习过程中,次级用户在无线环境未知的情况下,根据不同行为结果的经验来更新策略。次级用户能够适应环境信息,并根据多代理 Q 学习算法(Multi-agent Q Learning Algorithm)得到最佳转移策略。在没有基础设施的情况下,次级用户可以通过与 CogMesh 环境的直接交互,学习到最佳策略。所谓学习是通过恰当地运用过去的经验逐渐完成的。

1. 问题建模

这里对非合作随机功率分配问题进行建模，每个次级用户会根据 CogMesh 集群场景中得到的奖励以及动态自我激励属性来调整发射功率等级。

（1）收益函数和非合作功率分配

考虑一种通用的 CogMesh 网络场景：一个主用户链路和 $\mathbf{N}=\{1,\cdots,N\}$ 个分布在非重叠集群中的 CR 链路构成一个次级用户网络。由于采用机会频谱接入，它们共存于同一区域，且可能同时共享某一频段。信道模型如图 2.6 所示。

用 p_i（$p_i^{\min}\leqslant p_i\leqslant p_i^{\max},i\in\mathbf{N}$）和 γ_i 分别表示第 i 个次级用户的发射功率等级及其对应的信号与干扰加噪声比（SINR）。其他次级用户的发射功率等级用矢量 $\boldsymbol{p}_{-i}=(p_1,\cdots,p_{i-1},p_{i+1},\cdots,p_N)$ 来表示。第 i 个次级用户的 SINR 可表示为

$$\gamma_i(p_i,\boldsymbol{p}_{-i})=\frac{h_{ii}p_i}{\sigma+g_ip_{\mathrm{p}}+\sum\limits_{j\in\mathbf{N}\setminus i}h_{ji}p_j} \tag{2.26}$$

式中，h_{ii} 表示第 i 个次级用户发送端到目的接收端的信道增益；g_i 表示主用户发送端（PT）到第 i 个次级用户接收端的信道增益；h_{ji} 表示第 j 个次级用户发送端与第 i 个次级用户的接收端之间的信道增益；p_{p} 表示主用户的发射功率；σ 是接收机的加性高斯白噪声（AWGN）功率。

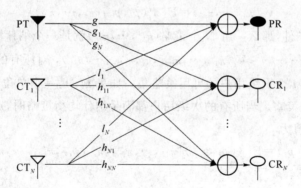

图 2.6　认知用户和主用户共存的信道模型

如式（2.27）所示，选取带宽 W 上单位能耗所传输的平均比特数目作为收益函数，该收益函数可作为能量效率的一个度量：

$$\mathcal{R}(p_i,\boldsymbol{p}_{-i})=\frac{W\log_2(1+\gamma_i(p_i,-\boldsymbol{p}_{-i}))}{p_i} \tag{2.27}$$

功率分配的目的是为了保证所有次级用户的 SINR 都不低于门限值 γ_i^*，γ_i^* 是为了保证 QoS 需求而设置的，也就是：

$$\gamma_i\geqslant\gamma_i^*,\forall i \tag{2.28}$$

考虑文献[3]中给出的功率限制，第 i 个次级用户的发射功率等级满足条件约束：

$$p_i \leqslant p_{\text{mask}}, \quad \forall i \in \mathbf{N} \tag{2.29}$$

式中，p_{mask} 是功率门限，会预先设定。

发射功率必须要同时满足功率门限和最大发射功率等级的限制，所以有 $p_i^{\min} \leqslant p_i \leqslant \overline{p}_i^{\max}$，其中 $\overline{p}_i^{\max} = \min(p_i^{\max}, p_{\text{mask}})$。每个次级用户都根据自己的最大利益从离散的发射功率集合 $\mathbf{P}_i$ 中选取功率等级。从形式上来看，CogMesh 中的非合作功率分配博弈可以用下式来表示：

$$\max_{p_i \in \mathbf{P}_i} \mathcal{R}(p_i, \boldsymbol{p}_{-i}) \tag{2.30}$$

$$\text{s. t.} \quad \gamma_i \geqslant \gamma_i^*, \quad i \in \mathbf{N}$$

该博弈问题的解可用纳什均衡（Nash Equilibrium，NE）求得。

(2) 随机功率分配

在一个单状态的随机博弈框架中，可对次级用户的自私行为进行建模。每个次级用户的优化目标是最大化自己的收益。这种博弈会无限进行下去以获得最佳策略。次级用户 i 的策略 $\pi_i(p_i)$ 被定义为选择行为 p_i 的概率。因此，定义时隙 t 的值函数为

$$V_i(\pi_1, \cdots, \pi_N) = E\{\mathcal{R}_i^t(p_i, \boldsymbol{p}_{-i} | \pi_1, \cdots, \pi_N)\} \tag{2.31}$$

如果满足以下条件，那么一组 N 个策略 $(\pi_1^*, \cdots, \pi_N^*)$ 就是一个纳什均衡解。

$$V_i(\pi_1^*, \cdots, \pi_N^*) \geqslant V_i(\pi_1^*, \cdots, \pi_{i-1}^*, \pi_i, \pi_{i+1}^*, \cdots, \pi_N^*), \text{ 对所有的 } \pi_i \in \Pi_i \tag{2.32}$$

式中，Π_i 表示第 i 个次级用户的可用策略集。如果 π_i^* 是一个单位概率矢量，那么 NE 就是一个纯策略。当所有的次级用户都满足纳什均衡策略时，定义第 i 个次级用户的最佳 Q 值为

$$Q_i^*(p_i) = E[\mathcal{R}(p_i, \boldsymbol{p}_{-i}) | \pi_1^*, \cdots, \pi_{i-1}^*, \pi_i^*(p_i), \pi_{i+1}^*, \cdots, \pi_N^*] \tag{2.33}$$

其更新规则如下：

$$Q_i^{t+1}(p_i) = Q_i^t(p_i) + \alpha \left\{ \left[\prod_{j \in \mathbf{N} \setminus i} \pi_j^t(p_j) \right] \mathcal{R}(p_i, \boldsymbol{p}_{-i}) - Q_i^t(p_i 0) \right\} \tag{2.34}$$

其中，$\alpha \in [0, 1)$ 是学习系数。文献[4]已经表明在游戏规则中纳什均衡一直存在。然而，每一个次级用户可能未关注以下两个问题：①该系统中同时存在的次级用户数；②其他次级用户的可用策略。

因此，次级用户唯一能得到的信息是它在每次博弈之后所得到的收益，优化目标为：设计一个随机非合作功率分配方案，保证次级用户在只有自身和不完整外部信息的情况下，通过学习来得到最佳策略。

2. 基于多代理 Q 学习算法的随机功率分配

本节考虑在只有自身和不完整外部信息情况下的随机功率分配方案。多代理 Q 学习算法的缺点是它需要考虑对手的策略。而在非合作 CogMesh 中,次级用户只知道与周围环境交互能获得什么收益。为了能在这种情况下应用多代理 Q 学习算法,次级用户必须在不与其他次级用户合作的前提下对它的策略进行推测。

(1) 基于推测的多代理 Q 学习方法

定义在时隙 t 第 i 个次级用户的推测值 $c_i^t = \prod_{j \in \mathbf{N} \setminus i} \pi_j^t(p_j)$ 作为度量信号,它代表其他所有次级用户选择行为 $\boldsymbol{p}_{-i}$ 的概率。可以看出,c_i^t 表明了其他次级用户的联合策略对第 i 个次级用户的当前收益的总影响。在非合作场景中,很难得到竞争者们准确的策略。因此,假设 c_i^t 是第 i 个次级用户得到的关于整个 CogMesh 环境仅有的信息。

具体来说,从第 i 个次级用户的角度来看,获得收益 $\mathcal{R}(p_i, \boldsymbol{p}_{-i})$ 的概率是 $\rho_i^t = \pi_i^t(p_j)c_i^t$。用 n_i^t 表示第 i 个次级用户获得收益为 $\mathcal{R}(p_i, \boldsymbol{p}_{-i})$ 的次数。n_i^t 服从概率为 ρ_i^t 的几何分布。因此 $\rho_i^t = \dfrac{1}{1 + \overline{n}_i}$,其中 $\overline{n}_i$ 是 n_i 的均值,并可以由次级用户 i 通过对历史收益进行观察来获得。由于第 i 个次级用户知道自己的转移策略 $\pi_i^t(p_i)$,所以可用 $c_i^t = \dfrac{1}{(1 + \overline{n}_i)\pi_i^t(p_i)}$ 来估计 c_i^t。注意到第 i 个次级用户可选择的行为是根据 π_i^t 来选择传输功率,需要用推测函数来表示它自己的转移策略:

$$\hat{c}_i^t = \overline{c}_i - w_i(\pi_i^t(p_i) - \overline{\pi_i(p_i)}), \quad 对于 i \in \mathbf{N} \tag{2.35}$$

式中,$\overline{c}_i$ 和 $\overline{\pi_i(p_i)}$ 是特殊的猜测值和策略;w_i 称为参考点,是一个正标量。

最后,可推导出经修正的更新规则:

$$Q_i^{t+1}(p_i) = Q_i^t(p_i) + \alpha_t \{ \hat{c}_i^t \mathcal{R}(p_i, \boldsymbol{p}_{-i}) - Q_i^t(p_i) \} \tag{2.36}$$

(2) 探测(Exploration)

随机功率分配的目的是通过在以下两方面获得折中来提高性能:① 寻找更好的传输功率等级;② 尽可能地积累收益。

这样次级用户既可以增强对于已知的功率等级的估计,又可以探测新的功率等级。本节考虑以下随机探测协议:更新概率值,使贪婪功率等级更有可能被选中。经过 t 个时隙,用 $p_i^* = \arg\max\limits_{p_i} Q_i^{t+1}$ 来表示 $t+1$ 时隙的贪婪功率等级(如果有很多个这种功率等级,从中挑选一个作为随机样本)。然后在 $t+1$ 时隙选择 p_i^* 的概率逐渐增加至1,可表示为

$$\pi_i^{t+1}(p_i^*) = \pi_i^t(p_i^*) + \delta[1 - \pi_i^t(p_i^*)] \tag{2.37}$$

同时,选择其他发射功率等级的概率会慢慢减少至 0,可表示为

$$\pi_i^{t+1}(p_i) = \pi_i^t(p_i) + \delta[0 - \pi_i^t(p_i)], \quad \text{对} \ p_i \neq p_i^* \tag{2.38}$$

对该算法归纳如下:

CogMesh 中基于推测多代理 Q 学习算法的非合作功率分配

初始化:

设置 $t=0$,初始策略为 $\pi_i^0 = \left(\dfrac{1}{|\boldsymbol{p}_i|}, \cdots, \dfrac{1}{|\boldsymbol{p}_i|} \right)$($|\boldsymbol{p}_i|$ 是 $\boldsymbol{p}_i$ 的长度),$Q_i^0(p_i)=0$,推测值为 $c_i^0 = 0.6 (i \in \mathbf{N})$。

循环:

- 对于所有的 $j \in \mathbf{N}$,根据 π_j^t 得到 p_j。
- 根据接收端的反馈信息估计收益 $\mathscr{R}_i^t$ 和 c_i^t。
- 更新 Q_i^t:$Q_i^{t+1}(p_i) = Q_i^t(p_i) + \alpha_i \{ c_i^t \mathscr{R}(p_i, p_{-i}) - Q_i^t(p_i) \}$。
- 每个次级用户更新它的策略:

  若 $Q_i^{t+1}(p_t^*)$ 是最大的,那么 $\pi_i^{t+1}(p_i^*) = \pi_i^t(p_i^*) + \delta[1 - \pi_i^t(p_i^*)]$;
  否则 $\pi_i^{t+1}(p_i) = \pi_i^t(p_i) + \delta[0 - \pi_i^t(p_i)]$。
- 每个次级用户更新它的推测值 $\hat{c}_i^{t+1} = \bar{c}_i - w_i(\pi_i^{t+1}(p_i) - \overline{\pi_i(p_i)})$。

$t := t+1$

---

3. 性能评估

为了验证算法的有效性,这里给出由一个主用户网络和一个认知无线网络构成的混合 CogMesh 系统仿真。所有主用户和次级用户都均匀分布在方圆 300 m 的区域内,且共享 1 MHz 的带宽。每个主用户的发射功率等级都是 500 mW,信道增益表示为

$$g_{ij} = d_{ij}^{-n} \tag{2.39}$$

式中,d_{ij} 表示第 i 个用户与第 j 个用户间的距离;n 表示路径损耗系数。仿真中路径损耗系数设置为 4,其余参数分别如下:α_i 为学习系数,$\alpha_0 = 0.4$;w_i 在 3~5 之间均匀分布;σ_i 为 AWGN 功率,$\sigma_i = 10^{-10}$;δ 为更新概率的步长,$\delta = 0.1$。

假设在 CogMesh 网络中有 10 个次级用户和一个主用户并存,且每个用户都有多个发射功率等级。离散发射功率等级为 100~220 mW,功率间隔为 2 mW。

下面用多代理 Q 学习算法来描述发射功率的分配情况。图 2.7 给出的仿真结果表明收益函数在 80 个步长内收敛。图 2.8 是次级用户所获得的最佳策略,可以看出次级用户获得的最佳策略最终收敛到纯策略。

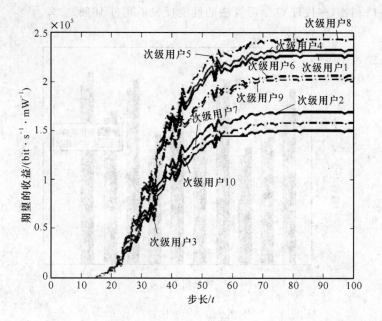

图 2.7　收益函数的收敛情况分析

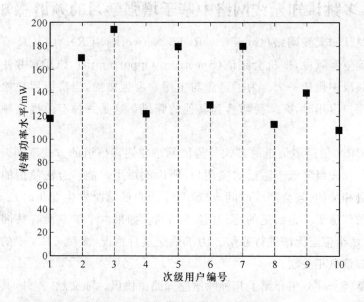

图 2.8　次级用户获得的最优策略

　　另一个需要考虑的性能指标是与系统最佳策略 $\mathcal{R}_i^{\text{opt}} = \max\limits_p \mathcal{R}_i(p)$ 相比,多代理 Q 学习算法存在性能损失。图 2.9 给出了两者获得的收益对比。容易看出,与系统最佳策略相比,多代理 Q 学习算法的性能损失不超过 10% 。

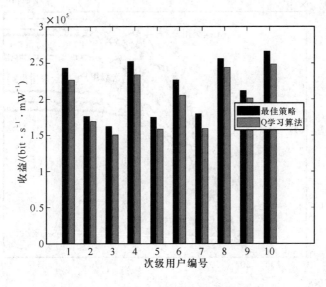

图 2.9　性能比较

2.2.2　多跳认知无线网络中基于增强学习的频谱感知路由

在多跳认知无线网络(Cognitive Radio Networks,CRN)中,CR 节点可感知频谱并找到空闲频段,即机会频谱(Spectrum Opportunities,SOP),并使用特定策略从这些频段中挑选一个。为了避免与主用户发生碰撞,当次级用户检测到当前频段被主用户占用时,必须要切换到其他的频段。这是一种有效提高频谱利用率的方式。

多跳 CRN 使用多信道的方式与传统网络使用多信道的方式不同。由于认知次级用户的优先级要低于附近的主用户,所以次级用户能够合法使用的信道是与其物理位置相关的,且会随着时间改变(当主用户的情况发生变化时)。因此每个节点可用的信道集不是固定的,而且各不相同。如果两个节点没有共同的可用信道,那么这两个信道无法进行通信。为了适应这种情况,多跳 CRN 中的路由必须和频谱感知信息相关联。

在文献[5]～[8]中介绍了几种频谱感知路由协议。除文献[6]外,其余都假设每个 CR 节点在传统收发机外还有一个频谱感应收发机(CR 收发机)。这两种接收机会形成一个额外的公共控制信道(Common Control Channel,CCC)来完成路由。CCC 可以解决 SOP 多样性的问题,但这花费的代价更高,且实现起来也更复杂。文献[6]采用没有 CCC 的单收发机协议,将路由请求分组广播给所有的可用信道来解决 SOP 多样性的问题，但这种方法也会带来较多开销。可以看出，这些协议是通过把路由请求分组广播到网络来满足相应的需求。尽管这些协议能对路由失败和重建作出快速反应，但也导致了路由时间变长，以及在路由发现时的开销过大。此外，过多的广播信息可能会导致网络阻塞。

本节讨论基于增强学习的频谱感知路由协议。每个节点只有一个 CR 收发机，没有额外的收发机用于控制信道。因此，这里提出的协议更简单，且容易实现。由于没有额外的收发机，单个节点的存储和计算要求只需要达到中等水平，这使该协议的成本较低，但仍预期了路由的自适应性和动态性，比较适合一些能量受限的网络，如传感器网络。增强学习通过动态探测环境来进行学习[9~10]，它非常适合于分布式问题，比如路由。基于 Q 学习的路由，以及基于双重增强学习的增强 Q 路由（Dual Reinforcement Q routing，DRQ routing）已经在有线分组网络用来解决动态网络问题。本节提出基于 Q 学习和双重增强学习的频谱感知路由算法[11]。我们假设路径上有多个可用信道，这可以减少信道选择时间（在 SOP 多样化的情况下决定用哪个信道来进行通信），提高数据包传输速度。因此，我们使用 Q 函数来让节点学习网络中哪些路径有更多的可用信道。节点把 Q 值存在一个表中，Q 值对于路由上可用信道的数目作一个估计。当节点路由数据包时，它也探测网络环境，并根据从邻居节点得到的消息来更新 Q 值，所以 Q 值慢慢地会包含环境的整体信息。这样仅仅根据邻居节点的信息就可以解决路由问题。仿真结果表明：基于 Q 学习的算法能适应负载变化，且在多跳 CRN 高负载情况下，其平均数据包传输时间要短于基于频谱感知的最短路径路由。

1. 系统模型

如图 2.10 所示，考虑一个由 10 个认知无线电节点（黑色的点）组成的静止（非移动的）多跳网络。任何一个节点都可以作为网络传输的源节点、中继节点或者目的节点。认知节点能同时在 3 个信道上工作。

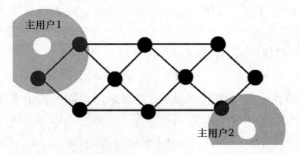

图 2.10　网络拓扑图

假设网络中有 2 个主用户(白色的节点),它们的位置是随机的并且持续时间也是随机的。在任何时候,网络中至多有两个主用户。如果两个主用户都在网络中,那么它们经常会从一个信道切换到另一个信道。主用户会通知其邻居节点使用了哪些信道。受到影响的节点就会随之更新可用的频谱。在主用户退出占用信道时,邻居节点会再次被告知新的可用频谱信息。

当节点 x 想和它的邻居节点 y 通信时,会用到以下 MAC 机制。

- MAC 层根据节点 x 的物理层检测结果来决定哪些信道是空闲的。
- 节点 x 在第一个空闲信道 $C(1)$ 上发送"请求发送"(Ready to Send, RTS)数据包,即 RTS[$C(1)$]。
- 如果经过时间 τ,节点 x 没有收到"允许发送"(Clear to Send, CTS)数据包,即 CTS[$C(1)$],节点 x 就假设在当前时隙不能和节点 y 在信道 $C(1)$ 上进行通信。
- x 给 y 发送 RTS[$C(2)$]、RTS[$C(3)$]等,这个过程会一直进行下去直到节点 x 能够从其发送 RTS 的信道上收到 CTS。
- 节点 y 会监听发送 CTS 的信道,并开始在此信道上通信,直到数据包成功传输。

由于在多跳认知无线网络中存在 SOP 多样性,所以采用上述 MAC 层机制,该假设的目的是为了尽快在两个节点间找到一个公共可用信道。可以看出,如果一个节点有很多条可用信道,那么它找到与其他节点间公共可用信道的机会就越大。因此,用增强学习算法可学习到目的节点的每条链路上可用信道数目的总和。

2. 基于增强学习的频谱感知路由算法

(1)频谱感知 Q 路由

在实现频谱感知 Q 路由的过程中,每个节点 x 处的路由选择器会利用一个 $Q_x(y,d)$ 表。这个表中的值相对于其邻居节点 x 和目的节点 d 而言,是经节点 y 传送到目的节点 d 链路上可用信道的总和。当节点 x 需要作出路由决策时,它只需选择 $Q_x(y,d)$ 最大的邻居节点 y 即可。学习过程是通过更新 Q 值来实现的。

一旦数据包 P 到达节点 y,x 立刻得到 y 对于要传完这个数据包的余下"旅程"的可用信道数的估计值:

$$t = \max_{z \in N(y)} Q_y(z, d) \tag{2.40}$$

式中,$N(n)$ 表示节点 n 的邻居节点的集合。可以用下面的式子来计算 Q 值:

$$\begin{aligned}
Q'_x(y,d) &= Q_x(y,d) + VQ_x(y,d) \\
&= Q_x(y,d) + \eta[(q_{xy}+t) - Q_x(y,d)] \\
&= Q_x(y,d) + \eta(q_{xy}+t) - \eta Q_x(y,d) \\
&= \eta(q_{xy}+t) + (1-\eta)Q_x(y,d)
\end{aligned} \tag{2.41}$$

式中，q_{xy} 是节点 x 和节点 y 之间的可用信道数；η 是学习系数，在这里设置为 $\eta=0.5$。

剩下链路的信息用来更新发送节点的 Q 值。这种方式称之为前向搜索[12]，其详细流程如图 2.11 所示。

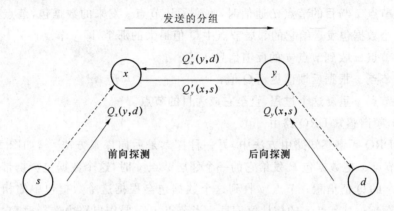

图 2.11 基于增强学习的频谱感知路由

（2）Q 值的路由表

选择一个二维数组来实现节点的路由表。例如，网络中有 m 个节点，节点 x 有 N 个邻居节点。二维数组的最上面一排代表了节点 x 的邻居节点，最左边的一列代表目的节点。对于任何一个节点 x，其路由表如表 2.3 所示。为了进行路由选择，每个节点都要从目的节点列中选择一个最大的 Q 值，并返回最大 Q 值所对应的邻居节点。

表 2.3 Q 值的路由表

		邻居节点 y				
		1	2	3	4	⋯	N
目的节点 d	1	NULL	$Q_x(2,1)$	$Q_x(3,1)$	$Q_x(4,1)$	⋯	$Q_x(N,1)$
	2	$Q_x(1,2)$	NULL	$Q_x(3,2)$	$Q_x(4,2)$	⋯	$Q_x(N,2)$
	3	$Q_x(1,3)$	$Q_x(2,3)$	NULL	$Q_x(4,3)$	⋯	$Q_x(N,3)$
	⋮	⋮	⋮	⋮	⋮		$Q_x(N,\vdots)$
	⋮	⋮	⋮	⋮	⋮		$Q_x(N,\vdots)$
	m	$Q_x(1,m)$	$Q_x(2,m)$	$Q_x(3,m)$	$Q_x(4,m)$	$Q_x(\cdots,m)$	$Q_x(N,m)$

最开始表中的值是随机的，称为 Q 的估计值。在路由选择的过程中，节点不断地把数据包发送给相邻的节点，然后根据反馈值来更新路由表中的值。这些估计

的 Q 值的上界最终也会接近于实际 Q 值。可用如下步骤来更准确地描述所提的 Q 路由算法。

① 用随机值来初始化每个节点的路由表条目(即 Q 值)。

② 循环执行以下操作。

- 节点 x 与目的节点 d 通信时,收到了从节点 s 发来的数据包,节点 x 把这个数据包发送给它的邻居节点中 Q 值最大的那个,即 y 节点;
- 节点 x 收到节点 y 的反馈信息;
- 节点 x 根据反馈值更新 Q 值;
- 节点 y 重复这个过程,直至它成为目的节点。

(3) 频谱感知 DRQ 路由

在 DRQ 频谱感知路由方法中,另一种探索是后向探索方法[12],如图 2.11 所示。当节点 x 把数据包 P 发给它的一个邻居节点 y 时,这个数据包会携带一些关于节点 x 的 Q 值信息。节点 y 收到这个数据包会根据这个数据包中的相关信息来更新节点 y 对节点 x 的估计值信息。当节点 y 需要作出路由选择时,它就能使用已更新过的 x 值的信息。用节点 s 表示数据包 P 的源节点,在这里就是节点 x。数据包 P 给节点 y 带来可用信道总数的估计信息,也就是 t':

$$t' = \max_{z \in N(x)} Q_x(z,s) \tag{2.42}$$

根据这个信息,节点 y 可以更新自己的估计值 $Q_y(x,s)$,这个估计值是通过节点 x 传送到节点 s 的估计值,即节点 y 的新 Q 值:

$$Q'_y(x,s) = \eta(q_{xy} + t') + (1 - \eta)Q_y(x,s) \tag{2.43}$$

式中,q_{xy} 是节点 x 和节点 y 之间的可用信道数;η 是学习系数,设 $\eta = 0.5$。

换句话说,传输到节点 y 时经过的路径信息可用来更新接收节点 y 的 Q 值,这称为后向搜索。在数据包从源点到目的点传输的过程中,用这种方式把路由信息从一个节点传送到下一个节点。在 DRQ 路由频谱感知的过程中,前向搜索和后向搜索都可用来更新 Q 值。从图 2.11 可以看出在数据包 P 从节点 x 传到节点 y 时的这两种更新。DRQ 路由感知算法可描述如下。

① 用随机值初始化每个节点的路由表值。

② 循环进行以下操作。

- 当节点 x 收到从节点 s 发往目的节点 d 的数据包时,x 会把这个数据包发到与其相邻的 Q 值最大的节点 y;
- 节点 y 收到有最大 Q 值的节点 x 的信息,信息传输的终点是节点 s;
- 节点 x 收到有最大 Q 值的节点 y 的反馈信息,信息传输的终点是节点 d;
- 节点 x 和节点 y 根据收到的信息更新相应的 Q 值;

- 节点 y 重复执行该过程,直至它成为目的节点。

3. 性能评估

这里用 OMNet++ 作性能评估。仿真过程中,主用户在网络中持续的时间设为 $30 \sim 60$ s。一旦一个主用户离开了网络,另一个主用户随机等待一段时间(通常在 $20 \sim 40$ s)后可以进入网络。仿真时间为 30 min。

我们对 3 种路由协议进行比较:第一种是基于频谱感知的最短路由协议,节点会感知到它周边区域中哪个频点是可用的,并使用这个频点与选定的邻居节点(最短路径邻居节点)通信。另外两种路由协议分别是 Q 路由感知和 DRQ 路由感知。在这 3 种情况中,均假设信道情况理想,且物理层频谱感知是完美的。得到的平均值是在使用相同的拓扑条件下经过 20 次以上的仿真得到的。仿真中设 $\eta = 0.5$,网络负载如下。

- 低负载:$0.5 \sim 1.5$ 数据包/秒。
- 中负载:$1.75 \sim 2.25$ 数据包/秒。
- 高负载:> 2.5 数据包/秒。

图 2.12、图 2.13 和图 2.14 分别给出了在低负载、中负载和高负载条件下的仿真结果:3 种协议的数据包平均传输时间。

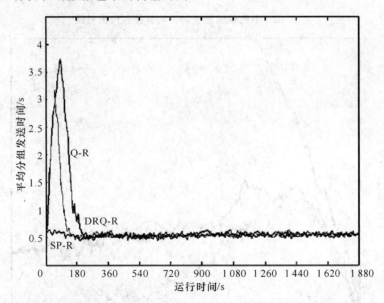

图 2.12 低负载情况下的平均数据包传输时间

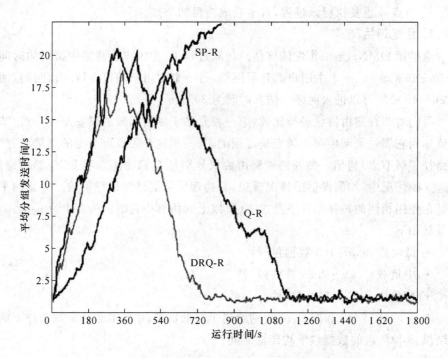

图 2.13　中负载情况下的平均数据包传输时间

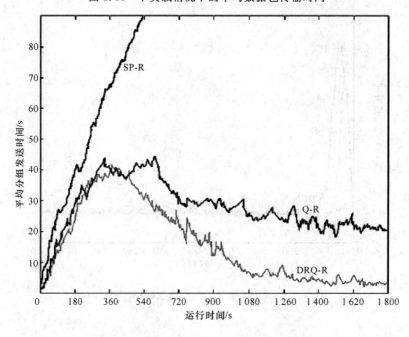

图 2.14　高负载情况下的平均数据包传输时间

在任何一种网络负载情况下,Q 路由感知和 DRQ 路由感知中,仿真曲线的初始部分都会上升至一个峰值,这是 Q 值初始化后的学习阶段。随着学习过程的收敛,每条曲线都会下降,这表明路由策略渐渐趋向于稳定,这可以看作是协议的正常开销。

低负载时 3 种协议经过学习阶段后的性能表现很相似。最短路由协议是最好的,因为它没有学习过程。DRQ 路由感知算法学习最佳策略的速度大约是 Q 路由感知算法的 1.5 倍。

中负载情况下,最短路由机制开始不起作用。因为在这个阶段,一些中间节点会被极频繁地使用,从而导致很长的排队队列。由于最短路径路由算法不能处理这种情况,所以平均数据包传输时间随着仿真的进行线性增长。然而,两个自适应感知路由策略在发生阻塞时可以选择备用路由。备用路由可能跳数更多,但传输时间更短。这时学习算法在学习结束后性能也很好。同时,DRQ 路由感知协议学习到最佳路由策略的速度是 Q 路由感知协议的 1.5 倍。

高负载情况下,最短路由算法的数据包传输时间完全超标而且失效。而两个学习算法的学习速度几乎是一样的。当两个路由算法都收敛到一个最佳路由策略后,DRQ 路由的最佳策略要比 Q 路由的最佳策略好 7 倍。

综上所述,DRQ 路由感知的性能比 Q 路由感知的性能要好很多。在 DRQ 路由中同时用到了前向搜索和后向搜索,这样能同时更新两个 Q 值,而不是一个。从低负载和中负载的结果可以看出,搜索增强反过来提高了学习速度。在后向搜索中,传输的是已经经过的路径;而在前向搜索中却是对剩下的路径进行估计,所以后向搜索要比前向搜索更准确。因此,DRQ 路由感知在高负载网络中所学习到的最佳策略更好。

2.2.3　增强学习算法在认知无线电频谱检测中的应用

1. 基于 MDP 增强学习算法的频谱检测

在本节用 MDP 来描述频谱资源分配的方式,并提出一种基于 Actor-Critic 方法的解决方案[13]。

(1) 系统模型

考虑主用户系统(PU System)和次级用户系统(SU System)共存于同一频段的网络场景。对 PU 系统作两个假设。

① PU 系统的优先级高于 SU 系统,且不会被 SU 系统影响。

② PU 系统不能被修改。这意味着所有必需的信号处理及由共存协调处理均在 SU 系统中完成。

这样做的主要目的是使两个系统间的相互干扰减至最小,并能高效地利用"剩余的"频谱资源。

一个有潜力的 PU 系统要既能使用 TDMA 方式,又能使用 FDMA 方式,因为这种系统才较容易形成频谱空洞。由 SU 系统进行频谱分配会导致与 PU 系统的相互作用,所以 CSMA/CA 是不可行的。本节假设 SU 系统可以使用多个频段,并考虑一种通用的 PU 系统,它在不同的频段有不同的频率利用特性。因此,每一个频段中有不同数量的适用于 SU 系统的频谱空洞。为了简单起见,假设有 N_{fb} 个频段,每一个都有相同的带宽,并且每一个 PU 都用相同的频率间隔。

由于 OFDM 技术的高效和灵活性,可在 SU 系统中采用该技术。使用 OFDM 技术的优点在于:每个子载波都能根据目前 PU 的频谱分配情况来决定接通与否。每个子载波间距会根据 SU 系统的具体特性而变化,这导致了 PU 系统中每个子信道上的子载波数目各不相同。如图 2.15 所示,每个 PU 信道上有 5 个子载波。可以看出,随着信号持续时间的增加,子载波间距会变小。

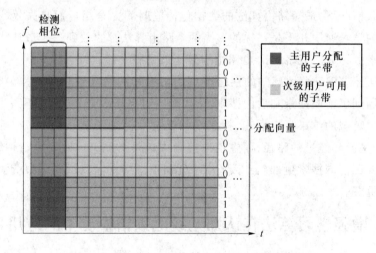

图 2.15　时间－频率平面上 PU 的频谱分配情况

Overlay CR 系统必须要周期性地采取分配策略来决定 PU 系统的频谱分配情况。在基于 OFDM 的 Overlay CR 系统中,这项工作可以由 FFT 模块完成,而不需要额外的硬件开销。分配结果是产生一个分配向量(Allocation Vector,AV),如果检测到 PU 存在,那么这个向量中对应的子载波被设定为"1"或者"非 0"。在一个多频带的场景中,必须要区分这两种检测:一是必须要周期性地检测当前频带是否被 PU 系统占用,以避免与 PU 传输发生冲突;二是 SU 系统也必须要时刻注意其他频带的频谱占用情况。根据这两个主要任务,将这个检测子系统分成两部分。

① PU 频谱分配的检测:这部分的主要工作是检测当前频带中具体的可用资

源。其主要特征如下。

- 为了避免和 PU 系统冲突,需频繁地进行检测。
- 使用 FFT 同时在所有的子信道进行检测。
- 检测结果直接用来判定当前确切的可用资源。

② 频谱资源的检测:这部分检测子系统的任务是对所有频段上的平均可用资源有一个大致的总结。该信息将有助于之后作一个总体选择以选择最佳的频带。它的主要特征如下。

- 检测只是在某段时间内进行一次,以获得当前频谱分配的估值。相比低级别的检测,其目的不是为了避免和 PU 的冲突。
- 用 FFT 进行检测,但是一次只能对一个频带进行扫描。当在不同的频带进行检测时,在随后的更新时间间隔内,活跃/当前的频段不能用于数据传输。
- 这个检测结果只是用来作一个中期估计及战略性分配策略的预测。它不会对当前正在进行的传输造成影响。

由于在认知无线电和动态频谱接入中,频谱检测是一个非常重要的部分,学术界已经进行了很多方面的研究。例如多个认知无线电终端之间的合作感知检测法[4,14]、压缩感知检测法[15]等。在文献[16]中,用部分可观察马尔可夫决策过程得出了一系列用于机会频谱接入网络的分布式认知 MAC 协议。不过文献[16]中没有考虑检测 PU 的频段和估计其余频谱资源之间的差别,其最佳策略涉及非常复杂的计算。本节使用简单、在线的增强学习方法在感知和传输之间寻求折中,重点在于频谱检测。我们假设 SU 系统是集中控制的,有一个能协调所有 SU 何时使用哪个频段的接入点。

(2) 频谱检测

与检测当前频谱资源相比,频谱资源检测的目的是对整个系统所有频段的分配情况有一个总体认识。这样做的目的是为了在当前活跃频段资源不够用的时候能切换到另一个可用频段。由于 SU 不能在多个频段同时运行,所以它必须要周期性地对所有频段进行协调来完成调整,在这个过程中是不能进行数据传输的。因此,SU 必须在数据传输和频谱检测之间找到一个合理的折中。这样一来,SU 必须要决定在每个时段是传输数据、检测频谱还是切换到其他频段。这种问题可以建模成一个增强学习问题[17]。SU 系统在每个时段作出选择,并根据得到的奖励或者惩罚来学习在不同的情况下作出的不同选择的好坏程度。

① 一种简单的问题建模方式

假设 SU 切换到另一个频段不会带来任何额外开销,那么 SU 可以在任何时刻选择任意一个可用频段,并迅速传输数据。于是,频谱检测问题可以被描述成与多臂赌博机系统类似的学习问题[17]。这个问题中它只有一个状态,但它可以采取不同的行为 $a \in A$,以获得不同的收益 $Q^*(a)$。在执行动作 a 后,获得的收益可以用于估计 a 值。每次执行对应着一个频段选择周期,期间进行频谱检测和数据传输。在时隙 t 内传输的比特数就是即时收益。需要注意的是,这个收益取决于可用的子载波数,而子载波数是在检测阶段开始时决定的。由于 SU 系统不可能提前知道每个频段上有多少可用资源,所以它必须在利用频谱和检测频谱之间作出一个折中。也就是说,在继续工作于当前频段和切换到另一个频段获取更多资源(当然也有可能资源会减少)之间找到一个折中。这样做的目的是为了找到能传输最多数据的频段,即使 $Q^*(a)$ 值最高的行动。但 SU 并不知道实际的 Q 值,所以它必须要估计它们。动作 a 的真实值 $Q^*(a)$ 可以通过在一段时间内采取不同行为所获得的收益取平均来得到。在每次动作执行后,可以根据以下规则来更新 Q 的估计值:

$$Q_{k+1} = Q_k + \alpha [r_{k+1} - Q_k] \tag{2.44}$$

式中,α 表示步长;r 表示得到的收益。用软判决方法可得到基于 Q 值的下一个动作的概率,该方法可在使用频谱和检测频谱间作一个折中:

$$P_r(a) = \frac{e^{Q(a)/\tau}}{\sum_b e^{Q(a)/\tau}} \tag{2.45}$$

式(2.45)给出了选择动作 a 的概率,τ 值可以进行调整来适应动作 a。当 $\tau \rightarrow 0$ 时,最高的 Q 值对应的动作是最优的。然而,当 τ 很大时,所有的动作被选中的概率几乎是一样的[17]。

② 基于 MDP 的问题建模

在实际情况中,切换到其他频段中不可能没有开销,因为系统要把这种变化通知给所有的工作站。这个过程需要额外的时间和资源,相应地就会减少用来传送数据的资源。与只有一个状态多个动作的场景相比,考虑一种多状态的场景。每个时段获得的收益不仅与作出的决定有关,且与 SU 所在的状态也有关。假设当前状态包含了过去所有信息,且下一个动作的选定只取决于当前的状态,这种问题可以建模为 MDP,具体过程可以用元组 $\langle S, A, p, r \rangle$ 来表示。

- S 是 SU 可能所在状态的有限集合。
- A 是 SU 能执行的所有行为的有限集合,A_s 表示在每个状态可能执行的动作集合,$A_s \subseteq A, s \in S$。
- $p: S \times A \times S \rightarrow [0,1]$ 表示状态转移函数 $p(s'|s,a)$,给出了在状态 $s \in S$ 执行动作 $a \in A$ 后转移到状态 $s' \in S$ 的概率。

- $r: S \times A \rightarrow \mathscr{R}$ 定义了收益函数 $r(a, s)$，它的含义是在状态 $s \in S$ 执行动作 $a \in A$ 后 SU 获得的奖励。

在观察当前状态后，SU 需要为下一个阶段选择一个动作。这是通过计算 $\pi: S \times A \rightarrow [0,1]$ 完成的，其中 π 表示在状态 s 时执行动作 a 的概率。最佳策略能使累积收益最大化。为防止收益在无限时间内增加，通常需要经过一个折扣因子 $\gamma \in (0,1)$ 的运算。因此，优化目标是最大化系统收益：

$$R = E\left\{ \sum_{t=0}^{\infty} \gamma^t r_t(a_t, s_t) \right\} \tag{2.46}$$

这里把频谱检测问题建模为一个 MDP。可用频段是状态数，因为 SU 在任一时刻只能处于一个频段。定义状态集 $S = \{1, 2, \cdots, N_{fb}\}$，系统的当前状态就是 SU 传输数据所处的频段。SU 所做的决定对应着采取的动作。在每个频段，SU 既可以选择传输数据，用来检测其他频段资源，还可以将传输切换到其他频段。假设在另一频段执行检测的开销和切换到另一频段是完全不同的。状态 s 可能动作的集合是 $A_s = \{a_1, a_2, a_3\}$，其中 $\tilde{s} \in S/s$，被执行的动作如下。

- a_1：在当前频段和状态 s 中执行检测或传输数据；
- a_2：在频段 $\tilde{s}$ 中执行检测；
- a_3：切换到频段 $\tilde{s}$。

很明显，只有执行动作 a_3 时，才会发生状态切换。图 2.16 给出了一个状态-行为序列的例子。对于收益函数，可定义为

$$r(a, s) = \begin{cases} u_1(s), & a = a_1 \\ u_2, & a = a_2 \\ u_3, & a = a_3 \end{cases} \tag{2.47}$$

式中，$u_1(s)$ 是当前频段可用的无线资源数量。PU 系统在每个频段的配置是找出可用子载波的数量。u_2 是在不同频段进行检测得到的收益或开销。这个过程和当前状态是独立的。通常情况下，设置 $u_2 = 0$ 是比较好的选择：频谱检测之后立即进入数据传输阶段。因为 SU 没有关于当前频段的频谱分配信息，所以数据无法传送，也没有收益。这种情况下也没有额外的信令成本。u_3 表示从一个频段切换到另一个频段的开销，包括必要的信令开销。u_3 取决于应用的协议的设计。除非所有的信令能在一个更新间隔内传完，否则不把 u_3 设置为 0。如果传输信令的时间多于一个更新间隔，那么 u_3 须设为一个负值，这对应着额外损失的资源。很多情况下切换到其他的频段是非常必要的，因为当前的资源不够用，例如可用子载波

的数目变少。这意味着信令传输会分布在几个更新间隔内。

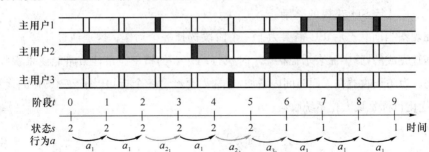

图 2.16　SU 系统的状态转移及采用的动作

③ 解决方案

基于 MDP 的问题建模可用增强学习方法求解。为了寻找一个最佳策略,许多增强学习的算法都使用了状态-值函数 $V^{\pi}:S\to\mathscr{R}$ 的概念,这个函数描述了从当前状态开始,接下来采取策略 π 的好坏程度,每个状态映射到一个实际值。为了找到最佳策略 π^* 和最佳的状态-值函数 $V^*(s)$,增强学习使用广义迭代策略[17]:策略会不断适应当前的状态-值函数,状态-值函数又会反过来衡量这个策略。这种迭代会一直进行,直到当前策略和状态-值函数都接近于它们的最佳值。尽管状态转移概率很简单,但在执行一个动作之前,我们并不知道能得到的具体收益。另外,还有一种并不常见的情况:如果在不同频段中,频谱分配是时变的,那么迭代过程会无限进行下去,没有最终状态。这要求有一种在线解法:遇到问题要立刻学习,而不是在一系列分离的时间内完成。此外,在非平稳分配的情况下,时间对于状态-值估计的准确性有负面影响。

TD 学习法是适合解决这种问题的增强学习方法之一,尤其是 Actor-Critic 方法,因为它使用了一种记忆结构来表示与值函数独立的策略[17]。图 2.17 给出了 Actor-Critic 的结构。值函数会利用即时收益来更新状态值,并产生一些信息(通常是 TD-error),而策略会利用这些信息来更新,且策略还会计算关于状态值的可靠性。

Critic:根据式(2.48)来更新状态-值

$$V(s_t) \leftarrow V(s_t) + \beta[r_{t+1} + \gamma V(s_{t+1}) - V(s_t)] \tag{2.48}$$

式中,β 为正步长;γ 为折扣因子。式(2.48)的第二项代表 TD-error:

$$\delta_t = r_{t+1} + \gamma V(s_{t+1}) - V(s_t) \tag{2.49}$$

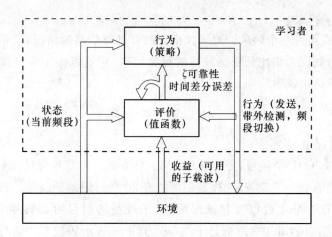

图 2.17 SU 与周围环境的交互及 Actor-Critic 结构

状态值 $V(s)$ 的可信度由对应的可信参数 $\zeta(s) \in [0,1]$ 来描述:低 ζ 值意味着状态值可信度低,而 ζ 值高则意味着状态值可信度高。为了更新可信参数,Critic 必须要知道执行了什么动作。在每个时段,只有执行了检测动作,该频段的可信参数才会提高(这就意味着只有执行了 a_1 和 a_2 才会发生这种情况)。在其他情况下,可信参数都会下降。得到的收益和可信参数无关,ζ 一种可能的更新规则是:

$$\zeta_t \leftarrow \zeta_t + k[d - \zeta_t] \tag{2.50}$$

式中,d 是一个二进制标志,用来描述在当前时段是否在对应的频段进行频谱检测($d=1$ 表示进行检测,$d=0$ 表示不进行);$k \in (0,1]$ 是另一个正步长参数。在每个时段 ζ 都会更新。一旦执行了行动 a_2,$V(\tilde{s}_t)$ 会根据以下的规则来进行更新:

$$V(\tilde{s}_t) \leftarrow V(\tilde{s}_t) + \alpha[\tilde{r}_{t+1} - V(\tilde{s}_t)] \tag{2.51}$$

式中,$\tilde{r}_{t+1}$ 是在目标频段内的检测结果;α 是步长参数。由于没有数据传输 $\tilde{r}_{t+1}$ 不是一个即时收益,但它仍然被用来估计 $V(\tilde{s}_t)$。

Actor:根据 TD-error δ 和可信参数 $\zeta(s)$,Actor 必须要更新当前的策略。这是通过计算每个动作的偏好值 p 来实现的。根据这个偏好值,使用软判决可以推导出:

$$\pi_t(s,a) = P_r\{a_t = a \mid s_t = s\} = \frac{e^{p(s,a)}}{\sum_b e^{p(s,b)}} \tag{2.52}$$

p 可以根据动作的类型用多种方式计算出来。当执行动作 a_1(传输数据)时,可通过一种比较常规的方法来更新 p:

$$p(s,a_1) \leftarrow p(s,a_1) + \beta_1 \delta_t \tag{2.53}$$

而动作 a_2 的主要工作是探测(检测频段 $\tilde{s}$),所以它更倾向于检测状态-值可信度较低的频段。状态-值和偏好值的映射关系如下:

$$p(s, a_{2\tilde{~}}) = (1-\zeta)V(s) \tag{2.54}$$

行为 a_3 是切换到另一个频段。对于频带资源有可靠信息的情况,它希望切换到一个资源更多的频段。相比低资源频段的可靠信息,它更倾向于高资源频段的不可靠信息。以下给出映射规则:

$$p(s, a_{3\tilde{~}}) = \zeta\left(V(\tilde{s}) - \frac{N_{\text{fb}}}{2}\right) + \frac{N_{\text{fb}}}{2} \tag{2.55}$$

(3) 性能评估

假设有 $N_{\text{fb}} = 15$ 个频段,每个频段有 50 个信道。为简单起见,SU 系统用 PU 的每个信道传输一个子载波,这样最多可能有 50 个可用的子载波。根据在每个更新间隔的 OFDM 符号数以及物理层配置,子载波的数目可以转换为比特速率。PU 的每个子信道的可用概率都是 $P_{\text{avail}}(n)$(其中 n 表示频段),于是每个频段可用的子载波数服从参数为 $P_{\text{avail}}(n)$ 和 N_{fb} 的二项分布,每个频段内信道的 $P_{\text{avail}}(n)$ 都一样。所有仿真学习曲线均给出 2 000 个时段的平均值,且每个频段中 $P_{\text{avail}}(n)$ 都服从均匀分布,在整个时段保持不变。

图 2.18 给出了不同 α 和 τ 情况下,简化的多臂赌博机模型的仿真结果。$\alpha = 0.1, \tau = 0.2$ 时的最佳情况是由 Q 值的初始值来决定的,Q 值为最大的可用信道数。这会导致即使当前频段已有最多的可用信道,探测也会继续进行。

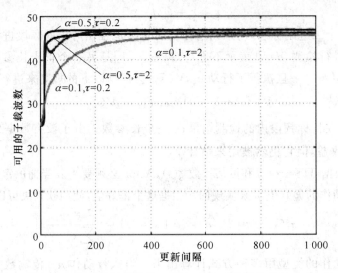

图 2.18　简化的问题建模:不同 α 和 τ 时的平均学习曲线

图 2.19 给出了 MDP 的仿真结果:α 增加所带来的性能增益$\left(\beta = 0.1, \beta_1 = 0.1, \right.$

$\left. k = \dfrac{1}{2N_{\text{fb}}} \right)$。仿真表明 α 越大性能越好:1 000 个时隙后,平均有 43 个可用子载波,

这比简化模型的性能(1 000 个时隙后,平均有 46～47 个可用子载波)略差。这是因为每次只执行一个动作,这会导致 0 收益,降低了平均值。总的说来,选择一个合适的学习参数 α 时,基于 MDP 的学习算法性能良好。如果 SU 系统要在一个未知的环境中使用,或者要动态适应环境,那么必须要提前设置参数 α。

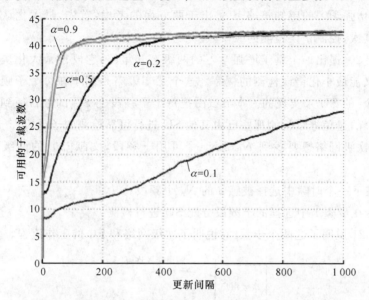

图 2.19　Actor-Critic 方法:不同 α 下可用子载波的平均个数

2. 基于 ε-贪婪增强学习算法的频谱检测

(1) 宽带协作频谱检测

假设次级网络由 N_s 个寻找机会频谱的 SU 构成,SU 可用频谱由 N_p 个子频段构成,而这 N_p 个子频段又是属于不同的 PU。SU 间相互协作使它们可以通过一个融合中心(Fusion Center,FC)来共享其感知结果(如似然比、二元判定等)。FC 可以综合它收到的频谱信息,对可用的机会频谱作出判断,并决定哪个用户可以接入该空闲频谱。

假设 SU 的行为是时隙化的,如图 2.20 所示。这里一是感知子频段时隙,二是潜在的传输时隙(如果 FC 确认其能够传输)。感知时隙结束后,SU 会把感知结果通过公共控制信道发送给 FC。各个 SU 未必会在自己检测到的可用频段上传输,可用频段由 FC 统一分配给特定的 SU 使用。

感知子带1	可能的数据传输	感知子带2	可能的数据传输	...

图 2.20　次级用户行为的时隙结构

FC 一项主要工作是决定哪个 SU 何时感知哪个子频段。感知策略可以是分配 SU 到不同的子频段或者分配多个 SU 同时感知一个子频段。文献[18]考虑了整个可用频谱上检测速度与检测可靠性之间的折中。

（2）基于增强学习的协作频谱检测

基于增强学习的感知策略[19]是出于两方面的考虑：首先，最大化认知网络的吞吐量；其次，控制错误检测的概率，避免与 PU 碰撞。

文献[20]提出一个基于增强学习的两级感知策略：它既能最大化次级网络的吞吐量，又能最小化错误检测的概率。这个感知策略是基于在每个子频段上固定数目（D 个）的 SU 来实现的。本节试图把每个子频段上 SU 的数目减到最小以节省感知功耗，避免继续检测那些已由其他 SU 进行可靠检测的子频段。

假设次级网络想要找到 $N_B \leqslant N_P$ 个可用子频段，文献[20]的两级感知策略如下：

- 在下一个时隙中选择被感知的 N_B 个频段；
- 给在步骤 1 中选择的子频段分配 SU 进行检测。

图 2.21 说明了这两个步骤，它说明了次级网络和 FC 的工作流程。

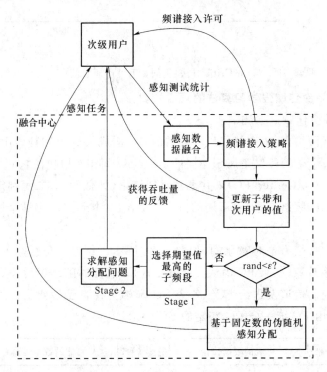

图 2.21 次级网络和 FC 的工作流程

为了得到预期结果,使用一种基于增强学习的方法,估计每个子频段的值,以及子频段中的每个 SU 的值。为了使次级网络获得最大的吞吐量,选择值最大的子频段使其感知更加频繁;为了减小错误检测概率,分配感知性能良好的 SU 进行检测。子频段的值可作为由次级网络获得的吞吐量估计值。一个特定频段的 SU 值是与 SU 检测该频段的能力成比例的。这里 SU 的值是本地检测概率的估计值。每个子频段和 SU 的值是通过过去的收益值来估计的[1]:

$$Q_{k+1}(a) = Q_k(a) + \alpha_k [r_{k+1} - Q_k(a)] \tag{2.56}$$

式中,$Q(a)$ 表示动作 a 的值(例如感知一个特定的子频段);r_{k+1} 表示在时隙 $k+1$ 所获得的收益;α_k 是步长参数。为了保证在固定场景中能够收敛,时间步长参数应该满足:

$$\sum_{k=1}^{\infty} \alpha_k = \infty \quad \text{和} \quad \sum_{k=1}^{\infty} \alpha_k^2 < \infty \tag{2.57}$$

为了达到最大化次级系统吞吐量的目标,定义收益为在感知子频带获得的即时吞吐量。这种定义使得感知策略倾向于从空闲的子频段中选择使次级网络吞吐量更高的子频带。

为了达到所期望的错误检测率的目标,定义工作在某一子频段上的 SU 的收益为

$$r_{k+1} = \begin{cases} d_i, & d_{\text{FC}} = 1 \\ Q_k(a), & d_{\text{FC}} = 0 \end{cases} \tag{2.58}$$

式中,d_i 表示第 i 个次级用户的本地选择;而 d_{FC} 是对应的 FC 上的选择。选择 $d=1$ 表示子频带正在被主用户占用。这种策略保证了当子频带检测到是空闲时值 $Q(a)$ 不会更新。而检测子频带被占用时,$Q(a)$ 值会更新,更新情况取决于 SU 的选择与 FC 的选择是否一致。

ε-贪婪行为选择算法[1]是一种通过选择最高动作估计值来平衡利用和探索的简单有效的方法。也就是说,选取最佳动作 $a_k^* = \max_a Q_k(a)$ 的概率是 $1-\varepsilon$,或者说不管动作估计值,随机选择一个动作的概率是 ε。

感知策略的步骤如下:首先选择 N_B 个有最高期望值的子频段用来感知。选择完要感知的子频段之后,感知分配问题(Sensing Assignment Problem,SAP)就解决了。在错误检测概率的限定条件下,SAP 使感知 SU 的个数最小。如果对 SAP 没有可行的解法,那么选取最低期望值的子频段会与在第一次选择就被排除的子频段进行交换。这种迭代会一直进行下去,直到找到一个可行的解法。另一方面,根据固定数 D 的伪随机跳频码而选择感知子频带和感知星座的概率是 ε。因此,每个子频带拥有的感知器数目为 D 的概率是 ε,这种行为提供的空间选择通

常不能保证是纯粹的随机行为(随机调频码)。以下对该法进行详细阐述。

① 基于伪随机调频码的感知策略

文献[18]中提出的基于伪随机调频码的感知策略被用于增强学习感知策略的探测阶段,这里对它作一个简要介绍。基于伪随机码的感知策略使用最少的信号实现了对可用频谱的探测,所以这种策略非常适用于频谱检测。感知策略的设计转化成了伪随机调频码的设计,以及如何把这些码字分配给 SU 来引导它们在特定时刻感知某个子频带。伪随机调频码分配以后,N_s个 SU 的不同调频 D-元组将会用来探测可用的频谱。为了加快探测所有的可用频谱,不同的 D-元组同时用来探测不同的子频带。图 2.22 给出了一个伪随机调频码的设计,其中 $N_s=4$,$N_p=3$,$D=2$。

SU1	1 2 3	1 2 3	1 2 3
SU2	1 2 3	2 3 1	2 3 1
SU3	2 3 1	1 2 3	2 3 1
SU4	2 3 1	2 3 1	1 2 3

图 2.22 伪随机调频码

在基于调频的频谱感知策略中,每个 SU 根据它的调频序列跳到其中一个可用频段。在第 i 段时间感知的子频段为 $f(i)=F[S_q(i)]$,其中 $S_q(i)$表示第 q 个调频序列,F 表示一个包含映射到子频段的表。表 F 中可能包含了映射到中心频率和带宽的链接,这里假设网络中所有的 SU 有同样的表 F。

由于想通过一次扫描探测尽可能多的频谱,所以使用正交调频码。产生一个正交调频码最简单的方法是对一个整数满序列(Full Sequence)进行循环移位。满序列是包含到一个确定数的所有整数的序列。循环移位由以下模运算完成:

$$S_q(i)=(i+\Delta_q)\bmod N_p \tag{2.59}$$

式中,$i\in[0,N_p-1]$;$q\in\left[0,\left\lfloor\frac{N_s}{D}\right\rfloor-1\right]$;$\Delta_q$ 是移位参数。关于如何选择调频序列的设计及仿真结果,在文献[18]和[20]中可以找到更多的内容。

② 用最少的感知资源获取吞吐量

每个子频带都有相同数目 D,传感器的感知策略在 SU 相对主信号的平均 SNR 大致相等时,是非常实用的。然而,当平均 SNR 分布不均匀时,为了节省功耗,SU 之间的协作需要优化,并且会重点关注能持续提供机会频谱的频带。

假设有 N_s个次级用户,希望能探测 N_B 个子频段。这些频段在感知策略的第一阶段已被选定,这些子频段最有可能对次级网络带来最大收益,也就是说 $a_k^*=\max\limits_a Q_k(a)$。用 B 表示所有子频段的集合,用 S 表示所有次级用户的集合。另外,假设次级网络知道 SU 的探测概率 P_{sb},其中 $s\in S$,$b\in B$。为了节省 SU 的电池功耗,需要在保证子信道探测性能等级的同时,能分配最少的 SU。因此,感知分配问

题可被描述为

$$\max_{X} \sum_{b \in B} \sum_{s \in S} \omega_s x_{sb}$$

$$\text{s.t.} \quad \hat{P}_{\text{miss,FC}}^b(\boldsymbol{X}) \leqslant P_{\text{miss,target}}^b \tag{2.60}$$

$$\sum_{b \in B} x_{sb} \leqslant K_s$$

式中,K_s 是同时能探测子频段的 SU 数目,w_s 是用户 s 的权重。$\boldsymbol{X} = [x_{sb}]$ 是要找的 $N_S \times N_B$ 二元感知,分配矩阵 $\boldsymbol{X}$ 的元素是:

$$x_{sb} = \begin{cases} 1, & s \text{ 被分配到子频段 } b \\ 0, & \text{其他} \end{cases} \tag{2.61}$$

$\hat{P}_{\text{miss,FC}}^b(\boldsymbol{X})$ 是感知分配矩阵 $\boldsymbol{X}$ 在子频段 b 处对错误检测概率的估计。$P_{\text{miss,target}}^b$ 是次级系统在子频段 b 所允许的最大错误检测概率。式(2.60)中的第一个约束条件要求在 FC 端错误检测的概率要低于期望值,第二个约束条件要求能同时探测一个子频段的 SU 数目应不超过 K_s。SU 的权重 w_s 是根据电池功耗来选择的。如果知道用户 s 的电池功耗很小,那么其权重设置的就相对较高,这样它就不大可能被分配去进行感知。权重还可以用来防止一些 SU 的电池功耗过度。

③ OR 融合规则的感知分配问题

假设 FC 在同一子频段上观察的不同 SU 的漏检概率是条件独立的,那么由 OR 融合规则可以得到:

$$P_{\text{miss,FC}}^b = \prod_{s=1}^{N_s} (1 - P_{sb})^{x_{s,b}} \tag{2.62}$$

对式(2.60)来说,这是个非线性约束条件。可以通过取对数来使其线性化,即

$$\ln(P_{\text{miss,FC}}^b) = \sum_{s=1}^{N_s} \ln(1 - P_{sb}) x_s b \tag{2.63}$$

可以把 OR 规则的 SAP 问题转化成一个线性二进制整数规划问题:

$$\min_{x} \quad \boldsymbol{w}^{\text{T}} x$$

$$\text{s.t.} \quad Ax \leqslant c \tag{2.64}$$

$$x \text{ is binary}$$

式中,w 是 SU 在不同子频段的 $N_s N_B \times 1$ 权重向量;$x = \text{vec}(\boldsymbol{X})$ 是大小为 $N_s N_B \times 1$ 的二进制矢量;A 是包含本地漏检概率的估计值的对数约束矩阵;c 是约束向量。约束向量为 $c = [\ln(P_{\text{miss,target}}^1, \cdots, P_{\text{miss,target}}^{N_B}, K_1, \cdots, K_{N_s})]^{\text{T}}$。

实际的漏检概率最大只能到某一个确定的值,约束向量应该有一个安全冗余,以防最坏的情况发生。约束矩阵 A 是:

$$A = \begin{bmatrix} \hat{\boldsymbol{p}}_{\text{miss}}^1 & 0 & \cdots & \cdots \\ \cdots & \hat{\boldsymbol{P}}_{\text{miss}}^2 & 0 & \cdots \\ \vdots & \vdots & \vdots & \vdots \\ \cdots & \cdots & 0 & \hat{\boldsymbol{p}}_{\text{miss}}^{N_B} \\ \boldsymbol{I}_{N_s} & \boldsymbol{I}_{N_s} & \boldsymbol{I}_{N_s} & \boldsymbol{I}_{N_s} \end{bmatrix} \qquad (2.65)$$

式中, $\hat{\boldsymbol{p}}_{\text{miss}}^b = [\ln(1-\hat{P}_{1b}), \ln(1-\hat{P}_{2b}), \cdots, \ln(1-\hat{P}_{N_{sb}})]$, $\boldsymbol{I}_{N_s}$ 是大小为 N_s 的单位矩阵, $\boldsymbol{A}$ 的行数为 $N_B + N_s$, 列数为 $N_B \cdot N_s$。

这个二进制整数规划(Binary Integer Programming, BIP)问题是个 NP-hard 问题,很难求解,但仍可以通过基于线性规划(Linear Programming, LP)的分支-约束算法来求解。这种算法最多搜索次数是 $2^{N_s N_B}$。因此,当子频段和 SU 的数目很多时,用于搜寻的时间将会很长。

- 本地检测概率估计

解决式(2.60)中的优化问题需要在 FC 对漏检概率进行估计。式(2.58)中定义的收益函数同时也给出了 SU 的检测概率的简单估计值。易见,在 SU 和 FC 的选择都是 1 的时候,式(2.56)中给出的 SU 值的更新会增大其平均值。假设 FC 的选择是正确的,那么 SU 在子频段的值会收敛到真实的检测概率值。为了使检测估计值恒定,只在 FC 的选择是有用的时候才会更新奖励值,例如当总体测试统计值超过总体判决阈值(有一定安全余量)的时候。这将减小 FC 对估计偏差的错误警告带来的影响。

(3) 性能评估

本节对基于增强学习的协作频谱检测算法进行仿真。设置次级用户的数目 $N_s = 6$,子频段的数目 $N_p = 10$,次级网络想要发现的子频段数 $N_B = 3$。在所有子频段上期望的漏检概率设置为 $P_{\text{miss,target}}^b = 0.1$, $K_s = 1$。在探测阶段使用的是固定调频码,所以每个子频段的检测器数目被设置为 $D = 2$。

仿真中假设这 10 个子频段中的 3 个能提供 10 倍于次级网络的吞吐量,前提是这些频带是空闲的并且被感知到了。把主用户的行为建模为两个状态的马尔可夫过程:1 表示子频带被占用,0 表示子频带空闲,转移概率是 $P_{11} = P_{00} = 0.9$。不同子频段间的状态是相互独立的。被选中的子频段在 3 个感知时段过后会更新,并且会由 FC 传输到 SU。为了明确,这里将 α_s 表示为 α_1 和 α_2,分别代表第一阶段和第二阶段。仿真中使用能量检测,FC 用 OR 融合规则。其他的诸如循环平稳检测也可以使用。FC 的虚警概率为 $P_{\text{fa,FC}} = 0.01$,每个 SU 用于感知的样本数是 50。SU 相对于不同 PU 的 SNR 是均匀分布的,其标准偏移量是 (9 ± 2) dB(如图 2.23 所示)。这种场景接近 SU 被大型物体遮住引起阴影衰落,从而导致不同 SU 的平均 SNR 不同。而 FC 则可以学习到哪个 SU 应该感知哪个子频段。在每个感知阶段,SU 也会受到瑞利衰落的影响。

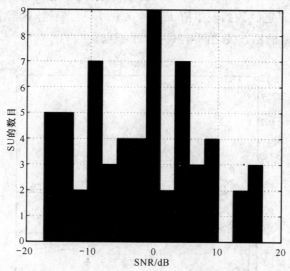

图 2.23 SU 在所有的子频段上的平均 SNR

图 2.24 给出了在不同 ε 的情况下,相对于理想感知策略吞吐量的收敛速度。理想感知策略在每个感知阶段能感知到最大数目 N_B 的可用频段,这些频段能够提供最大的吞吐量。图 2.24 给出了 ε 的选择对于收敛速度及吞吐量稳态值的影响。ε 越小,吞吐量的稳态值就越大,但是相应的收敛速度就越慢。图 2.24 也说明在 ε<1 时吞吐量的稳态值要明显大于 ε=1 时。例如,当 ε=0.1 时,其吞吐量的稳态值是固定策略(ε=1)时的 2.5 倍。

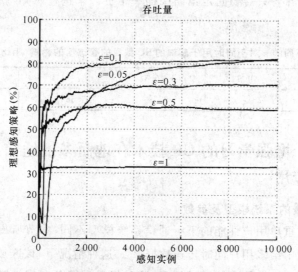

图 2.24 基于 ε-贪婪行为选择以及伪随机感知策略(ε=1)的吞吐量

图 2.25 给出了不同 ε 对漏检概率 P_{miss} 的影响。可以看出 $\varepsilon=0.1$，$\varepsilon=0.3$，$\varepsilon=$ 0.5 时，漏检概率迅速收敛到期望值 $P_{miss}=0.1$ 以下。显然，这需要在漏检概率的收敛速度和吞吐量的稳态值之间寻找一个平衡点。

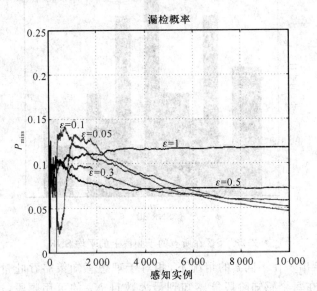

图 2.25　基于 ε 贪婪行为选择以及伪随机感知策略（$\varepsilon=1$）的错误检测概率的收敛速度

表 2.4 给出了相对于固定 $D=2$ 的策略，不同的 ε 对同时用于感知的传感器数目的影响。对于比较小的 ε（$\varepsilon\leqslant0.1$）而言，可以把用于感知子频段的传感器数目减少至一半。这意味着只需要固定策略中的一半资源来进行感知，就可提高能源利用率。

表 2.4　不同的 ε 对于同时用于感知的 SU 数目的稳态值的影响（相比于 $D=2$）

$\varepsilon=0$	$\varepsilon=0.5$	$\varepsilon=0.3$	$\varepsilon=0.1$	$\varepsilon=0.05$
100%	78%	67%	56%	51%

2.2.4　基于增强学习的 CR 技术在地面多播通信系统中的应用

1. 多播场景的系统模型及参数

与一般的注重单用户性能的下行通信系统模型不同，本节所提的方案侧重于在一个覆盖区域中给多用户同时传送数据[21]。这种情况下，该区域会被看成是一个整体。我们使用一个简化的测试场景，这种场景在服务区域中随机分布有多个地面基站和多个信道。该区域是一个边长为 8 km 的正方形,如图 2.26 所示。由于基站分布的随机性,所以每个基站的影响区域是不可预测的。本节模拟一个多信道地面通信系统,这只适用于频率低于 6 GHz 的情况。基站和信道的数目可以随地面系统的不同要求进行灵活配置。在这里,1 000 个用户随机分布在这个覆盖区域。

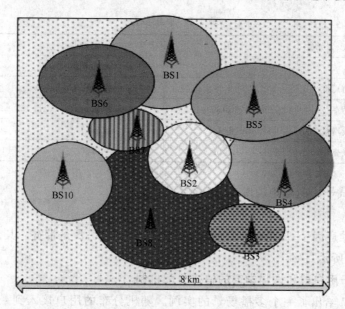

图 2.26 多基站多信道共存场景

每个用户接收到的功率 P_s 是影响获得 SINR 的重要因素。所用的传播模型是 Okumura-Hata 模型。在市区,接收功率 P_s 的表达式如下[22]:

$$P_s = A + B \log R - E \tag{2.66}$$

其中

$$A = 69.55 + 26.16 \log f_c - 13.28 \log h_b$$
$$B = 44.9 - 6.55 \log h_b$$
$$E = 3.2(\log(11.7 h_m))^2 - 4.97$$

式中,f_c 是载频;h_b 和 h_m 是基站天线和移动终端天线相对于地平线的高度;R 是发射器与接收器之间的距离。根据式(2.66)可知,用户的接收功率随着与基站间距离的增大而减小。为了评估系统性能,定义 SINR:

$$SINR = \frac{P_s}{P_n + \sum P_i} \tag{2.67}$$

式中,P_s 是信号功率;P_n 是噪声功率;$\sum P_i$ 是在同一信道上基站的相关干扰功率的总和,其中 P_s 和 P_i 都是用式(2.66)计算的。通常分布在不同信道的基站不会影响其他基站的 SINR。也就是说,假设相邻信道间的干扰可以忽略。为了保证足够高的 SINR 值,阈值用来作为评估每个用户之间的干扰,并最终决定系统性能。表 2.5 给出了地面系统的其他参数。

表 2.5 系统参数

参数	值	参数	值
通信区域	8 km×8 km	用户天线增益	1 dB
发送方的高度	15 m	天线效率	100%
发送功率	21 dBm	带宽	3 MHz
基站天线增益	10 dB	频率	900 MHz
用户天线高度	1.5 m	噪声功率	−102.7 dBm

SINR 式子中的噪声功率为

$$P_n = 10\log(FkTB) \tag{2.68}$$

式中,F 是噪声因子;B 是玻尔兹曼常数;T 是环境温度;B 是带宽。其余的参数设置如表 2.5 所示。

2. 基于用户群和增强学习的信道分配机制

图 2.27 给出了一个多播场景的实例。随机分布的用户接入到最近的基站。少量用户要接收每个基站的 SINR,所以用户群代表了满足 SINR 要求的用户的不同比例。例如,95% 用户的 SINR 值应该大于 4.3 dB。本节选择 90%～95% 的用户满足最低性能要求,即基于覆盖范围的 QoS。

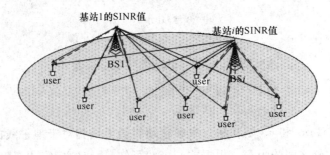

图 2.27 多播场景

这种分布式方案不需要中央控制器,不是与基站交互信息,而是通过环境或其他用户来推断信息。尽管这种分布式方案很容易受到阴影效应或者"隐藏终端"的影响[23],但是系统的灵活性更高,复杂度也较低。这里提到的随机分布式方案需要应用增强学习来选择最合适的可用信道。

在分布式信道分配方案中应用增强学习旨在提高传统方案的性能。传统方案是根据已有的信息来帮助作"未来"的选择。这会提高分配稳定性及认知无线电系统性能。以下简要介绍本节的分布式增强学习算法[24]：首先，所有信道的权重都是一样的，但每次激活后根据表 2.6 中的情况，某个信道上的权值会更新。成功或失败的信道会导致权重值发生正的或负的改变，这意味着权重值在每次激活后可能会增大或减小。在下一次激活时，基站会给权重最大的信道分配最高优先级。因此，增强学习可以帮助信道找出最合适的分配方法，最大限度地减小干扰并防止冲突。权重值如下[23]：

$$w_i = F_1 w_{i-1} + F_2 w_e + w_f \qquad (2.69)$$

式中，w_i 是上一个权值 w_{i-1} 迭代更新后的当前值；w_e 是经过环境学习得到的权重值，本节不考虑它，设 $w_e = 0$；w_f 是根据当前系统的操作以及信道分配来估计权重值的权重因子，如表 2.6 所示；F_1 和 F_2 是用来调整每个权值比例的参数，设为 1。

表 2.6 权重因子的阈值

基站类型		阈值	权重（w_f）
新的	接受	SINR>4.3 dB	+2
	未接受	SINR≤4.3 dB	0
已有的	重分配	2.3 dB≤SINR≤3 dB	−1
	失败	SINR<2.3 dB	−2
重分配	新接受	SINR>4.3 dB	+1

表 2.6 是基于不同基站情况分配的。定义用户群的权值因子为不同的阈值。这里用 2.3 dB 作为 GMSK 调制的阈值[17]，这是因为只有高于这个阈值，解调时才能忽略误比特率（BER）的影响。考虑 3 种不同类型的分配情况。

（1）如果一个基站新加入到一个信道上，那么与信道相关的权值将获得+2 的奖励；如果没有被接受则没有奖励。

（2）如果一个现存的基站被强制关闭其现存的分配方案，则给这个基站−1 的惩罚用以重分配。

（3）如果重分配给 5 个不同的信道失败后给这个基站−2 的惩罚。

当重分配一个新的信道成功后，定义一个+1 的奖励。这种情况不如一个新基站的初始化分配重要，所以其奖励也比新基站的初始化分配要少。如果因为干扰需要进行重分配，那么与这个信道相关的权值要减 1。这些值现在已经都选好了，但需要进行更多的工作来选择最佳值。另外，权值因子可以自适应地进行分配，而不仅仅限于整数。

图 2.28 给出了不同基站进行分布式信道分配，包括重分配、阻塞和减少以及更新权值的方式。使用增强学习的随机分布式信道分配步骤如下。

（1）步骤 1：初始化

基站和信道均从 1 开始编号。避免最好的 3 个信道集合被基站最后选中（最好的 3 个信道集合是通过选择与每个信道对应的测试基站的最高权值实现的）。

（2）步骤 2：信道分配

初始化激活：每个基站的信道权值都是相同的，每个基站随机选择 3 个信道作为开始。

后续激活：最好的 3 个信道集合是用于每个基站的。从最好的信道集合中随机挑选一个。如果不成功，就从剩下的信道中挑一个。一旦最好的信道集合都选完了，那就从剩下的信道集合中随机挑选。选择 5 个信道仍然失败，就应该终止初始化分配或者重分配。

（3）步骤 3：权值设置

每次激活后，权值会根据表 2.6 进行更新并记录下来。这意味着最好的 3 个信道集合在每次激活后都会发生变化。

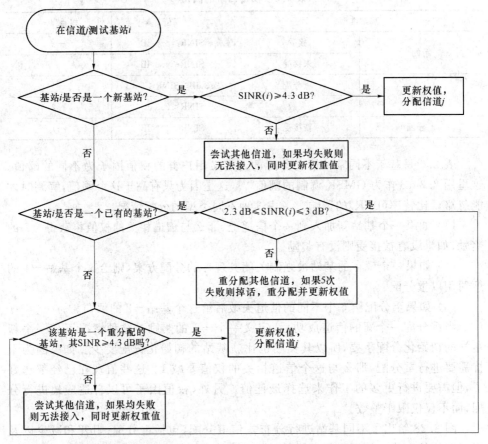

图 2.28 分布式信道分配流程图

3. 性能评估

本节给出经过不同次数迭代后,不同的用户群采用随机分布式信道分配方案的性能表现。基站的分配顺序是随机的,许多基站的位置集合被用来提供足够多的试验次数,以获得相应的准确统计信息。仿真中有 30 个基站,10 个信道。

图 2.29 给出了经 1 000 次迭代后,随着每个基站用户数目的变化重分配、阻塞掉话的概率。这里比较了两个用户,分别是最小阈值为 90% 和最小阈值为 95% 的用户。x 轴表示每个基站的用户数,分别为 1、10、20、30、50,从单用户到多用户。

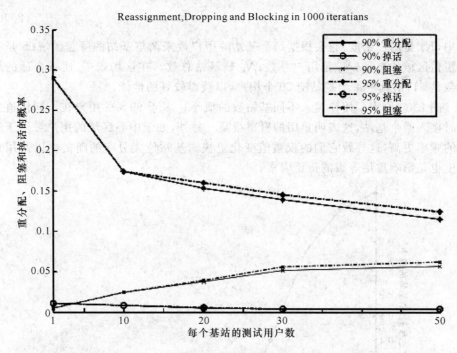

图 2.29 在 1 000 次迭代后重分配、下降以及阻塞的情况

图 2.29 表明用户数量在提高系统性能中起了非常重要的作用,尤其是在减少重分配和中断方面。对于 90% 和 95% 的两个用户群体而言,重分配的概率从单用户的 0.31 下降到 50 个用户的 0.13。每个基站只有一个用户容易受到"隐藏终端"的影响,这意味着即使在进行 1 000 次迭代后,重分配的概率依然相对较高。当每个基站的用户数目增加时,分布式探测的优势就显得突出了。同时,增强学习也会减小重分配的概率。由于用户密度增大,基站会用越来越多的用户进行探测。这意味着如果用户密度不变,随着接入用户越来越多,基站覆盖区域会增加。这也增加了一个用户接入多个基站的概率。

随着多播用户的增加,中断性能会得到改善。当基站只有一个用户的时候,该用户很可能被其他物体遮挡,导致了更多的干扰。而当用户数增加时,隐藏端的情况会减少,掉话的次数因而大大降低。阻塞性能则恰好相反,只有一个用户时,阻塞概率几乎为 0。然而,由于隐藏端更有可能出现,所以重分配的次数会更高,以抵消阻塞带来的负面影响。

从图 2.29 可以看出,当每个基站的用户数目在 1～10 之间变化时,性能变化很小。因为此时用户数目对于用户群需求服务的影响很小。不考虑每个基站的用户数目大于 50 时的性能,因为这种情况下用户密度过大。每个基站最适合的用户数目为

$$N_o = K_d \frac{S}{N_u N_b} \tag{2.70}$$

式中,K_d 是用户密度,它会根据每个基站的用户数来调整基站的覆盖区域;S 是基站覆盖区域的总和;N_u 是用户总数;N_b 是基站总数。在该场景中,比较合适的用户数是 21,仿真中每个基站配 20 个用户,以获得较好的性能。

图 2.30 给出了用户接入不同基站数的概率。多于 90% 的用户在不同信道上同时接入两个基站,这表明重用的概率很高。另外,处于中心区域的用户被用于测试的频率更高,这导致它们的权重值变化更快。基站位置分布的随机性以及用户密度也是影响重用等级的重要因素。

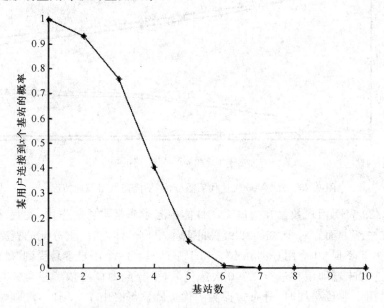

图 2.30　连接到单个用户的基站数目

根据表 2.7 更新表 2.6 的阈值,这是考虑了增强学习对更好的分配用户数做的一个尝试。这里选择更多的用户群以及更小的 SINR 阈值。在大多数情况下依然选择表 2.6 中的 4.3 dB 作为接收阈值[21]。而退出时,在 2.3 dB 处设置 85% 的阈值而不是 95%。这种稍放宽的条件在重分配、退出和保证大多数用户都在系统

中活动间提供了一个合理的折中。

表 2.7　百分比阈值以及权值因子

基站类型		阈值	权重(w_f)
新的	接受	95%SINR>4.3 dB	+2
	未接受	95%SINR≤4.3 dB	0
已有的	重分配	95%SINR≤4.3 dB	−1
	失败	85%SINR<2.3 dB	−2
重分配	新接受	95%SINR>4.3 dB	+1

　　图 2.31 给出了每个基站的权值更新迭代次数对系统性能的影响,比较了没有增强学习(迭代次数为 0)到权值更新次数为 1 000 的测试结果。测试时每个基站都有 20 个用户。权值推导是一个累积过程,这个过程会根据得到的前一个结果及当前的激活情况来增加或减小。学习过程不会中断,如图 2.31 所示,所有曲线表示的性能都所提高。

　　把图 2.31 和图 2.29 中 1 000 次迭代后的结果相比,可以看出修改后的阈值表现出更好的性能。这种控制行为的方式更灵活。这里用到了两种确定阈值的方式:一是用户的百分比固定;二是百分比可根据要求变化。

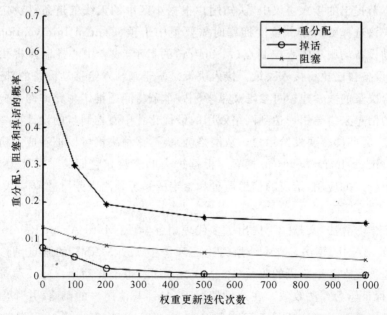

图 2.31　在每个基站有 20 个用户的条件下的重分配、中断和阻塞的概率

图 2.31 中,在权值更新迭代次数小于 1 000 时,有必要观察系统的性能。随着更新迭代次数的增加,不仅重分配的概率会大大减小,基站找到合适信道的速度也会提升。这意味着基站找到一个合适信道的机会变大,因为权值高的信道可以帮助用户避免干扰。在 1 000 次迭代后,阻塞和中断性能会得到改善(提高的幅度相对较小)。中断概率变得很小,这也表明在多播用户群系统中使用增强学习可以有效改善中断性能。

2.2.5 Nash-Stackelberg 模糊 Q 学习决策方法在异构认知网络中的应用

由不同无线接入技术(Radio Access Technologies,RAT)组成的异构网络可通过自组织(Self Organization)机制来加强异构网络组件间的合作。共享同一发送信道的自私用户(Selfish Users)间的交互可以建模成一个非合作博弈。本节讨论基于 Nash-Stackelberg 模糊 Q 学习的分布式联合无线资源管理(Joint Radio Resource Management,JRRM)[25]。

1. 系统模型

(1) 场景描述

在本节提出的接入协议中,认知用户根据小区中的无线信道条件决定两个认知网中应该选择哪一个。重度拥塞时需要集中干预(Central Intervention),这时假设移动设备均服从中心控制点(Mediator)的指示,或者中心控制点提供环境信息,移动设备自己执行接入决策。接入决策是基于基站发给移动设备的部分信息。这种混合决策的数学建模可参考文献[26]。本节将问题推广为允许网络向用户发送足够的信息来指导用户达到网络效用的最优化。中心控制点的设计要考虑如何收集信息,哪些内容要发给用户。从网络侧来看,这种决策可以被看成是机制设计问题,或 Stackelberg Bayesian 博弈。根据过去的经验和它们的学习能力,移动终端能针对给定的应用、给定的信道质量和给定的系统预测服务质量。

(2) 学习架构

关于学习算法,文献[27]提出了多代理增强学习(Multi-Agent Reinforcement Learning,MARL)算法。在本节所讨论的环境中实现 MARL 的难点是移动用户无法知道彼此在各个阶段的收益(Payoffs)。因此,每个移动用户的环境都是动态的,无法保证学习算法收敛。在这种情况下,预计其他用户的策略,并作出最佳响应的虚拟行为在一定的假设下可以保证收敛于 Nash 均衡点[28]。我们选择 Q 学习,以一种渐进的方式来评估不同行为的值,进一步研究 Stackelberg 模糊 Q 学习来处理连续的状态空间问题。

管理者与执行者之间通过广播交互移动终端当前的负载状态。图 2.32 是两个系统(HSDPA 和 LTE)组成的网络负载的例子,表明各系统是处于低、中或高负载状态。为了最优化它们的决策,假设网络和移动设备都执行 Q 学习算法,保证它们从过去的经验中受益。

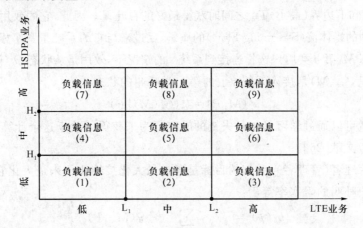

图 2.32 由 HSDPA 和 LTE 系统组成的网络发送的聚合负载信息

(3) 网络资源

考虑由同一控制中心管理的 S 个系统组成的网络。在每个小区中,用户的位置不同导致无线信道条件不同。如果连接到系统 s 的用户仅由一个小区提供服务,它能获得的峰值吞吐量会根据用户的位置发生改变。假设无线环境条件为 n,新业务的到达过程(Arrival Process)服从参数为 λ_n 的泊松分布,到达用户的连接持续时间服从参数为 $1/\mu$ 的指数分布。简单起见,考虑有 N 类无线条件,在条件 n 下的用户连接到系统 s 时的峰值速率为 D_n^s。我们把网络状态 $M \in c$ 定义为不同无线条件下的用户数,即 $M = (M_1^1, \cdots, M_N^1, \cdots, M_1^s, \cdots, M_N^s)$,其中 M_N^s 表示连接到系统 $s \in S = [1, \cdots, S]$ 处于无线条件 $n \in N$ 的用户数。小区中每个移动设备由相应的宏观状态(Macro-state)来描述。假定宏观状态(或负载信息)从一个有限集 $L = \{1, \cdots, L\}$ 中分别取值。更正式地说,赋值 $f: c \to L$ 指定了每个网络宏观状态 M 所对应的宏观状态值 $f(M)$。我们把 $f(\cdot)$ 称为负载信息函数。移动设备随机接入网络,在阻塞或所允许的呼叫结束后立即离开网络。正在进行的呼叫可能要经历吞吐量退化(如深衰落状态),但不放弃呼叫。部分网络宏观状态(以下简称为状态)为不可用,即在给定位置和无线条件下,无线资源(频带、发送功率、衰落)无法满足移动设备的服务需求。在可行的状态空间 F 中,每个移动设备将根据自己的无线条件和负载信息 l,独立判定可用系统中的最好连接。所有可能的策略集为 P。我们把移动设备在不同负载条件下所采取的动作策略组合矩阵(Strategy Profile Matrix)表示成 $\boldsymbol{P} \in P$，当第 n 类用户连接到系统 s 时，它的元素 $P_{n,l}$ 等于 s。

（4）效用函数

① 媒体流

移动用户（执行者）：用户的目标是在知道不同编译码器允许吞吐量处于上边界（最好）T_{max} 和下边界（最小）T_{min} 之间时获得最好的吞吐量。因此，它的效用可以表示成它接收到的媒体流（Streaming Flow）的质量，反过来与它的吞吐量紧密相关。在网络处于状态 M，第 n 类用户选择连接到系统 s 的情况下，效用是从状态 $G_n^s(M)$ 开始发送的信息量，$G_n^s(M)$ 是接入系统 s 上的第 n 类呼叫的状态：

$$u_n^s(M|P) = I_n^s(G_n^s(M)|P) \tag{2.71}$$

这个信息量可以通过学习马尔可夫链的时变行为来获得。关于这个计算的更多细节可以参考文献[26]。

网络管理者（管理者）：我们的目标是通过最大化接纳比例来最大化它的收益。第 n 类用户呼叫的阻塞率等于：

$$b_n(p) = \sum_{M \in F, G_n^s(M) \notin F, \forall s \in S} \pi(M|P) \tag{2.72}$$

式中，$\pi(M|P)$ 是策略 P 下的稳态概率。在这个等式中，我们认为当每个系统都处于饱和状态时到达的呼叫全部阻塞。相应地，在策略 P 下的总阻塞率可以写成：

$$U(P) = \sum_{n=1}^N \frac{\lambda_n}{\sum\limits_{m=1}^N \lambda_m} b_n(P) \tag{2.73}$$

② 弹性流

移动用户（执行者）：在一个尽力而为的网络中，根据当前的业务负载，用户获得未指明的可变比特率和发送时间。效用与文件传输时间有关。在网络处于状态 M，第 n 类用户选择接入系统 s 的情况下，平均下载时间是指从状态 $G_n^s(M)$ 开始到下一状态（相当于一个用户的离开）的时间 h_n^s[26]：

$$u_n^s(M|P) = h_n^s(G_n^s(M)|P) \tag{2.74}$$

网络管理员（管理者）：我们的目标是增强所有它的用户所感知的总 QoS。因此，它的效用就与一个典型用户的平均文件下载时间相关。利用 Little 定理，第 n 类用户的下载时间可以表示为

$$U(P) = \sum_{n=1}^N \frac{1}{\lambda(1-b_n(P))} \sum_{M \in F} \pi(M|P) \sum_{s=1}^S M_n^s \tag{2.75}$$

2. 博弈论架构

（1）Nash 均衡

如果对于所有无线信道条件和负载信息，单方面切换到不同策略都会提高用

户的回报,那么策略组合 P^{NE}, $\forall n \in N$, $\forall l \in L$,就对应一个 Nash 均衡。数学上,对于所有的无线条件 $n \in N$ 和所有的负载信息 $l \in L$, $\forall \sigma_{n,l} \neq P_{n,l}^{NE}$,可以表示成下列不等式:

$$u_n^{P_{n,l}^{NE}} \geqslant u_n^{\sigma_{n,l}} \tag{2.76}$$

（2）Stackelberg 均衡

另一方面的问题是关于网络所发送信息的结构。更正式地讲,用 H 表示负载函数 f_j 所有可能选择的有限集。特别地,单个用户的效用是 $f(\cdot)$ 的函数:

$$u_{n,l}^s(P \mid f_j) = \frac{\sum_{M \mid f_j(M) = l} u_n^s(M \mid P)\pi(M \mid P)}{\sum_{M \mid f_j(M) = l} \pi(M \mid P)} \tag{2.77}$$

这种变换得到的博弈称为 Stackelberg 博弈,因为网络管理员在用户作出决策前选择他的策略（通过负载信息函数 f_j 的方式）。在这种意义上,网络管理员是一个 Stackelberg 管理者,用户是执行者。因此,Stackelberg 问题可以定义为通过调谐负载信息函数 f_j 来最大化网络效用。根据所提供服务的目标,Stackelberg 均衡表明:

$$f^{SE} = \arg \max_f \max_j U(P^{NE}(f_j)) \tag{2.78}$$

这使无线用户可根据网络负载信息（$P^{NE} = P^{NE}(f_j)$）达到 Stackelberg 均衡。用户是通过非合作的行为最大化他们的收益,管理员的干预会影响他们的行为,虽然管理员既没有直接控制他们的行为,也没有连续与用户通信进行协调。

3. 最优化决策的学习

本节考虑如何利用马尔可夫博弈架构中的增强学习来达到 Stackelberg 均衡[29,30]。学习的目的是掌握一种将管理者与执行者的状态映射到动作的策略,即 Stackelberg 均衡。管理者和执行者的回报就是上一节所计算的效用。假定每个第 n 类移动用户需要记录他们过去的观察,并能独立判定他们相应的动作,即连接到最好的网络。

考虑一个现实且性价比较高的情况,在相同小区位置上保持旧系统（如 HSD-PA）的同时,引入新系统（如 3G LTE）。

（1）模糊推理系统模型

将管理者的状态 $x^1 \in S^1$ 定义为 LTE 和 HSDPA 中的二维负载向量,如 $x^1 = (\text{load}_{HSDPA}, \text{load}_{LTE})$。管理者可以通过修改 4 个负载阈值来调谐负载信息函数 $f(\cdot)$,通过引导执行者的动作最优化自己的效用。因此,阈值定义了管理者的动作。图 2.33 显示了 4 个阈值的两个点（对角线）。图 2.34 中管理者的每个动作 a_1^1 和 a_2^1 包含一个二维向量,代表 LTE-HSDPA 负载平面上的 2 个阈值,如 $a^1 = (a_1^1, a_2^1)$。

由于网络状态空间是连续的,我们把管理者控制器建模成一个模糊推理系统(Fuzzy Inference System, FIS)[31]。基于时间差分法,FIS 可利用模糊 Q 学习(FQL)算法来优化[32,33]。图 2.34 显示了 FIS 模型,其中 FIS 代表一系列表示成 $R=(1,\cdots,R)$ 的规则。一个规则的例子可表示为

"IF(x_{LTE}^1 is high$_{LTE}$) AND (x_{HSDPA}^1 is high$_{HSDPA}$) THEN ($o_1=O_{r_{11}}$) AND ($o_2=O_{r_{12}}$)",其中,high$_{LTE}$ 和 high$_{HSDPA}$ 是模糊标签,$O_{r_{11}}$ 和 $O_{r_{12}}$ 是规则输出。我们使用由它们的顶点定义的三角模糊集作为模糊标签。在求解 FQL 时,Q 函数在相应于规则 x_r^1 的离散状态集上进行计算。

对于执行者,假设状态 $x^2 \in L$ 由负载信息定义,动作 a^2 是相关的决策。对每个由管理者动作定义的信息函数,两类移动设备学习它们的 Nash 均衡。有不同 Q 表格的执行者们遵循基于动态规划(Dynamic Programming)的 Q 学习。

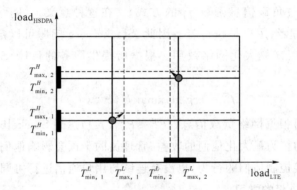

图 2.33 管理者的动作

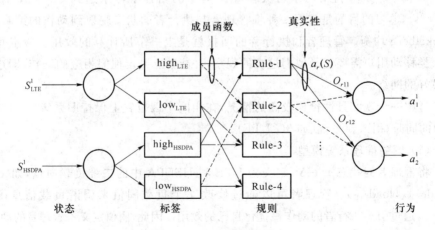

图 2.34 模糊推理系统表征

（2）Nash-Stackelberg 模糊 Q 学习算法

对于 Stackelberg 博弈迭代算法，每个玩家（管理者和执行者）首先要选择一个初始动作（或策略）。对于管理者来说，它基于模糊 Q 学习算法定义利用-检测策略（Exploitation-Exploration Policy，EEP）：

$$o = \begin{cases} \arg\max_{o \in A^1} q(x^1, o); & \text{exploration with probability}(1-\varepsilon) \\ \text{rand}(o); & \text{exploration with probability } \varepsilon \\ o \in A^1 \end{cases} \tag{2.79}$$

下面介绍 FQL 算法的主要步骤。考虑第 i 个元素 x_i^1，状态为 x^1，对应于第 j 个模糊集 E_{ij}。" x_i^1 is E_{ij}"即有一个等于 $\phi_{ij}(x_i^1)$ 的成员函数。使用这个成员函数，定义状态 x^1 对应于规则 r 的精确度如下：

$$\alpha_r(x^1) = \prod_{i=1}^{n} \phi_{ij}(x_i^1) \tag{2.80}$$

例如（x_{LTE}^1 is high$_{\text{LTE}}$） AND （x_{HSDPA}^1 is high$_{\text{HSDPA}}$）的精确度可以写成：

$$\alpha_r(x^1) = \phi_{\text{LTE}}^{\text{high}}(x_{\text{LTE}}^1) \cdot \phi_{\text{HSDPA}}^{\text{high}}(x_{\text{HSDPA}}^1) \tag{2.81}$$

必须满足归一化条件：

$$\sum_{r=1}^{R} \alpha_r(x^1) = 1 \tag{2.82}$$

控制器的行为由触发规则的输出决定，表示为

$$a^1 = \sum_{r=1}^{R} \alpha_r(x^1) \cdot o_r \tag{2.83}$$

求和是在所有规则上进行计算。Q 函数和 V 函数是基于连续状态定义的，计算时使用 x_r^1 处 Q 函数内插法：

$$Q_t(x^1, a^1) = \sum_{r=1}^{R} \alpha_r(x^1) \cdot q_t(x_r^1, o_r) \tag{2.84}$$

$$V_t(x_{t+1}^1) = \sum_{r=1}^{R} \alpha_r(x_{t+1}^1) \cdot \max_o q_t(x_r^1, o_r) \tag{2.85}$$

Q 函数的更新方程为

$$q_{t+1}(x_r^1, o_r) = q_t(x_r^1, o_r) + \alpha_r(x_t^1) \cdot \eta \cdot (u_{t+1}^1 + \gamma V_t(x_{t+1}^1) - Q_t(x_r^1, a^1)) \tag{2.86}$$

式中，x_t^1 是当前访问的状态；x_r^1 是由第 r 个规则定义的状态；u_t^j 对应于代理 j 的效用函数。Nash-Stackelberg 模糊 Q 学习算法描述如下，为简洁起见，只给出重要的步骤。

Nash-Stackelberg 模糊 Q 学习算法

1. 初始化管理者：$q_0(x_r^1, o) = 0; o \in A^1, r \in R, x_0^1 \in S^1, t = 0$；

2. 初始化执行者：$Q_0(x^2, a^2) = 0; a^2 \in A^2, x^2 \in L, t' = 0$；

3. 观察初始状态 x_0^1，计算所有 $r \in R$ 的 $\alpha_r(x_0^1)$；

4. 重复直到管理者收敛；

5. 使用 EEP 来决定输出 o_r；

6. 计算推测动作 a_t^1；

7. 对于管理者，计算 $Q_t^1(x_t^1, a_t^1)$；

8. 重复直到执行者收敛；

9. 对第 n 类用户和每个状态-动作对 (x^2, a^2) 进行迭代；

10. $Q_{t'+1}^2(x_t^2, a^2) = \sum_{x'^2} \theta_{x^2 x'^2}^2 \left[u_{t'+1}^2 + \gamma \max_{a'^2} Q_{t'+1}^2(x_{t'}'^2, a'^2) \right]$，其中，$\theta_{x^2 x'^2}^2$ 是从状态 x^2 到状态 x'^2 的转移概率；

11. $t' \leftarrow t' + 1$；

12. 对于执行者停止重复；

13. 计算增强 u_{t+1}^1；

14. 执行 a_t^1，观察新状态 x_{t+1}^1；

15. 计算所有 $r \in R$ 规则的 $\alpha_r(x_{t+1}^1)$；

16. 使计算 $V_t(x_{t+1}^1)$；

17. 对每个受激规则（Excited Rule）x_r^1 和每个动作 o_r 进行更新；

18. $t \leftarrow t + 1$；

19. 对于管理者停止重复。

4. 性能评估

用户被分为信道条件好的用户和信道条件差的用户。对于管理者取 $\varepsilon = 0.05$，学习速率和折扣因子分别为 $\eta = 0.1, \gamma = 0.95$。

（1）媒体流

首先考虑一个流媒体服务，用户要求的最小吞吐量为 1 Mbit/s，可以通过吞吐量收益（最大 2 Mbit/s）来增强视频质量（$T_{min} = 1$ Mbit/s 和 $T_{max} = 2$ Mbit/s）。对一个持续时间为 $1/\mu = 120$ s 的呼叫，业务量等于 4 厄兰/小区。结果表明，本节提出的学习算法几乎在所有情况下都收敛到最优方案。对执行者来说，实际上相当于达到 Nash 均衡。图 2.35 描述了不同负载区域的用户效用。因为用户比较关注数据速率，因此用 Mbits 表示效用。小区中心（如图 2.35（a）所示）的用户效用比小区边缘(如图 2.35(b)所示)的略好一些。我们注意到经 33 次迭代后收敛到最优值。同时,低负载(负载区域 1)系统的性能比高负载系统(区域 5 和 9)更好些。

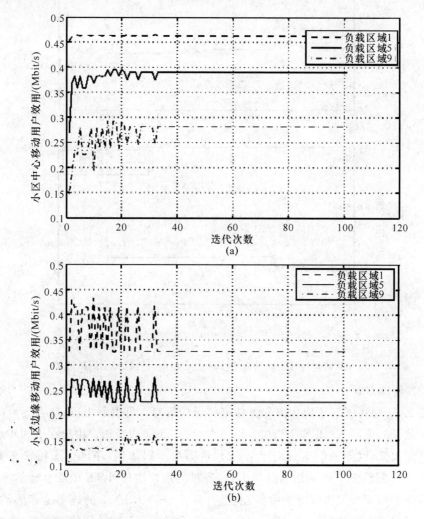

图 2.35 承载流式流量的网络中小区中心和小区边缘移动用户的效用

(2) 弹性流量

假设这些业务流类似于 FTP 传输,文件平均大小为 1 MB,业务量等于 8 Mbit/(s·cell)。图 2.36 给出了小区中心和小区边缘不同负载区域中的用户效用。由于用户较关注传输时间,因此用 s^{-1} 来表示效用。仿真结果与媒体流的情况类似。不过,移动设备是在 70 次迭代后收敛到最优方案的。

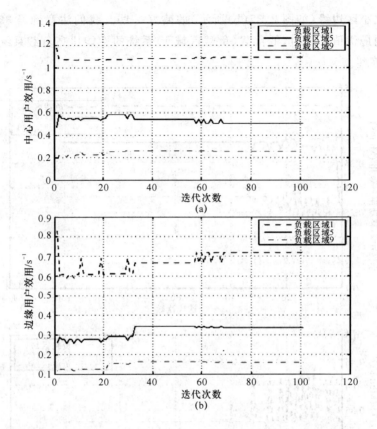

图 2.36　承载弹性流量的网络中小区中心和小区边缘移动用户的效用

（3）最佳方案

图 2.37 描述了对于媒体流和弹性流的最佳策略。可以看出，这些方案恰好对应于文献[26]中的 Nash 均衡策略。对于弹性流，小区边缘用户由于在 HSDPA 中的吞吐量太低，因此他们更偏向于 LTE。然而对于媒体流，小区边缘用户有更多的意愿接入 HSDPA，因为随着分享 LTE 容量的用户增加，LTE 负载会骤然增加。这样即使 HSDPA 提供较低的峰值吞吐量，但若 1～2 Mbit/s 的速率足够的话，那么接入 HSDPA 则是有利的。图 2.38 中给出了网络对不同动作的阻塞率，这些数据是在用户遵循相应的 Nash 均衡策略时得到的。图中有网络承载媒体流的三种结果：最佳动作（实线）、初始化阈值（虚线）和中间态阈值（点画线）。很明显，根据广播的负载信息，网络承载媒体流（用接收率表示）的收益得到了增强。

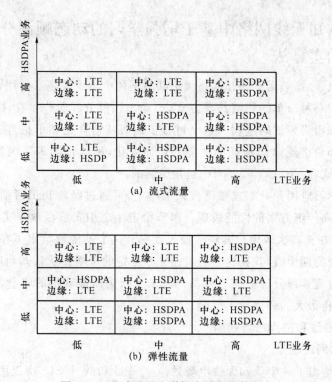

图 2.37   流式流量和弹性流量的最佳方案

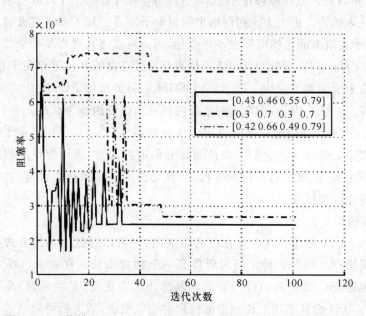

图 2.38   网络效用用于承载流式服务时,不同管理者动作对应的阻塞率

2.2.6　认知无线网络中基于增强学习的动态频谱分配拍卖算法

在认知无线电领域,频谱感知和动态频谱共享是两个重要议题。借用营销理论,研究人员提出了一种简单的频谱共享方式,把动态频谱分配看作是在认知无线网络环境中购买和出售频谱的过程。这个过程依然服从博弈论和价格规律。然而,大部分博弈论和价格规律都是被动地随环境而变化,不能预测未来的行为和回报。因此,这种方式在 CR 的学习能力中是很脆弱的。

将增强学习应用到分布式频谱接入策略中,可通过经验知识帮助未来的行为决策,从而提高传统方案的性能表现。本节给定一个拍卖值函数来实现这种 Q 学习算法[34],旨在提高次级用户的频谱接入效率。这个值函数给出了在特定状态下执行特定行为的期望值,并在这之后遵循一个固定的策略。从认知角度来看,次级用户可以通过观察部分历史信息来估计其未来行为所能获得的收益,从而采用最好的行为,获得最大的频谱接入机会。

1. 系统模型和拍卖市场规则

（1）认知网络场景

图 2.39 给出了一个认知无线电场景:一个 PU 和 N 个 SU,次级用户的集合是 $S=\{s_1,s_2,\cdots,s_N\}$。授权频段按 OFDM 方式分配给 PU,SU 在开放的未授权频段竞争频谱接入机会。由于 PU 在网络中的每个子信道上加入或者离开具有不连续性,在每个子信道上的传输概率在不停变化,因而可以将其看作是一个二状态马尔可夫链(见文献[35])。假设 OFDM 子信道是完美正交的并且不存在干扰,我们通过一个信道索引向量 $\boldsymbol{V}=\{a_n\}$ 把 N_c 个 OFDM 信道分配给 PU,其中 $a_n^t=\{0,1\}$,$n=\{1,\cdots,N_c\}$。定义 PU 在时刻 t 的信道占用或信道可用行为状态 $s_p^t=\{y_n^t\}$,其中 $y_n^t=a_n^t \cdot \alpha_n^t$,$a_n^t$ 表示在信道 n 上的可用传输概率,$\alpha_n^t \in \{0,1\}$。另外,每个用户能够同时接入多个信道并独占它们。当使用时分信道接入时,我们假设无线用户的发射功率是恒定的,彼此之间不存在干扰,并且无线用户移动得非常慢,这样它所经历的信道变化也很缓慢。

（2）频谱拍卖市场

考虑到 PU 不可能一直占有自己的频谱,它们可以通过市场的方式把使用权释放给次级用户。频谱交易市场可看作是一个拍卖市场。在这个市场中,PU 提供可用的频谱,SU 参与竞拍可用频谱。因此,SU 会花费(某些东西)来追求可接入的机会,而 PU 会从租用可用频谱的用户中收取租金,双方都可以从这个交易中获利。

本节基于如下假设。

① 所有 SU 能同时感知到空闲的信道，并能接入一个或者多个信道用于数据传输。同时，PU 能收到所有的拍卖信息，从而为每个信道选择最合适的买家。

② 基于对称独立私有价值（Symmetric Independent Private Value，SIPV）[1]的假设：每个买家都只知道自己的估值，不知道竞争者的出价，PU 能同时得到各买家的价值信息。

③ 一个公共信道，或专门分配，或动态分配，用于交互 PU 和 SU 间的信息。

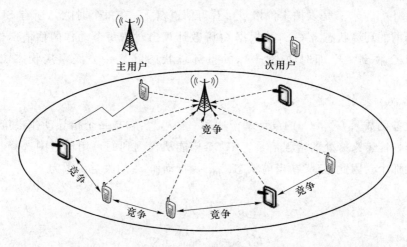

图 2.39　一个主用户和多个次级用户共存的认知网络

2. 动态频谱分配中基于拍卖算法的 Q 学习机制（Q-learning based auction，QL-BA）

这里提出一个 QL-BA 算法，基于最大化 SU 的收益来接入网络。SU 通过更新 Q 值提高其在拍卖游戏中的策略。任一 SU s_j 的最佳策略是给出一个拍卖向量，该向量表明使用不同信道的优先级。SU 的 Q 学习算法 L_Q 把观察作为输入，把拍卖策略作为输出。

（1）Q 学习算法

总体来说，增强学习系统由策略、回报函数和值函数组成。通过它们可以应对离散的频谱接入选择问题。在时间 t，SU 感知到环境状态 $s_{s_j}^t$，然后做出选择 $a_{s_j}^t$。一个时间步长后，这个行为的结果是：认知用户收到一个回报 $r_{s_j}^{t+1}$，并转移到一个新的状态 $s_{s_j}^{t+1}$。在本节中我们把上标作为时间标志，下标作为用户或是子信道索引号。

假设认知无线网络中的每个频谱购买者都能独立作出频谱拍卖决策。我们把 SU 的 Q 学习模型化为根据历史状态和当前行为的效用，以决定如何动态接入频谱。为了应用 Q 学习算法，以下定义状态、行为、收益以及 SU 的学习策略。

① 状态

在一个主用户多个次级用户（One PU Multiple SU，OPMS）场景中，定义 SU 当前所在信道状态为 $s_{s_j}^t = b_{s_j,n}^t \in S$，其中 $S = \{S_k\}$ 是有限状态空间，$S_k = \{x_n\}$，$x_n = \{0,1\}$。相应地，状态从 $s_{s_j}^t$ 转移到 $s_{s_j}^{t+1}$ 是由两个随机事件所决定的，即频谱占用和未占用。因此，当这两个事件中有一个发生时，可以转移到下一个状态 $s_{s_j}^{t+1}$。

② 动作

对 PU 来说，动作是把可用信道分配给当前网络中的 SU。对于 SU 而言，动作 $a_{s_j}^t = \{\beta_{s_j,n}^t, p_{s_j,n}^t\}$ 是以拍卖价格 $p_{s_j,n}^t$ 获得信道 $\beta_{s_j,n}^t$。在每个时隙 t，所有 SU 都感知到当前的环境状态 $s_{s_j}^t \in S$，并根据 Q 函数计算出对于每个动作的估值。作为结果，PU 会收到一个即时收益 $r_{s_j}^{t+1}$，并且环境状态以某一个概率从状态 $s_{s_j}^t$ 转移到 $s_{s_j}^{t+1}$。

③ 收益函数

收益函数 $r_{s_j}^t(s_{s_j}^t, a_{s_j}^t)$ 的设计基于这样一种思想：它是一个指导动作决策，并能给系统性能带来好处的增强信号。SU 希望能从检测到的可用信道中选择收益值最高的那个。因此，定义在当前状态 $s_{s_j}^t$ 下执行动作 $a_{s_j}^t$ 的收益函数为

$$r_{s_j}^t = \sum_n^{v_{s_j}^t} \beta_{s_j,n}^t p_{s_j,n}^t$$

(2.87)

$$\text{s.t.} \quad \beta_{s_j,n}^t \in \{0,1\}, \quad \sum_j \beta_{s_j,n}^t \leqslant N_c$$

式中，$v_{s_j}^t$ 是在时刻 t 分配给 s_j 的信道集。SU 的收益是 $p_{s_j,n}^t$，这是用每个子载波处的传输能力来定义的。另外，它们的频谱租金也是 $p_{s_j,n}^t$。

④ 学习策略

学习策略把过去访问的状态，选择行为 $a_{s_j}^t$ 的概率以及收到的收益映射成一个当前的行为选择。SU 一个 Q 值函数 $Q_{s_j}^{t+1}(s_{s_j}^t, a_{s_j}^t)$ 定义为

$$Q_{s_j}^{t+1}(s_{s_j}^t, a_{s_j}^t) = (1 - \Phi_{s_j}) Q_{s_j}^t(s_{s_j}^t, a_{s_j}^t) + \Phi_{s_j}[r_{s_j} + \varphi_{s_j} \max_{a \in A}] Q_{s_j}^t(s_{s_j}^{t+1}, a_{s_j}^{t+1})$$

(2.88)

Q 学习通过（2.89）更新行为值函数，并在最佳策略下不断逼近真实值 $(a_{s_j}^{t+1})^*$，也即经过折扣因子 φ_{s_j} 的期望收益值最大的动作：

$$(a_{s_j}^{t+1})^* = \arg\max(Q_{s_j}^{t+1}(s_{s_j}^t, a_{s_j}^t))$$

(2.89)

因此，SU 会独自作出自己所偏好的决定。学习速率 Φ_{s_j}，$0 < \Phi_{s_j} < 1$ 是一个恒定的步长参数，决定 Q 函数的更新速度。当 Φ_{s_j} 接近于 1 时，收益会根据新的经验立即作出响应。折扣因子 $\varphi_{s_j} \in [0,1]$ 决定了未来收益的当前值。当折扣因子 φ_{s_j} 接近 1 时，未来的行为在总效用值中占主导地位。

考虑到即时增强值 $r_{s_j}^{t+1}$ 和新状态下的 Q 值 $Q_{s_j}^t(s_{s_j}^{t+1}, a_{s_j}^{t+1})$，$Q$ 函数 $Q_{s_j}^{t+1}(s_{s_j}^t, a_{s_j}^t)$ 会更新其对行为的估计值。SU 竞争机会信道的步骤如下。

SU 的 Q 学习算法

初始化：$v, Q_{s_j}^0$

学习过程：在每个感知阶段 T，CR 用户都会执行以下过程

对于 $n = 1, \cdots, u^i$

重复

初始化 $Q_{s_j}(s_{s_j}^t, a_{s_j}^t), \forall s_{s_j}^t, a_{s_j}^t, s_{s_j}^t \in S, a_{s_j}^t \in A$

在时隙 t，选择行为 $a_{s_j}^t$，观察 $r_{s_j}^t, s_{s_j}^{t+1}$

重复 $s_{s_j}^{t+1} \in S, a_{s_j}^{t+1} \in A$

更新 $Q_{s_j}^{t+1}(s_{s_j}^t, a_{s_j}^t)$

直到所有的状态和行为空间循环完毕

$((s_{s_j}^{t+1}, a_{s_j}^{t+1})^*) = \arg \max(Q_{s_j}^{t+1}(s_{s_j}^t, a_{s_j}^t))$

更新 $s_{s_j}^t, a_{s_j}^t$

直到收敛

结束

（2）Q 学习算法的收敛

这里给出 Q 学习收敛的条件 s。假设学习速率 Φ_{s_j} 是时变的，且用到了 Robbins-Monro[36] 的推导结果。

定理[37]：如果满足以下条件，根据 Q 学习算法可以通过 $s_{s_j}^t$ 和 $a_{s_j}^t$ 以概率 1 收敛到最佳值 $(Q_{s_j}^{t+1}(s_{s_j}^t, s_{s_j}^t))^*$：

- 状态和动作空间是有限的；
- $\sum_{t=0}^{+\infty} \Phi_{s_j} = \infty, \sum_{t=0}^{+\infty} (Q_{s_j})^2 < \infty$；
- $\mathrm{Var}\{r_{s_j}^t(s_{s_j}^t, a_{s_j}^t)\}$ 是有限的；
- 如果 $\varphi_{s_j} = 1$，所有策略都会以概率 1 指向一个免费的状态。

（3）基于增强学习的算法

在拍卖市场，SU 根据 Q 学习迭代策略给出竞拍价格，PU 则根据最大拍卖价格来选择拍卖赢家。策略制定要与它们的竞价保持一致，并为频谱询价。频谱价

格随买家和卖家间的变化而变化的。对于 PU 来说,询价随市场波动而变化;对 SU 而言,付出的报酬与对子信道的偏好有关,这些偏好包括当前的转移状态,以及对于未来动作的估值。

为了保证这种资源拍卖机制的正常运行,假设所有 SU 的行为都是理智的,并且它们不会误传信息,遵循"讲真话"的策略。

① SU 的竞拍价格 $P_{s_j,n}^t$

假设在每个时隙 t,次级用户 s_j 在信道 n 上的优先权为 $l_{s_j,n}^t$,并且 SU 会在使用这个信道时获得其衍生出来的收益。次级用户 s_j 最好的竞拍价格是 $p_{s_j,n}^t = l_{s_j,n}^t$。也就是说,次级用户 s_j 最好的竞拍价格就是把它的实际偏好告诉拍卖商。接着我们在 QL-BA 模型中定义了优先权 $l_{s_j,n}^t$。使用信道 n 时,它可以被看作是缓冲区累积的数据包数和次级用户 s_j 进入下一个状态 $s_{s_j}^{t+1}$ 的收益。这里 f 是调控当前数据包和将来市场预期值之间交易的参数。

$$l_{s_j,n}^t = f \cdot B_{s_j}^t + Q_{s_j}^{t+1}(s_{s_j}^t, a_{s_j}^t) \qquad (2.90)$$

我们使用文献[33]中的缓冲模型,假设在一个时隙中到达缓冲区的数据包数是一个与时间 t 相互独立的随机变量,用 $A_{s_j}^t$ 表示,它服从泊松分布,平均到达率为每秒 A 个数据包。缓冲区的容量设置为 $X_{s_j}^t$,因此在时间 t 时 s_j 的缓冲状态可以用式(2.91)计算:

$$B_{s_j}^t = \min\{(B_{s_j}^{t-1} - R_{s_j}^{t-1})^+ + A_{s_j}^t, X_{s_j}^t\} \qquad (2.91)$$

式中,$R_{s_j}^t$ 是传输数据的即时收益;运算符 $(\cdot)^+ = \max\{0, \cdot\}$。

② QL-BA 算法实现

假设 PU 能使用的信道被租用了一个特定的时间段 T,且这段时间内 PU 的花费以及 SU 的回报保持不变。在每个时间段 T,拍卖商从 SU 处收到拍卖价格就立即解决频谱接入问题,前提是要满足价格的约束条件。假设 SU 的收益 $p_{s_j,n}^t$ 都转移到 PU 上,也就是说对 PU 而言,一旦频谱接入成功,那么收益就用式(2.92)中的(C2)来定义。因此,拍卖商的目的是最大化它们自己的效用,同时要保证频谱资源的价格不会低于预期。PU 的优化问题可以写成式(2.92)。

$$o(s_j, p_{s_j}^t) = \arg\max(p_{p_i,n}^t)$$
$$\text{s. t.} \quad p_{s_j}^t > C_{p_i,n}^t \quad \text{(C1)} \qquad (2.92)$$
$$p_{p_i,n}^t = p_{s_j,n}^t \quad \text{(C2)}$$

3. 性能评估

为了量化 QL-BA 性能,我们把它与多种 SU 的竞拍策略进行了比较,并分析了 PU 预期价格的影响。所有的性能估计都是仿真 100 次后所得到的结果。

（1）参数设置

考虑 1 个 PU 和 10 个 SU 构成的认知无线网络环境，分配给 PU 的信道总带宽为 1.28 MHz，且被分成 128 个子载波。一个 SU 的评估时间是 0.1 s，折扣因子为 0.5。SU 竞争可用的机会频谱，传输时延敏感的多媒体数据。设置所有 SU 缓冲区的大小均是 25 bit，泊松分布的平均到达率是 10 bit/s。

（2）SU 的不同竞拍策略

通过比较不同的竞拍策略，我们给出拍卖框架中竞拍价格的指标。当 SU 要求递交竞拍向量时，它需要遵循以下 3 个策略。

① 盲目竞拍策略 $\pi_{s_j}^{\mathrm{blind}}$：这种策略仅根据传输当前缓冲状态，通过考虑传输干扰来产生不同的竞拍向量。因此，它在所有可用信道上产生相同的竞拍价格。

$$p_{s_j,n}^t = f \cdot B_{s_j}^t \tag{2.93}$$

② 近视竞拍策略 $\pi_{s_j}^{\mathrm{short}}$：和盲目竞拍策略不同，这种策略不仅关注缓冲的内部状态，而且也关注即时传输增益（在可用信道上的感知率）。

$$p_{s_j,n}^t = f \cdot B_{s_j}^t + R_{s_j,n}^t \tag{2.94}$$

③ 基于增强学习的竞拍策略 $\pi_{s_j}^{LQ}$：这种策略使用 QL-BA 算法，通过与过去相关的预测函数推导出一个基于学习的策略。

$$p_{s_j,n}^t \leftarrow (a_{s_j}^{t+1})^* \tag{2.95}$$

注意，3 个策略中每个 SU 同时在时间 T 内公布一个固定的价格来竞拍信道。

图 2.40 比较了 3 个场景下的丢包数。相比 $\pi_{s_j}^{\mathrm{blind}}$ 和 $\pi_{s_j}^{\mathrm{short}}$ 策略，QL 策略的丢包数目最少。这是因为 SU 可以通过模型化与过去的经验来准确估计信道接入机会。随着时间的增加，3 个场景中的总丢包数目呈线性增长，但 $\pi_{s_j}^{LQ}$ 策略增长的速度最慢。

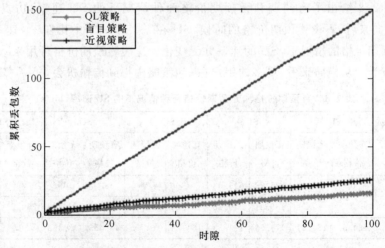

图 2.40 不同竞拍策略的数据包丢失比较

图 2.41 给出了竞拍效率和时间之间的关系。竞拍效率是用每个竞拍价格的比特率来定义的(bit/s·p)。可以看出 QL 策略的性能最好。平均说来,$\pi_{s_j}^{short}$ 的竞拍效率要比 $\pi_{s_j}^{blind}$ 的高 2%,$\pi_{s_j}^{LQ}$ 的竞拍效率要比 $\pi_{s_j}^{blind}$ 高 4.4%。基于学习的竞拍模型没考虑未来的收益,所以效率会随着数据包的发送数增加而提高。注意到 3 种场景下的性能差别是传输机会、时变信道以及不断变化的期望收益值导致的。

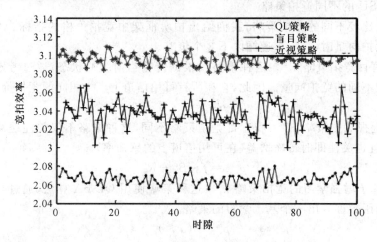

图 2.41 不同竞拍策略的竞拍效率

(3) PU 有无预期价格

我们把有预期价格和无预期价格的两种拍卖框架作了比较。$\pi_{s_j}^{blind}$、$\pi_{s_j}^{short}$ 和 $\pi_{s_j}^{LQ}$ 的预期价格等于其上一次竞拍的平均价格。在不设置预期价格的时候,$C_{P_i,n}^t$ 设置为 0。表 2.8 给出了有预期和无预期价格两种情况下的 SU 速率,仿真时间为100 s。纵向来看,不设置预期价格的时候,SU 在 $\pi_{s_j}^{blind}$ 和 $\pi_{s_j}^{short}$ 中比在 $\pi_{s_j}^{LQ}$ 速率更高。而在有预期价格的情况下,SU 的速率并无变化。这表明预期价格可用来减少盲目和欺诈行为。从横向来看,更多的用户在 $\pi_{s_j}^{LQ}$ 策略中得到传输机会。

表 2.8   有预期价格和无预期价格两种情况下的 SU 速率(bit/s)

	SU1		SU3		SU4		SU6		SU8	
	有预期价格	无预期价格	有预期价格	无预期价格	有预期价格	无预期价格	有预期价格	无预期价格	有预期价格	无预期价格
$\pi_{s_j}^{blind}$	0	0	135.23	645.08	0	0	0	0	0	0
$\pi_{s_j}^{short}$	0	0	186.21	219.26	191.76	191.76	50.406	57.386	250.21	262.78
$\pi_{s_j}^{LQ}$	154.57	154.57	174.53	174.53	164.75	164.75	43.453	43.453	207	207

本章参考文献

[1] Sutton R S,Barto A G. Reinforcement Learning：an Introduction，Cambridge [M]. MA：MIT Press，1998.

[2] Xianfu Chen，Zhifeng Zhao，Honggang Zhang. Green Transmit Power Assignment for Cognitive Radio Networks by Applying Multi-agent Q-learning Approach[J]. Proceedings of the 3rd European Wireless Technology Conference,2010:113-116.

[3] Wang F，Krunz M，Cui S. Price-based spectrum management in cognitive radio networks[J]. IEEE Journal of Selected Topics in Signal Processing，2008，2:74-87.

[4] Berthold U,Jondral F K. Distributed detection in OFDM based ad hoc overlay systems，in IEEE 67th Vehicular Technology Conference 2008[C]. Singapore：IEEE VTC Spring，2008:1666-1670.

[5] Sampath A，Yang L，Cao L，et al. High throughput spectrum-aware routing for cognitive radio networks. 3rd International Conference on Cognitive Radio Oriented Wireless Networks and Communications 2008[C]. Singapore：IEEE，2008.

[6] Ma H，Zheng L，Ma X. Spectrum aware rounting for multi-hop cognitive radio networks with a single transceiver. 3rd International Conference on Cognitive Radio Oriented Wireless Networks and Communications 2008 [C]. Singapore：IEEE，2008.

[7] Cheng G，Liu W，Li Y. Joint on-demand routing and spectrum assignment in cognitive radio networks. IEEE International Conference on Communication 2007[C]. Glasgow，Scotland：IEEE，2007:6499-6503.

[8] Cheng G，Liu W，Li Y. Spectrum aware on-demand routing in cognitive radio networks，2nd IEEE International Symposium on New Frontiers in Dynamic Spectrum Access Networks 2007 [C]. Dublin，Ireland：IEEE，2007:571-574.

[9] Sutton R S，Barto A G. Reinforcement Learning：An Introduction[M]. Massachusetts：The MIT Press，1998.

[10] Kaelbling L P，Littman M L，Moore A P. Reinforcement learning：a survey [J]. Journal of Artificial Intelligence Research，1996，4:237-285.

[11] Bing Xia，Muhammad Husni Wahab，Yang Yang，et al，Reinforcement Learning Based Spectrum-aware Routing in Multi-hop Cognitive Radio Networks[J]. Proceedings of the 4th international confeernce on crowncom 2009：1-5.

[12] Kumar S，Miikkulainen R. Dual reinforcement Q-routing：an online adaptive routing algorithm[J]. In Proceedings of Artificial Neural Networks in Engineering Conference，1997：231-238.

[13] Ulrich Berthold，Fangwen Fu，Mihaela van der Schaar，et al. Detection of Spectral Resources in Cognitive Radios Using Reinforcement Learning[J]. 3rd IEEE Symposium on New Frontiers in Dynamic Spectrum Access Networks，DySPAN 2008，2008：1-5.

[14] Papadimitratos P，Sankaranarayanan S，Mishra A. A bandwidth sharing approach to improve licensed spectrum utilization[J]. IEEE Communications Magazine，2005，43（12）：10-14.

[15] Tian Z，Giannakis G B. Compressed sensing for wideband cognitive radios [J]. In IEEE International Conference on Acoustics，Speech and Signal Processing ICASSP，2007，4：1357-1360.

[16] Zhao Q，Tong L，Swami A，et al. Decentralized cognitive MAC for opportunistic spectrum access in ad hoc networks：a POMDP framework[J]. IEEE J. Select. Areas Commun. ，2007，25(3)：589-600.

[17] Sutton R S，Barto A G. Reinforcement Learning[M]. Massachusetts：MIT Press，2004.

[18] Oksanen J，Koivunen V，Lundén J，et al. Diversity-based spectrum sensing policy for detecting primary signals over multiple frequency bands[J]. In proceedings of the IEEE ICASSP Conference，Dallas Texas，2010：3130-3133.

[19] Jan Oksanen，Jarmo Lundén，Visa Koivunen. Reinforcement learning method for energy efficient cooperative multiband spectrum sensing[J]. 2010 IEEE International Workshop on Machine Learning for Signal Processing，Kittila，Finland August 29-September 1，2010：59-64.

[20] Oksanen J，Lundén J，Koivunen V. Reinforcement learning-based multiband sensing policy for cognitive radios[J]. Elba Island：IEEE CIP Conference，2010：316-321.

[21] Yang M, Grace D. Interaction and coexistence of multicast terrestrial communication system with area optimized channel assignments[J]. Hangzhou: COGCOM 2008, 2008:1190-1194.

[22] Saunders S R. Antennas and propagation for wireless communication systems[M]. Guilford: John Wiley & Son Ltd, 2004.

[23] Harrold T J, Faris P C, Beach M A. Distributed spectrum dectection algorithms for cognitive[J]. Cognitive Radio and Software Defined Radios: Technologies and Techniques, 2008 IET Seminar on, 18th, 2008:1-5.

[24] Mengfei Yang, David Grace. Cognitive Radio with Reinforcement Learning Applied to Heterogeneous Multicast Terrestrial Communication Systems[J]. Proceedings of the 4th international conference on crowncom, 2009:1-6.

[25] Majed Haddad, Zwi Altman, Salah Eddine Elayoubi. A Nash-Stackelberg Fuzzy Q-Learning Decision Approach in Heterogeneous Cognitive Network[J]. IEEE Globecom, 2010:1-6.

[26] Elayoubi S E, Altman E, Haddad M, et al. A hybrid decision approach for the association problem in heterogeneous networks[J]. San Diego: In IEEE Conference on Computer Communications, 2010:1-5.

[27] Busoniu L, Babuska R, De Schutter B. A comprehensive survey of multi-agent reinforcement learning[J]. IEEE Transactions on Systems, Man and Cybernetics, Part C: Applications and Reviews, 2008, 38(2):156-172.

[28] Fudenberg D, Levine D K. The Theory of Learning in Games[M]. ser. MIT Press Books. MA: The MIT Press, 1998, vol. 1.

[29] Littman M L. Value-function reinforcement learning in markov games[J]. Journal of Cognitive Systems Research, 2001, 2(1):55-66.

[30] Littman M L. Markov games as a framework for multi-agent reinforcement learning[J]. In Proceeding of the Eleventh International Conference on Machine Learning, 1994: 157-163.

[31] Jouffe L. Fuzzy inference system learning by reinforcement methods[J]. IEEE Transactions on Systems, Man, and Cybernetics, 1998. 28:338-355.

[32] Nasri R, Altman Z, Dubreil H. Fuzzy Q-learning based autonomic management of macrodiversity algorithms in umts networks[J]. Special issue on Autonomic Communications, Annals of Telecommunications, 2006, 4:1119-1135.

[33] Glorennec P. Reinforcement learning: an overview[J]. ESIT 2000 conference,

2000:19-35.

[34] Yinglei Teng, Yong Zhang, Fang Niu, et al, Reinforcement Learning Based Auction Algorithm for Dynamic Spectrum Access in Cognitive Radio Networks[J]. 72nd IEEE Vehicular Technology Conference Fall, 2010:1-5.

[35] Fangwen Fu, Van Der Schaar M. Learning to compete for resources in wireless stochastic games[J]. IEEE Transactions on Vehicular Technology, 2009, 58(4):1904-1919.

[36] Jakkola T, Singh S P. On the convergence of stochastic iterative dynamic programming algorithms[J]. Neural Computation,1994, 6(6):1185-1201.

[37] Venkatesh T, Kiran Y V, Murthy C S R. Joint path and wavelength selection using Q-learning in optical burst switching networks[J]. In Proceedings of IEEE GLOBECOM, 2009:1-5.

[38] Watkins C J C H, Doya K. Technical note: Q-learning[J]. Machine Learning, 1992, 8: 279-292.

第3章　人工神经网络在认知网络中的应用

3.1　人工神经网络概述

人工神经网络(Artificial Neural Network,ANN)是近年来一门活跃的边缘性交叉科学,它涉及人工智能、计算机、微电子学、生理学、解剖学、自动化等多个学科领域。ANN 是一种模拟人类或动物神经网络行为特征,进行分布式并行信息处理的算法数学模型。这种网络依靠系统的复杂程度,通过调整内部大量节点之间相互连接的关系,从而达到处理信息的目的。人工神经网络[1]具有自学习和自适应的能力,可以通过预先提供的一批相互对应的输入—输出数据,分析掌握两者之间潜在的规律,最终根据这些规律,用新的输入数据来推算输出结果,这种学习分析的过程被称为"训练"。

3.1.1　人工神经网络的特点

人工神经网络吸取了生物神经网络的许多优点,特点如下。

(1)并行分布处理。神经网络具有高度的并行结构和并行实现能力,因而具有较好的耐故障能力和较快的总体处理能力。这一特点特别适用于实时和动态处理。

(2)非线性映射。神经网络具有固有的非线性特性,这源于其近似任意非线性映射(变换)能力。这一特性给处理非线性问题带来新的希望。

(3)通过训练进行学习。神经网络是通过所研究系统过去的数据记录进行训练的。一个经过适当训练的神经网络具有归纳全部数据的能力。因此,神经网络能够解决那些由数学模型或描述规则难以处理的问题。

(4)适应与集成。神经网络能够适应在线运行,并能同时进行定量和定性操作。神经网络的强适应性和信息融合能力使得它可以同时输入大量不同的控制信号,解决输入信息间的互补和冗余问题,并实现信息集成和融合处理。这些特性特别适用于复杂、大规模和多变量系统。

（5）硬件实现。神经网络不仅能够通过软件而且可以借助硬件实现并行处理。近年来，一些超大规模集成电路实现硬件已经问世，而且可以从市场上购买到。这使得神经网络成为具有快速和大规模处理能力的网络。

神经网络由于其学习和适应、自组织、函数逼近和大规模并行处理等能力，因而具有用于智能系统的潜力。它在模式识别、信号处理、系统辨识和优化等方面的应用已有广泛研究，在控制领域，已经做出许多努力，把神经网络用于控制系统，处理控制系统的非线性、不确定性以及逼近系统的辨识函数等。

3.1.2 人工神经网络的结构

1. 神经元及其特性

人工神经元模型的基本结构如图 3.1 所示，其中，x_i，$i=1,2,\cdots,n$ 表示神经元的输入信号（也是其他神经元的输入信号）；n 为输入信号数目；w_{ji} 表示神经元 i 和神经元 j 之间的连接权值（对于激发状态，w_{ji} 取正值；对于抑制状态，w_{ji} 取负值）；θ_j 为神经元 j 的阈值（即输入信号强度必须达到的最小值才能产生输出响应）。因此，神经元的输出 y_i 可以表示为

$$y_i(t) = f\left(\sum_{i=1}^{n} w_{ji}x_i - \theta_j\right) \tag{3.1}$$

这里，$f(\_)$ 表示输出函数，也称为激励函数（Activation Transfer Function），其基本作用是：控制输入对输出的激活作用；对输入、输出进行函数转换；将可能无限域的输入变换成制定的有限范围内的输出。典型的激活函数有阈值函数、线性函数、S 形函数和双曲正切 S 形函数 4 种，如图 3.2 所示。

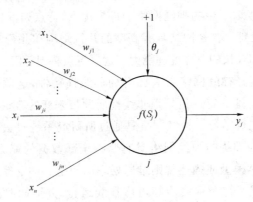

图 3.1 神经元模型

（1）阈值函数

阈值性转移函数采用了单位阶跃函数，其表达式为

$$f(x) = \begin{cases} 1, & x \geqslant x_0 \\ 0, & x < x_0 \end{cases} \tag{3.2}$$

当自变量小于 0 时，函数的输出为 0；当自变量大于或等于 0 时，函数的输出为 1，用该函数可以把输入分成两类。

（2）线性函数

该函数较为简单，其表达式为

$$y = f(x) = kx, \quad k > 0 \tag{3.3}$$

（3）S 形函数（即 Sigmoid 函数）

S 形函数的特点是：有上、下界，单调增函数，连续且光滑（即可微分）。常用的 S 形函数为对数函数，其表达式为

$$f(x) = \frac{1}{1 + e^{-ax}}, \quad 0 < f(x) < 1 \tag{3.4}$$

（4）双曲正切 S 形函数

由于 S 形函数的输出均为正值，而双曲正切函数的输出值可为正或负，因此在一般情况下，常用双曲正切函数取代常规的 S 形函数，如图 3.2(c)所示，其表达式为

$$f(x) = \frac{1 - e^{-ax}}{1 + e^{-ax}}, \quad -1 < f(x) < 1 \tag{3.5}$$

在上面 4 种函数中，S 形函数是人工神经网络中最常用的激励函数。在式（3.5）中，a 表示 S 形函数的斜率参数，通过改变参数 a，会获得不同斜率的 S 形函数，参数 a 决定了函数的压缩程度。a 越大，曲线越陡；反之，曲线越缓，如图 3.3 所示。

2. 人工神经网络的基本特性和结构

人工神经网络由神经元模型构成，这种由许多神经元组成的信息处理网络具有并行分布结构。每个神经元具有单一输出，并且能够与其他神经元连接；存在多重输出连接方法，每种连接方法对应于一个连接权值。严格意义上说，人工神经网络是一种具有下列特性的有向图。

• 对于每个节点 i 存在一个状态变量 x_i。

• 从节点 j 到节点 i 存在一个连接权系数 w_{ji}。

• 对于每个节点 i，存在一个阈值 θ_i。

• 对于每个节点 i，定义一个变换函数 $f_i(x_i, w_{ji}, \theta_i)$，$i \neq j$；对于最一般的情况，此函数取 $y_i(t) = f_i\left(\sum_i w_{ji} x_i - \theta_j\right)$ 形式。

目前对人工神经网络的研究正逐步深入。虽然各种模型从网络结构、性能、使

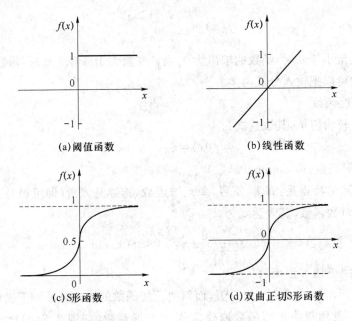

图 3.2　神经元中的某些激励函数

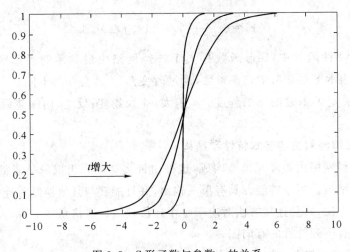

图 3.3　S 形函数与参数 a 的关系

用算法及领域各不相同,但均基于对生物神经元及生物脑的模拟仿真而来。神经网络依据信息流动和处理的方向可分为两类。

(1) 前馈型网络

前馈型网络信息处理的方向是从输入层到各隐层再到输出层逐层进行,信息由前向后依次传递,节点一般以层进行组织,每层节点只能与后面层次中的节点相

连，而无通道指向前面的层次，如图 3.4 所示。前馈型网络的例子有多层感知器
(MLP)网络、学习矢量量化(LVQ)网络、小脑模型连接控制(CMAC)网络和数据
处理方法(GMDH)网络等。

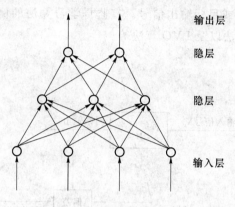

图 3.4　前馈型网络结构

（2）反馈型网络

反馈型网络又称递归网络，所有节点都具有信息处理功能，而且每个节点既可
以从外界接收输入，同时又可以向外界输出，信息在双向流动。从输出层对输入层
有信息反馈，如图 3.5 所示。反馈型网络的代表性例子有 Hopfield 网络、Elmman
网络和 Jordan 网络。

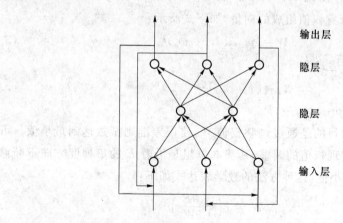

图 3.5　反馈型网络结构图

3. 人工神经网络的主要学习算法

神经网络主要通过两种学习算法进行训练，即指导式（有监督）学习算法和非
指导式（无监督）学习算法。

(1) 有监督学习

有监督学习算法能够根据期望的和实际的网络输出（对应于给定输入）之间的差异调整神经元连接权值，最终使差异变小，如图 3.6 所示。因此，有监督学习需要有教师来提供期望或目标输出信号。有监督学习算法的例子包括 δ 规则、广义 Δ 规则或反向传播算法以及 LVQ 算法等。

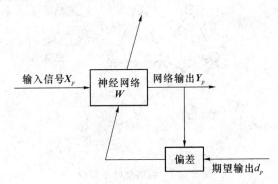

图 3.6　有教师指导的神经网络学习

现在重点介绍 δ 规则。假设误差准则函数如下式所示：

$$E = \frac{1}{2}\sum_{p=1}^{P}(d_p - y_p)^2 = \sum_{p=1}^{P}E_p \tag{3.6}$$

式中，d_p 表示期望的输出（即导师信号）；y_p 表示网络的实际输出，即 $y_p = f(\boldsymbol{W}\boldsymbol{X}_p)$；$\boldsymbol{W}$ 为网络所有权值组成的向量，如下式所示：

$$\boldsymbol{W} = (w_0, w_1, \cdots, w_n)^{\mathrm{T}} \tag{3.7}$$

$\boldsymbol{X}_p$ 为输入模式，其表达式为

$$\boldsymbol{X}_p = (x_{p0}, x_{p1}, \cdots, x_{pn})^{\mathrm{T}} \tag{3.8}$$

式中，训练样本数为 $p = 1, 2, \cdots, P$。

神经网络学习的目的是通过调整权值 $\boldsymbol{W}$，使误差准则函数达到最小值。可以采用梯度下降法来实现权值的调整，其基本思想是沿着 E 的负梯度方向不断修正 $\boldsymbol{W}$ 值，直到 E 达到最小值，这种方法的数学表达式如下：

$$\nabla \boldsymbol{W} = \eta\left(-\frac{\partial E}{\partial W_i}\right) \tag{3.9}$$

$$\frac{\partial E}{\partial W_i} = \sum_{p=1}^{P}\frac{\partial E_p}{\partial W_i} \tag{3.10}$$

其中，

$$E_p = \frac{1}{2}(d_p - y_p)^2 \tag{3.11}$$

令 $\theta_p = \boldsymbol{W}x_p$，则

$$\frac{\partial E_p}{\partial W_i} = \frac{\partial E_p}{\partial \theta_p}\frac{\partial \theta_p}{\partial W_i} = \frac{\partial E_p}{\partial y_p}\frac{\partial y_p}{\partial \theta_p}X_{ip} = -(d_p - y_p)f'(\theta_p)X_{ip} \tag{3.12}$$

$\boldsymbol{W}$ 的修正规则为

$$\Delta w_i = \eta \sum_{p=1}^{P}(d_p - y_p)f'(\theta_p)X_{ip} \tag{3.13}$$

称式(3.13)为 δ 学习规则，也称为误差修正规则。

（2）无监督学习

无监督学习算法不需要知道期望输出。在训练过程中，只要向神经网络提供输入模式，神经网络就能够自动地适应连接权，以便按照相似的特征把输入模式分组聚焦，如图 3.7 所示。无监督学习算法的例子包括 Hebb 学习规则、Kohonen 算法和 Carpenter-Grossberg 自适应谐振理论（ART）等。

Hebb 学习规则是一种联想式学习算法，由生物学家 D. O. Hebbian 首先提出。他基于生物学和心理学的研

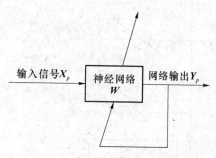

图 3.7 无教师指导的神经网络学习

究，认为两个神经元同时处于激发状态时，它们之间的连接得到加强，这一论述的数学描述即为 Hebb 学习规则，其表达式为

$$w_{ij}(k+1) = w_{ij}(k) + I_i I_j \tag{3.14}$$

式中，$w_{ij}(k)$ 表示连接神经元 i 到神经元 j 的当前权值；I_i 和 I_j 分别为神经元 i 和神经元 j 的激活水平。Hebb 学习规则为无导师学习方式，它只是根据神经元之间连接的激活水平改变权值，因此，Hebb 学习规则也称为并联学习或相关学习。

3.1.3 典型的人工神经网络模型

1. 前馈型神经网络模型

前馈型神经网络模型是指那些在网络中各处理单元之间的连接都是单向的，而且总是指向网络输出方向的网络模型。这类模型的典型代表就是感知机和自适应线性元（Adaptive Linear Element，ADALINE）模型。这里主要介绍自适应线性元模型。

ADALINE 模型是 1960 年提出的，它是一连续时间线性网络，其结构如图 3.8 所示。图中 $x_0, x_{1k}, x_{2k}, \cdots, x_{nk}$ 为该自适应线性元在 t 时刻的外部输入，用向量表

示为 $\boldsymbol{X}_k = (x_0, x_{1k}, x_{2k}, \cdots, x_{nk})^{\mathrm{T}}$，这个向量称为自适应线元的输入信号向量或输入模式向量。与输入向量 $\boldsymbol{X}_k$ 相对应有一权值向量 $\boldsymbol{W}_k = (w_{0k}, w_{1k}, w_{2k}, \cdots, w_{nk})^{\mathrm{T}}$，其中每一元素与 $\boldsymbol{X}_k$ 中的每一元素相对应。w_{0k} 为基权，称为门限权，用来调整自适应线性元的阈值。

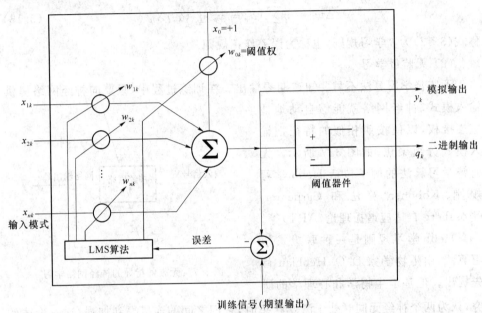

图 3.8 自适应线性元（ADALINE）

根据输入向量 $\boldsymbol{X}_k$ 和权值向量 $\boldsymbol{W}_k$ 就可以定义自适应线性元的输出，其输出分为模拟输出和二进制输出两种，分别定义为

模拟部分：

$$y_k = \boldsymbol{X}_k^{\mathrm{T}} \boldsymbol{W}_k = \boldsymbol{W}_k^{\mathrm{T}} \boldsymbol{X}_k \tag{3.15}$$

二值部分：

$$q_k = \mathrm{sgn}(y_k) = \begin{cases} -1, & y_k < 0 \\ 1, & y_k \geqslant 0 \end{cases} \tag{3.16}$$

图 3.8 中的自适应线元中有一特殊的输入，即理想输入，这个输入是用来将理想相应信号送入自适应线性元中，在自适应线性元中通过比较 y_k 和理想响应 d_k，并将差值送入最小均方差（LMS）学习算法机制中来调整权值向量 $\boldsymbol{W}_k$，使得 y_k 和所期望的输出 d_k 相一致。自适应线性元用于自适应系统等连续可调过程。由自适应线性元构成的系统对知觉系统中的过程可以进行很好的模拟，能解决像相对稳定不变性的一些问题，完成对知觉系统不变性的一些模拟。

2. 反馈型神经网络模型

反馈型神经网络模型可以用完备的无向图来表示。从系统的观点看,它是一反馈动力学系统,具有极复杂的动力学特性。在反馈型神经网络模型中,我们关心的是其稳定性,稳定性是神经网络相连存储性质的体现,稳定性意味着完成回忆。从计算角度来看,反馈型神经网络模型比前馈型神经网络模型具有更强的计算能力。反馈型神经网络模型的典型代表有双向互联存储器、Hopfield 神经网络模型和海明网络模型。下面重点介绍 Hopfield 神经网络模型。

Hopfield 网络是神经网络发展历史上的一个重要里程碑,由美国加州理工学院物理学家 J. J. Hopfield 教授于 1982 年根据非线性动力学系统理论中的能量函数方法研究反馈神经网络的稳定性时提出。1984 年,Hopfield 设计并研制了网络模型的电路,并成功地解决了旅行商(TSP)计算难题(组合优化问题)。

基本的 Hopfield 神经网络是一个由非线性元件构成的全连接型单层反馈系统,其中,每一个神经元都将自己的输出通过连接权传送给所有其他的神经元,同时又都接收所有其他神经元传递过来的信息。Hopfield 神经网络中的神经元在 t 时刻的输出状态实际上间接地与自己的 $t-1$ 时刻的输出状态有关,其状态变化可以用差分方程来描述。反馈型网络的一个重要特点是具有稳定状态,当网络达到稳定状态时,也就是它的能量函数达到最小的时候。Hopfield 神经网络的能量函数不是物理意义上的能量函数,而是在表达式上与物理意义上的能量概念一致,来表征网络状态的变化趋势,并可以依据 Hopfield 工作运行规则不断进行状态变化,最终能够达到的某个极小值的目标函数。网络收敛就是指能量函数达到极小值。如果把一个最优问题的目标函数转换成网络的能量函数,把问题的变量对应于网络的状态,那么 Hopfield 神经网络就能够用于解决优化组合问题。

Hopfield 神经网络在工作时,各个神经元的连接权值是固定的,更新的只是神经元的输出状态。其运行规则是:首先从网络中随机选取一个神经元 u_i 进行加权求和,再计算 u_i 的第 $t+1$ 时刻的输出值。除了 u_i 以外的所有神经元的输出值保持不变,直到网络进入稳定状态。图 3.9 表示的是 Hopfield 神经网络模型,图中虚线框内表示一个神经元,u_i 为第 i 个神经元的状态输入,R_i 和 C_i 分别表示输入电阻和输入电容,I_i 为输入电流,w_{ij} 表示第 j 个神经元到第 i 个神经元的连接权值。另外,v_i 为神经元的输出,是神经元状态变量 u_i 的非线性函数。

对于 Hopfield 神经网络的第 i 个神经元,采用微分方程建立其输入、输出关系,可表达为以下形式:

$$\begin{cases} C_i \dfrac{\mathrm{d}u_i}{\mathrm{d}t} = \sum_{j=1}^{n} w_{ij}v_j - \dfrac{u_i}{R_i} + I_i \\ v_i = g(u_i) \end{cases}$$

$$(3.17)$$

式中，$i=1,2,\cdots,n$；$g(\,\boldsymbol{\cdot}\,)$表示双曲激励函数，一般表示为

$$g(x)=\rho\,\frac{1-e^{-x}}{1+e^{-x}},\quad \rho>0 \tag{3.18}$$

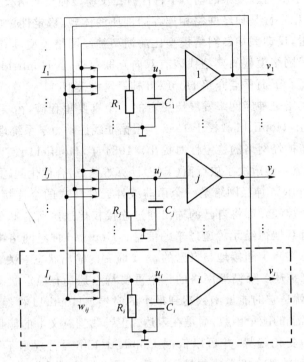

图 3.9　Hopfield 神经网络模型

　　Hopfield 网络的动态特性要在状态空间中考虑，令 $\boldsymbol{u}=(u_1,u_2,\cdots,u_n)^{\mathrm{T}}$ 表示具有 n 个神经元的 Hopfield 神经网络的状态向量，$\boldsymbol{V}=(v_1,v_2,\cdots,v_n)^{\mathrm{T}}$ 为输出向量，$\boldsymbol{I}=(I_1,I_2,\cdots,I_n)^{\mathrm{T}}$ 为网络的输出向量。为了描述 Hopfield 网络的动态稳定特性，定义能量函数为

$$E=-\frac{1}{2}\sum_i\sum_j w_{ij}v_iv_j+\sum_i\frac{1}{R}\int_0^{v_i}g_i^{-1}(v)\mathrm{d}v+\sum_i I_iv_i \tag{3.19}$$

如果权值矩阵 $\boldsymbol{W}$ 是对称的($w_{ij}=w_{ji}$)，则

$$\frac{\mathrm{d}E}{\mathrm{d}t}=\sum_{i=1}^n\frac{\partial E}{\partial v_i}\boldsymbol{\cdot}\frac{\mathrm{d}v_i}{\mathrm{d}t}=-\sum_i\frac{\mathrm{d}v_i}{\mathrm{d}t}\left(\sum_j w_{ij}v_j-\frac{u_i}{R_i}+I_i\right)$$

$$=-\sum_i\frac{\mathrm{d}v_i}{\mathrm{d}t}\left(C_i\,\frac{\mathrm{d}u_i}{\mathrm{d}t}\right) \tag{3.20}$$

由于 $v_i=g(u_i)$，则

$$\frac{\mathrm{d}E}{\mathrm{d}t}=-\sum_i C_i\,\frac{\mathrm{d}g^{-1}(v_i)}{\mathrm{d}v_i}\left(\frac{\mathrm{d}v_i}{\mathrm{d}t}\right)^2 \tag{3.21}$$

由于 $C_i>0$，双曲函数是单调上升函数，则它的反函数 $g^{-1}(v_i)$ 也为单调上升函数，即有 $\dfrac{\mathrm{d}g^{-1}(v_i)}{\mathrm{d}v_i}>0$，则可得到 $\dfrac{\mathrm{d}E}{\mathrm{d}t}\leqslant0$，即能量函数 E 具有负的梯度，当且仅当 $\dfrac{\mathrm{d}v_i}{\mathrm{d}t}=0$ 时 $\dfrac{\mathrm{d}E}{\mathrm{d}t}=0$，$i=1,2,\cdots,n$。由此可见，随着时间的变化，网络的解在状态空间中总是朝着能量 E 减少的方向运动。网络最终输出向量 V 为网络的稳定平稳点，即 E 的极小点。

3.1.4 BP 神经网络

反向传播（Back Propagation，BP）神经网络的结构如图 3.10 所示，它是一种单向传播的多层前向网络。由图 3.10 可以看出，BP 神经网络包括输入层、隐含层和输出层，每个神经元之间没有连接，而上下层之间实现全连接。将一组训练样本提供给神经网络后，神经元的激活值从输入层经中间层（即隐含层）向输出层传播，输出层的各神经元获得网络的输入响应。然后，按照减小目标输出值和实际误差的方向，从输出层经过中间层逐层修正各连接权值，最后返回输入层，这种学习算法称为"误差逆传播算法"，即 BP 算法。随着误差逆传播修正的不断进行，网络对输入模式相应的正确率也不断得到提升。

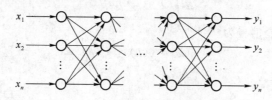

图 3.10　BP 神经网络结构图

BP 算法的基本思想是梯度下降法，它采用梯度搜索技术，以使得网络的实际输出值与期望输入值的误差均方值达到最小。下面以三层网络为例简单介绍 BP 算法的推导过程，如图 3.11 所示。i 为输入层神经元，j 为隐含层神经元，k 为输出层神经元。BP 算法的学习过程由正向传播和反向传播组成。在正向传播时，输入信息从输入层（i）经过隐含层（j）逐层处理，传向输出层（k），每一层中神经元的状态只影响下一层神经元的状态。如果在输出层（k）没有得到期望的输出，则会转向反向传播，将理想输出和实际输出的差值（即误差信号）按照连接通道反向计算，根据梯度下降法调整各层神经元的权值，使得误差信号减小到所要求的范围。

（1）前向传播：计算 BP 网络的输出。

隐层神经元的输入 x_j 为所有输入的加权之和，如下式所示：

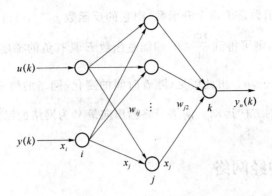

图 3.11 三层 BP 神经网络

$$x_j = \sum_i w_{ij} x_i \tag{3.22}$$

采用 S 函数激发输入 x_j，即可得到隐含层神经元的输出 x_j'：

$$x_j' = f(x_j) = \frac{1}{1 + e^{-x_j}} \tag{3.23}$$

可得到 $\dfrac{\partial x_j'}{\partial x_j} = x_j'(1 - x_j')$。输出层的神经元输出可表示为

$$y_n(k) = \sum_j w_{j2} x_j' \tag{3.24}$$

BP 神经网络的误差信号为

$$e(k) = y(k) - y_n(k) \tag{3.25}$$

误差性能指标函数为

$$E = \frac{1}{2} e(k)^2 \tag{3.26}$$

（2）反向传播：采用梯度下降法，调整各层之间的连接权值。

输出层和隐含层的连接权值学习算法为

$$\Delta w_{j2} = -\eta \frac{\partial E}{\partial w_{j2}} = \eta \cdot e(k) \cdot \frac{\partial y_n}{\partial w_{j2}} = \eta \cdot e(k) \cdot x_j' \tag{3.27}$$

式中，η 表示学习速率，取值范围为 $[0,1]$。则 $k+1$ 时刻网络的权值为

$$w_{j2}(k+1) = w_{j2}(k) + \Delta w_{j2} \tag{3.28}$$

隐含层和输入层的连接权值 w_{ij} 学习算法如下式所示：

$$\Delta w_{ij} = -\eta \frac{\partial E}{\partial w_{ij}} = \eta \cdot e(k) \cdot \frac{\partial y_n}{\partial w_{ij}} \tag{3.29}$$

式中，

$$\frac{\partial y_n}{\partial w_{ij}} = \frac{\partial y_n}{\partial x_j'} \cdot \frac{\partial x_j'}{\partial x_j} \cdot \frac{\partial x_j'}{\partial w_{ij}} = w_{j2} \cdot \frac{\partial x_j'}{\partial x_j} \cdot x_i = w_{j2} \cdot x_j'(1 - x_j') \cdot x_i \tag{3.30}$$

则 $k+1$ 时刻网络的权值为

$$w_{ij}(k+1)=w_{ij}(k)+\Delta w_{ij} \tag{3.31}$$

为了避免权值的学习过程发生振荡、收敛速度慢,需要考虑上次权值变化对本次权值变化的影响,可以加入动量因子 α。此时的连接权值如下所示:

$$w_{j2}(k+1)=w_{j2}(k)+\Delta w_{j2}+\alpha[w_{j2}(k)-w_{j2}(k-1)] \tag{3.32}$$

$$w_{ij}(k+1)=w_{ij}(k)+\Delta w_{ij}+\alpha[w_{ij}(k)-w_{ij}(k-1)] \tag{3.33}$$

式中,α 为动量因子,其取值范围为 $\alpha\in[0,1]$。

综上所述,BP 神经网络学习算法的主要步骤可概括如下。

① 从训练集合中取一个样本 (X_i,Y_i) 或一组样本 $[(X_1,Y_1),\cdots,(X_i,Y_i)]$,并将样本 X_i 输入到 BP 神经网络中。

② 计算网络相应的实际输出 $y(k)$。

③ 计算出实际输出 $y(k)$ 与相应的理想输出 $y_n(k)$ 的差值。

④ 根据输出误差的值,由输出层到中间层逆向调整网络中各层神经元的连接权值。

⑤ 对每个(或者每组)训练样本重复上述过程,直到对整个训练集来说,网络输出满足期望的范围要求。

BP 神经网络的传递函数要求必须是可微的,所以不能使用感知器网络中的二值函数,常用的传递函数有正切函数、线性函数和 S 形函数。由于传递函数是处处可微分的,因而对于 BP 神经网络来说,一方面,网络可以严格采用梯度下降法进行学习,权值修正的解析式十分明确;另一方面,网络所划分的区域不再是一个线性划分,而是一个非线性超平面组成的区域,它是一个比较光滑的曲面,因而它的分类比线性划分更为明确,容错性更好。

3.2 人工神经网络的应用举例

3.2.1 认知无线 Mesh 网络中基于神经网络的频谱感知

作为下一代无线网络关键技术,无线网状网络(Wireless Mesh Networks,WMNs)[2] 正快速发展。WMNs 可以分为 3 类:基础/骨干 WMN、客户 WMN 和综合 WMN,如图 3.12 所示。作为 802.11s 家族协议的一员,WMNs 运行在 2.4 GHz 或 5 GHz 的物理信道上。由于这个频段已十分拥挤,为了有效地利用这些频段资源,感知更多的未被占用的空白频段,实现动态频谱接入对于 WMN 来说至关重要。

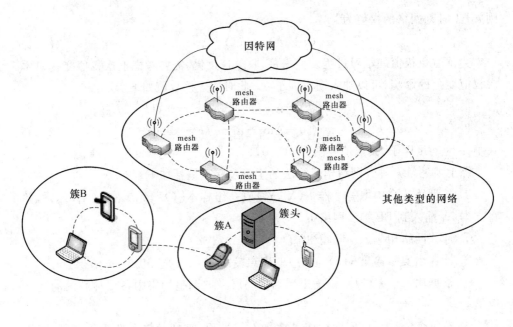

图 3.12 WMNs 架构

在认知 WMN 中,为了避免对正在工作的系统造成干扰,同时优化资源分配,用户端设备(Consumer Premise Equipment,CPE)需要进行精确的信道感知与数据融合,并给出一个可接入的信道。由于 CRs 通常被描述成是智能无线通信设备,能够通过自适应和重配置来满足终端用户的 QoS 需求,本节采用神经网络来实现信道感知过程中的数据融合。目前存在多种神经网络,本节采用 ART-2(Adaptive Resonance Theory,自适应谐振理论)[3,4],因其非常适用于 WMNs 架构。用神经网络替代 802.22 协议草案中的贝叶斯方法能充分发挥 CR 的自适应和重配置的能力,下面我们将分别对两种方法进行简要介绍,同时采用循环冗余校验码(Cyclic Redundancy Check,CRC)编码方法可以进一步减少 ART-2 的输出,相应地获得更准确的信道感知结果。

1. 802.22 协议草案中基于贝叶斯方法的信道感知

分布式感知算法在 802.22 中被用来实现无线电频谱(Radio Frequency,RF)环境的感知,通过检测当前工作的系统来避免对它们产生干扰。分布式感知要求用户端设备在无线区域网络(WRAN)中执行本地测量,并报告给基站(BS)。随后基站执行数据融合,从自己测量的数据及用户处收集的数据中提取出当前的 RF 环境信息。基站能否给出正确的接入信道直接决定了 CR 的实现。

在 802.22 协议草案中提出一种基于贝叶斯方法[5]的数据整合算法,替代了之前的联合算法。信道感知算法首先把小区分成一些不相交的区域,然后判断每个

区域内是否有正在工作的发射器。对于每个区域 θ,算法的判定规则是

$$i^*(\theta) = \arg\min_{i \in \{0,1\}} C_i(\theta) = \arg\min_{i \in \{0,1\}} \sum_{j=0}^{1} P(\lambda, H_j(\theta)) C_{ij} \qquad (3.34)$$

式中,C_{ij} 是在已知 H_j 为真时判定 $H_i(\theta)$ 的代价。$H_0(\theta) = \{$在区域 θ 内没有正在工作的发射器$\}$,$H_1(\theta) = \{$在区域 θ 中存在正在工作的发射器$\}$。在式(3.34)中,λ 表示所有用户端设备矢量 $\{\lambda_i\}$,$\lambda_i = 0$ 表示在检测区域内没有正在工作的发射器。进一步,可以得到等同于式(3.34)的判定规则如下:

$$i^*(\theta) = \begin{cases} 0, & \dfrac{P(\lambda, H_0(\theta))}{P(\lambda, H_1(\theta))} > \dfrac{C_{10} - C_{11}}{C_{01} - C_{00}} \\ 1, & \text{其他} \end{cases} \qquad (3.35)$$

对于每一个区域 θ_k,求出 $i^*(\theta_k)$,可能含有正在工作的发射器(Potential Incumbent Transmitter, PIT)的区域记为 $\theta_{PIT} = U\{\theta_k : i^*(\theta_k) = 1\}$。在 802.22 协议草案算法中,这等同于利用成本矩阵算得的临界值的似然比检验。因此,在这之前确定的成本矩阵非常重要,但是在实际情况下,它无法进行自适应和重配置,即使上述规则给出了错误的结果。然而,利用神经网络的数据融合方法在运行时可以根据初始的数据学习来进行权重的重配置,从而能够适应网络拓扑的变化。

其他信道感知算法如联合算法,虽然具有低计算复杂度和低误判率,但其空间效率低,算法得到的 PIT 区域和保护区域太大,且用于接入系统的区域也太多。

2. 基于神经网络的信道感知算法

当认知 WMNs 与电视广播服务共存时,可把那些没有足够频段来发射数据,需要感知空闲信道的 Mesh 节点(Mesh Points, MPs)当作用户端设备(CPEs)。本节提出的算法[6]要把小区划分成一些不相交的区域,并确定这些区域(把每个区域当作一个簇)中是否有正在工作的发射器,即是否存在主用户。如图 3.12 所示,Mesh 节点被划分为簇群,这些簇通过骨干 WMNs 中的路由器(通常是簇头)进行连接,这种结构很好地符合了 CR 的工作要求。

WRAN 系统把所有的频谱分成不相交的子带,在每个子带上进行感知来检测 PU 信号存在与否。由于 WMNs 的 MAC 协议是依据多信道和簇群(在簇中一个信道为控制信道,其他信道为数据信道)设计的,Mesh 节点(用户端设备)能通过控制信道将感知信息反馈给簇头(Cluster Header,CH)。因为 CH 在一定条件下比 MPs 优先级高,它能在接收感知信息时进行数据融合,这可以显著提高算法的稳定性。下一步,CH 通过控制信道将 PIT 区域告知给 MPs。

信道感知的数据融合被定义为模式分类问题,从文献[7]可以知道某些类型的神经网络如 BP、ART-2 等适合用来实现分类。BP 网络工作在有监督学习的条件下,ART-2 则恰恰相反,它在 CR 环境中显得更加可行。

（1）ART-2 神经网络

ART-2 网络通过自组织方式响应输入模式，生成识别码或与分类相关的网络谐振状态。这些分类由原型模式来代表，在不同程度上，它们代表了网络中所有与它们属于同一个类别的输入模式。图 3.13 显示的是一个典型 ART-2 神经网络的结构，它只描述了 q 维样本 X 的第 j 个分量 x_j 的处理结构。

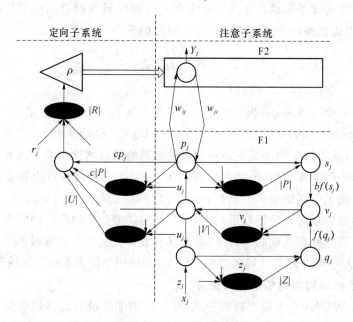

图 3.13　典型 ART-2 神经网络中 x_j 的结构

ART-2 网络由两个主要部分构成：注意子系统（Attentional Subsystem）和定向子系统（Orienting Subsystem）。注意子系统相当于 F1 层，定向子系统相当于 F2 层。在 ART-2 网络中，F1 层全部用于实现输入模式的归一化和对比度增强。定向子系统包含了用于匹配过程的子层。F1 层表示如下：

$$z_j = x_j + au_j \quad q_j = \frac{z_j}{e + |Z|} \tag{3.36}$$

$$v_j = f(q_j) + bf(s_j) \quad u_j = \frac{v_j}{e + |V|} \tag{3.37}$$

$$p_j = u_j + \sum_{i=0}^{N-1} g(y_i)w'_{ji} \quad s_j = \frac{p_j}{e + |P|} \tag{3.38}$$

其中，

$$f(x) = \begin{cases} x, & x \geqslant \varepsilon \\ 0, & x < \varepsilon \end{cases} \quad g(y_j) = \begin{cases} d, & j \geqslant I \\ 0, & j \neq I \end{cases}$$

在式(3.36)、式(3.37)和式(3.38)中，a、b、c、d 和 e 是系统参数；ε 决定了函数 $f(x)$ 抑制噪声增长的能力，通常情况下接近于 0。

另外，F2 层表示如下：

$$Y_i = \sum_{j=1}^{q} p_j w_{ij}, \quad i = 1, \cdots, m \tag{3.39}$$

式中，i、w_{ij}、q 和 m 分别表示当前活动类别的节点数、权重、输入模式的维数和 F2 层的节点数。

于是我们得到优胜节点 Y_I：

$$Y_I = \max(Y_i \,|\, i = 1, 2, \cdots, m) \tag{3.40}$$

具有最大相似度的节点被激活，它的链接权重向量被反馈到 F1 层，用于执行和 U 相似度的报警测试：

$$r_j = \frac{u_j + c p_j}{|U| + c|P|}, \quad R = |r| \tag{3.41}$$

如果 $R > \rho + e$，则

$$\frac{d}{d_t} w_{Ij} = d(1-d)\left(\frac{u_j}{1-d} - w_{Ij}\right)$$

$$\frac{d}{d_t} w'_{jI} = d(1-d)\left(\frac{u_j}{1-d} - w'_{jI}\right) \tag{3.42}$$

式中，c 和 ρ 分别表示 P 权重系数和相似性报警门限。否则，活动节点 I 将会复位并被隔离。如果 MPs 提供的信息有别于传统的 ART-2 网络，就认为它提供的是错误的信息并将该信息记录丢弃。

（2）改进的 ART-2 神经网络

从上述对 ART-2 结构的描述可以发现，它只利用了模式的相位信息，却丢弃了幅度成分，这将会导致错误的分类。于是有了改进的 ART-2 神经网络，如图 3.14 所示，使它能同时利用相位和幅度信息。

于是，新的测试规则表示如下：

$$\|\rho\| \times t + \frac{\big|\, \|X_k\| - \|w'_j(k-1)\| \,\big|}{\|w'_j(k-1)\|}(1-t) \leqslant \rho_c \qquad (0 \leqslant t \leqslant 1) \tag{3.43}$$

式中，$w'_j(k-1)$ 表示前 $k-1$ 个成分的簇集中心矢量。

（3）后续改进

在多模式分类过程中，寻找一个正确执行分类的精确函数是很难的。部分原因是输出类别的区别太小，以至于不得不加大网络尺寸来获得结果。这通常是抽象的，并且也无法确定是否能获得理想的结果。由于输出类别越不相关，分类就越容易成功。这里利用循环冗余校验码将输出空间映射到另一个空间，并利用该空

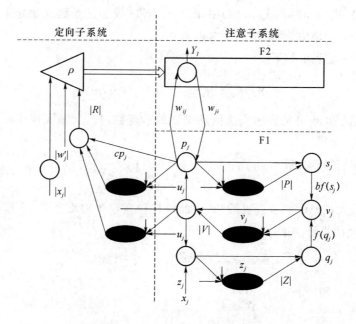

图 3.14　改进的 ART-2 神经网络

间进行信号分类。有了结果之后,再把其映射回原始空间。CRC 编码能检测码字中的错误,提高网络的性能和自我管理的能力。此外,算法利用额外的 CRC 冗余比特来纠错,即使算法输出错误的结果,也能获得正确的分类。

（4）信道感知算法的主流程（如图 3.15 所示）

根据改进的 ART-2 网络和认知 WMNs 的结构,可得到下列符号的对应关系。

- j:改进的 ART-2 网络中第 j 个成分,表示一个簇中第 j 个 MP 的信息。
- q:x_j 的第 q 维,表示需要进行认知的第 q 个不相交子信道。
- m:第 m 个类别,表示 IT 出现的子区域的结合。

在每个簇中存在一个 CH,形成认知骨干 WMNs。由于 CH 和 MPs 对能量和计算能力的需求不同,ART-2 很好地满足了 WMNs 的结构,同贝叶斯方法相比,降低了对 MPs 计算能力的要求。

3. 性能评估

给定簇区域为一个圆形,且 MPs 的位置服从泊松分布,采用簇群成型和维护算法作为 CH 选择算法。给定系统参数,如 $a=10, b=10, c=0.2, d=0.8, e=0,$ $\varepsilon=1, \rho=0.9$。利用不同的 MP 数量,得到了如图 3.16 和图 3.17 所示的仿真结果。

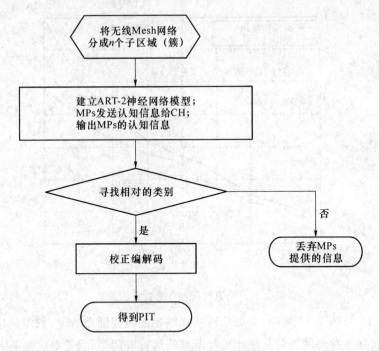

图 3.15 所提算法的主流程

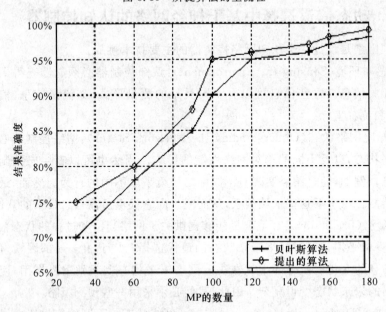

图 3.16 结果精确度和 MP 数量的关系

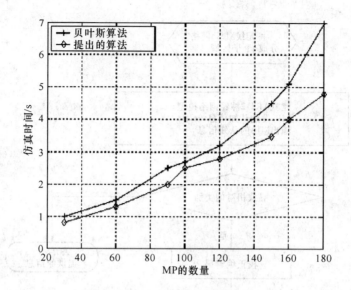

图 3.17 仿真时间和 MP 数量的关系

图 3.16 和图 3.17 表明,获取信道感知结果的时间随着 MPs 数量的增加而增加。但是,基于神经网络的算法比贝叶斯算法运算时间短,且精确度更高。

3.2.2 动态信道选择中基于神经网络的认知控制器

下列因素是设计一个认知网络控制器的主要技术挑战。

① 感知环境(Sensing the Environment):认知控制器必须能够获得周围通信环境的相关信息。这些信息可以有不同类型的测量形式,如流量信息、信噪比测量、时间和位置坐标。

② 知晓网络状态(Understanding the Network Status):网络控制器必须能识别出网络状态,以及不同配置对网络性能的影响。当然也可以直接向控制器提供这些信息。例如,通过编码实现对不同网络环境采取不同的行为。然而,最好是认知控制器能自己掌握这些依赖关系,从而减少向它提供所需信息带来的开销。

③ 预测(Prediction):环境测量能够提供关于网络当前和过去的状态信息。然而,网络重构必须是针对网络未来状态的最优选择。加上很多外部因素,例如,用户流量信息的变化以及外部干扰在决定网络未来状态上起到重要作用,使得确定无线网络的未来状态变得复杂。因此,我们必须采用一些预测策略。

④ 决策(Decision Making):一旦掌握了网络状态与不同网络设置所对应的性能依赖关系,并具有预测环境变化的相关手段,控制器就需要作出决策。例如,选择最优的网络配置。由于配置主控制器的复杂性,依据控制器所面临的最优化问

题解空间的特性,可采取一种合适的策略,使控制器作出的决策具有现实意义。

选择 IEEE 802.11 网络中的动态信道选择作为典型应用,不仅因为当前无处不在的 802.11 网络和拥挤的 2.4 GHz ISM 频段使它成为一个具有挑战的话题,而且那些商用的 802.11 设备,尤其是支持 Linux MadWiFi 驱动的设备,为认知网络测试平台的实现提供了非常灵活而实惠的方案。

1. IEEE 802.11 网络中的动态信道选择方案

一般来说,802.11 网络是通过配置 AP 的图形着色(Graph Coloring)技术来实现信道的静态分配。其他方案则是在假定网络的用户数量、业务流量和传播特性均为已知的情况下,利用更复杂的手段来实现信道分配。尽管从理论意义上来说,这是一个合理的策略,但是将它应用于实际网络部署却面临着相当大的困难,具体体现在:第一,传播和干扰理论模型和实际环境存在一些微妙的区别,从而导致理论上的小区间干扰和相应的最优化模型与实际的部署吻合较差。第二,我们常假设只存在少数高负载 AP。然而,在城市场景中,大量 AP 处在彼此的无线范围之内,且各个 AP 的业务量相对较低。因此,许多理论方案重点考虑同一网络中不同 AP 间的负载均衡。实际部署中其他因素,如来自其他无线网络或微波的干扰,可能具有更重要的意义。第三,用户数量及业务量不仅在很大程度上与时间有关,还与他们所处的位置相关。因此,将所有理论上已知接入点的瞬时负载变化综合考虑的做法在实际场景中并不适用。

在处理难以捉摸的现实场景时,通过观察和学习的自适应方法比理论途径更有效。目前该领域的工作还处于研究阶段,有少量文献涉及利用遗传算法和模糊逻辑来具体实现。然而,这两项技术不具备从过去经验中学习的手段,从而未能展现认知系统的一个关键属性。

在认知网络中,引入有效学习策略的一个重要手段是利用过去的经验,例如,利用过去环境和性能所测得的数据来建立环境条件、网络设置和对应网络性能的相关模型。通过这种方式,认知网络能学习到在何种条件下,何种参数配置能使网络性能最优化。这与控制理论中的系统识别过程很相似。文献[8]研究了网络业务预测的相关问题,评估了传统预测技术,如自回归求和移动平均模型(ARIMA)和自回归分数整合滑动平均模型(FARIMA)的有效性,并与多层前向神经网络(MFNN)进行了比较,结论是多层前向神经网络由于其低复杂度和非线性建模能力而更为实用。文献[9]通过建立无线自组网性能和业务负载等外部因素与路由协议等参数配置的函数模型,来比较线性回归模型和多层前向神经网络的性能,同样得出多层前向神经网络是所选场景下的最佳建模选择。基于前述工作,文献[10]将多层前向神经网络作为认知无线电中智能控制器的通用学习和描述工具,通过针对环境条件进行的自适应无线电参数配置来提供增强型通信性能。特别地,文献[10]讨论了在一个 802.11 系统下物理层速率自适应的情况,仿真结果表明,基于多层前向神经网络的方法是性能较好的解决方案之一。

本节设计一个基于神经网络的认知控制器来实现无线网络中的动态信道选择[11]。尽管该方法与一般的认知系统设计方法相似,所采用的无线技术与 IEEE 802.11 一样,但其中基于速率自适应的信道选择是独有的。更重要的是,本节给出了基于实际测试台的性能评估,从而能确定在认知无线网络中基于多层前向神经网络的方法是实用的。

2. 基于神经网络的认知控制器设计

(1) 基本概念

认知控制器的信息被分为不同的 3 类:环境测量,例如由网络控制器所收集的能传达外部因素对性能影响的测量集;参数设置,例如系统过去所配置的参数值;性能指标,例如对网络性能的某次测量结果。

设计的关键点是要求认知控制器了解性能指标对环境测量和参数设置的依赖性。本节设计了一个基于多层前向神经网络,以环境测量和参数设置为输入,性能指标为已知输出值的预测器。该组件的作用是预测在未来不同环境设置和不同的参数配置下的系统性能,从而作出最优化选择。这是通过对以参数为变量、以预测性能为成本函数的最优化问题的求解来实现的。

(2) 在 802.11 网络信道分配中的应用

为了将神经网络方法用于 IEEE 802.11 无线网络信道分配问题,需要确定在实际的 IEEE 802.11 系统中特定的信息适用于哪些类别。对于参数设置可用信道设置($1, 2, \cdots, 11$)。对于多层前向神经网络的训练集,则是获得特定测量参数的信道。在运行时是认知控制器要预测的信道。

由于认知控制器的目标是提供最大化用户吞吐量的信道分配,所以针对性能指标,我们选用移动用户应用层的吞吐量。在训练阶段,可以选用某个测试用户节点的测量值,也可以使用基于业务感应的吞吐量估计或实际用户反馈回来的 QoS 报告。在评估阶段,应用层吞吐量的评估值则作为预测器的输出值。

最后,决定 IEEE 802.11 网络特定信道性能的最相关环境因素是该网络信道上的干扰程度。干扰主要来源于两种形式,一种是远处 802.11 发射器或非 802.11 设备如蓝牙、微波炉等产生,叠加到无线噪声功率上,从而影响帧接收的成功率;另一种是由于 802.11 发射器竞争媒介而触发的发送延期和退避过程,导致了介质接入时间的增加。为了描述这两种方式,使用以下度量值作为环境测量。

• 包速率:单位时间内收到的有效 IEEE 802.11 帧。

- 数据速率：物理层成功接收的平均比特速率。
- CRC 差错率：单位时间内链路层 CRC 校验的帧错误率。
- 物理层差错率：接收到但由于 PLCP 头部校验出错而放弃的比特错误率。
- 分组大小：接收到的有效 IEEE 802.11 帧的平均分组大小。

其他环境测量因素如一周的天数，范围从 0（星期一）到 6（星期天），一天的小时数，范围从 0 到 23 等。需要注意的是，网络中每一个认知接入点都要收集各类测量信息，从而使网络中特定位置的特征描述都是一定的，因而可以有效地模拟出相应位置系统性能的相关信息。

对于多层前向神经网络预测器的实现，如果假定环境条件变化很慢，则只需要将最后一次测量信息作为神经网络的输入就足以作出一个精确的预测[10]。然而，当环境因素在相邻两个最优化区间内变化很快时，这种方法就可能失效。该问题在文献[12]中关于一般控制系统和基于多层前向神经网络的控制系统中已经研究过。为了处理这个问题，采用一个时延器将过去 k 时隙的测量信息反馈到多层前向神经网络中，同时将时延器上所得到的测量值反馈到多层前向神经网络中用于预测。通过这种方法，神经网络预测器就能在训练中识别并学习到网络的常规行为，从而提供更为精确的预测。

（3）具体实现

在加州大学圣地亚哥分校 Calit2 研究所的一个测试床上，进行了认知控制器的试验验证。该系统有一系列认知接入点，每个认知接入点包含一个 802.11 a/b/g 卡片式总线无线接口的系统板和两个无线网卡，其中一个作为无线接入点提供无线用户的网络接入，另一个是配置在监视模式下的无线业务传感器，用于捕捉所有的 802.11 广播分组。该试验床的两个主要干扰源：一个是测试床所在建筑中由 Avaya 802.11 b/g 无线接入点组成的无线设备，另一个是位于该建筑六层的若干试验 Ad hoc 和 Mesh 网络。针对本节所描述的试验，在该建筑 6 层引入了 5 个认知接入点，都运行在 Voyage Linux 操作系统下，采用 MadWiFi 驱动器来驱动基于 Atheros 的无线接口，并通过各自的以太网接口接入到校园网中。

每个认知接入点还配有一个基于时间的传感控制模块，以 11 s 为采样周期，以 1 s 为采样间隔，该方案能通过单个无线网卡来实现所有 11 个信道的精确测量。另外，同步控制模块通过认知控制器来实现认知接入点的时钟同步。

通过使用开源 tcpdump 分组嗅探器的 capture-to-file 的功能，业务传感模块通过 FTP 将产生的捕获文件交给认知控制器。为了进一步减少存储器成本，tcpdump 设置成仅捕获每个采样分组的前 250 字节。由于所有我们感兴趣的协议头部信息均位于或靠近分组的起始部分，因此该方案是合理的。在认知控制器中，使用一个修订版的 tcpdump 来读取捕获文件,从中摘录出从 MAC 层到传输层的头部字段及其字段值生成的 Prism 头部。这些数值将被保存在认知网络数据中心 MySQL 服务器中,用于从中提取该项工作所需的训练和测试数据,以及用于平时的分析。

除了业务样本以外,试验台还收集了其他可以用来更好的描述无线介质条件的测量信息。特别是 MadWiFi 驱动器的一个工具(athstats),能够提供例如 CRC 错误率(由于 MAC 尾部中 CRC 校验出错导致的接收失败)和 PHY 错误率(由于 PLCP 头部中 CRC 校验出错导致的接收失败)等附加信息。这些信息周期性地转移到认知控制器,存储到一个专用数据库中。

基于时间的传感模块的实现是通过一个运行 shell 脚本的无线工具和 Mad-WiFi 工具的组合体。它们被用于周期性地转换无线网卡的信道设置,从而收集所有 802.11 b/g 信道上的业务样本;信道转换和业务感应活动是并行的。为了汇报当前被捕获的分组附加信息,MadWiFi 驱动器生成一个长 144 字节的 Prism 监视头部,并将它添加到分组中。除了一些头部信息,Prism 监视头部还包含了接收信号强度指示器(Received Signal Strength Indicator,RSSI)和该分组的信道和数据率。

测试台利用若干节点来实现一系列的认知 AP,这些节点配置了一个处于管理模式和拥有可编程客户端(Programmable Clients,PCs)的无线网卡。认知控制器通过与可编程客户端的交互使各个可编程客户端和不同的认知接入点相关联,并运行一个修改版本的 iperf 软件,通过上下链路的 TCP 数据传输来实施主动测量。通过这种方式,认知控制器就能收集到应用层的性能度量值,如吞吐量、时延、抖动、分组丢失率。基于多层前向神经网络的认知控制器通过使用快速人工神经网络(Fast Artificial Neural Network)程序库来实现。

3. 性能评估

通过上述认知网络测试平台所收集的数据可对所提出的认知控制器进行性能评估。这些数据由测量值组成,由测试平台的认知接入点收集得到,并在一个小时内取平均。4 月 1 日—7 月 15 日所收集的数据作为训练集,7 月 16 日—9 月 15 日所收集的数据作为测试集。前者用来训练认知控制器,后者则用来通过计算预测值和已知输出值的均方差来评价预测的准确性。

训练过程采用 BP 算法,学习速率为 0.7,时隙个数为 1 000。通过改变隐藏层神经元 H 的数量和时延器 k 的值来测试不同类型的多层前向神经网络预测器。最终得出在 $H=13,k=2$ 时的预测值最精确,因此将这些数值作为多层前向神经网络进行信道选择的参数配置。参数 H 的小范围变化不会导致预测精确度的明显变化。然而,H 值过大或过小都会使预测性能变得很差。对于参数 k,当它大于 2 时,并不能明显地提高预测精准度,因此为了最小化预测器的复杂度,不选择大于 2 的值。图 3.18 显示的是在相应测试数据下所选预测器的均方根误差。

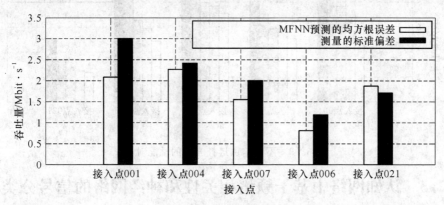

图 3.18　性能预测精确度

对于测试平台中的每个认知接入点,在测试周期内每小时的开始阶段,信道选择是由认知控制器根据前一个小时所测得的数据来完成的。这是通过在每一个信道中,将与各自信道相关的环境数据作为多层前向神经网络预测器的输入,各自信道下一个小时的性能预测作为多层前向神经网络的输出来实现的。提供最高预期性能的信道会被选中。

以下将对比基于多层前向神经网络的信道选择方案和文献[13]中描述的图形着色方法所获得的两组有效信道分配方案的性能。同时,这里还给出了每小时随机选择不同信道方案的性能,以及通过测量所有信道的吞吐量并选择其中最高值得出的最佳后验性能。

图 3.19 是信道选择方案的吞吐量性能的对比,考虑所有的无线接入点,并在整个测试期间内取平均。不难发现,图形着色方法的性能并不好:第一次分配性能很差,第二次分配除了 001 点的性能相对好些,其他点的性能接近随机选择的性能。因为图形着色方法是静态算法,它在决定有效方案时无法考虑外部干扰。基于多层前向神经网络的方案取得了高于随机选择方案 13%~15% 的性能,在很多情况下比图形着色方法提高得更明显。我们发现,基于多层前向神经网络的无线接入点 006 所获得的性能几乎接近于最佳性能,而其他节点的性能则相对低一些。从这方面来讲,可以发现"最佳"性能比任何一个可能的预测器所能达到的性能都要好,尤其是在网络条件和/或性能测量中存在短期突变的情况下。

仿真结果表明,基于多层前向神经网络的信道选择方案相对其他一些技术(如图形着色方法)来说,能够提供显著的性能提升,可见在认知网络中基于多层前向神经网络的方法是实用且高效的。

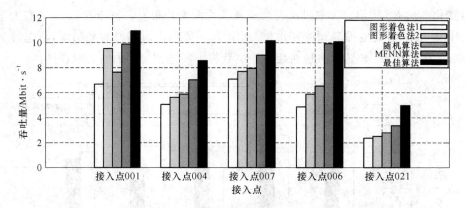

图 3.19　不同信道选择方案的性能对比

3.2.3　认知网络中基于频谱相关性和神经网络的信号分类

认知无线电中常利用信号的循环平稳特性(Cyclostationary Features)来进行信号分类,该方法优于简单的能量检测和匹配滤波。能量检测作为一种非相干解调的方法,很容易实现且不需要提前知道关于信号载频或带宽等参数,但却容易受带内干扰和噪声变化的影响。更重要的是,能量检测器无法区分信号的类型,只能确定信号是否出现。此外,虽然能量检测器大部分可以检测扩频信号,但是在信号分类方面效果很差[14]。

传统信号分类方式,如文献[15~18]所提及的,通常是利用信号瞬时功率、幅度或相位信息等来形成经信号处理操作的各种调制类型的不同特征。这些特征随后利用模式分类算法来进行分类,或者应用决策论的方法,这些方法或者需要信号的基带表示,或者需要大量的信号处理工作。在文献[11,19~21]中,Spooner 和 Brown 介绍了在无线电信号自动检测领域的开创性工作。他们的方法是同时采用二阶和高阶时变周期累积函数对大量的调制类型进行分类。

本节从频谱相关性出发,以一种新的眼光来看待信号分类,围绕信号载波和带宽均未知情况下的信号分类这一话题,提出在预处理后使用神经网络进行分类的工作[21]。神经网络常被用于模式识别和调制分类[22],并已经证明它在各种干扰和噪声条件下的健壮性,这一点在后面的结论中将会得到证实。

1. 循环谱的相关性

(1) 概述

统计频谱分析可以描述成将一个函数分解成正弦波形式,并利用这些频谱成分加权和的形式来表示这个函数。循环频谱分析处理的是一个函数及其频谱表达式的二阶变换。如果函数 $x(t)$ 的频谱成分具有时间相关性,则它具有二阶周期性。测量时间序列 $x(t)$ 的频谱相关性的重要参数是谱相关密度(Spectral Correlation Density,SCD)和谱相干函数(Spectral Coherence Function,SCF)。函数 $x(t)$ 的

SCD 的定义为[23]

$$S_{X_T}^\alpha (f)_{\Delta t} = \frac{1}{\Delta t} \int_{-\Delta t/2}^{\Delta t/2} \frac{1}{T} X_T \left(t, f+\frac{\alpha}{2}\right)^* X_T^* \left(t, f-\frac{\alpha}{2}\right) dt \qquad (3.44)$$

式中,频谱成分为 $f+\alpha/2, f-\alpha/2$;f 为频谱位置(频移中心);α 为频谱偏离(频移量)。函数 $x(u)$ 的本地频谱内容定义为

$$X_T (t, v) = \int_{t-T/2}^{t+T/2} x(u)^* e^{-i2vfu} du \qquad (3.45)$$

$\min\limits_{T\to\infty} \min\limits_{\Delta T\to\infty} S_{X_T}^\alpha (f)_{\Delta t}$ 被称为极限 SCD。函数 $x(t)$ 的 SCF 定义为

$$C_X^\alpha = \frac{S_X^\alpha (f)}{\left[S_X^0 \left(f+\frac{\alpha}{2}\right)^* S_X^0 \left(f-\frac{\alpha}{2}\right) \right]^{1/2}} \qquad (3.46)$$

SCF 的大小被限制在[0,1]之间,且对于所有的 f,$C_X^0 (f) = 1$。α 定义域上的低通频率平滑特性区分了频谱的特性,有必要对此进行分析。图 3.20~图 3.24 显示的是典型 SCF 数字调制信号的例子。关于统计频谱分析和循环频谱分析的更详细描述请参照文献[24]和文献[25]。

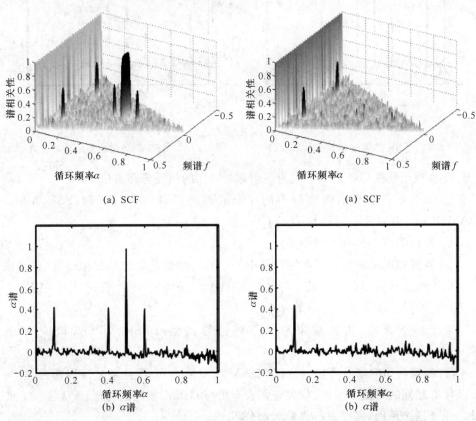

图 3.20　BPSK 的频谱相关函数和 α 谱　　图 3.21　QPSK 的频谱相关函数和 α 谱

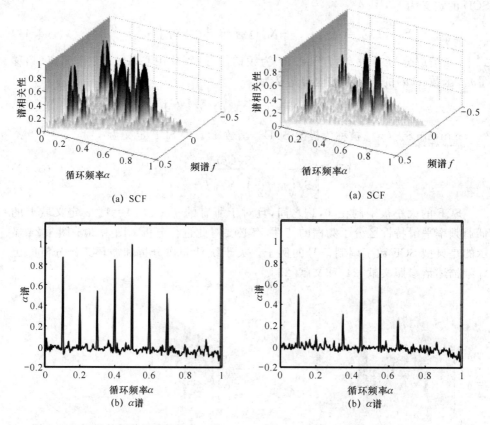

图 3.22　FSK 的频谱相关函数和 α 谱　　图 3.23　MSK 的频谱相关函数和 α 谱

下列性质使循环频谱分析成为一个非常有用的信号分类方法。

① 具有重叠功率谱密度的不同类型的调制信号（BPSK、AM、FSK、MSK、QAM、PAM）有明显不同的 SCDs/SCFs。

② 平稳噪声不具有频谱相关性。

③ 频谱相关函数包含了调制信号中关于时间参数的相位和频率信息（载波频率、脉冲率、扩频信号的码片速率等）。

（2）不同信号类型的循环谱分析

基于如下原因，仿真被限制于所列信号类型：BPSK、QPSK、FSK、MSK 和 AM。

① 通常使用的信号类别，如高阶 QAM 和高阶 PSK 不具备二阶周期性，且与 QPSK 有相同的特征。因此，如果它们表现出与 QPSK 相同的特征，就无法区分彼此。由于这个原因，需要进行高阶频谱分析[24]。

② 不同版本的 SCF 的计算复杂且耗时,因此分析那些实际当中不常用的信号类别增加了仿真时间却得不到显著的附加见解。有兴趣的读者可以参照文献[26]和文献[27],那里介绍了不同信号类型的频谱相关密度。

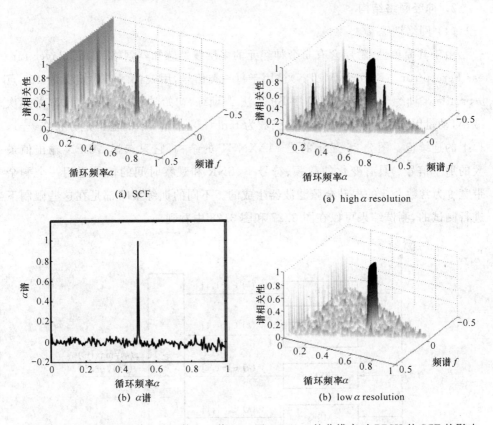

(a) SCF

(a) high α resolution

(b) α谱

(b) low α resolution

图 3.24 AM 的频谱相关函数和 α 谱   图 3.25 α 的分辨率对 BPSK 的 SCF 的影响

一个关键问题是在 α 定义域内窄带信号的特征。也就是说,如果一个特定的特征并不准确地位于 SCF 所计算的 α 值上,这个特征将不会显示在 SCF 上,就有可能发生误分类。实际中需要很高分辨率的 α 值以高概率检测信号的所有特征。这导致神经网络需要处理大量的数据。图 3.25 通过计算 BPSK 信号在不同 α 分辨率下的 SCF 来说明这个问题。在低分辨率情况下信号的键控率特征并没有在 SCF 中呈现出来[27]。该 SCF 与一个具有相同载波的 AM 信号的 SCF 相同,从而导致错误的分类,尽管这两个信号有明显的区别。

为了减少由于高分辨率 α 所引入的大量数据,针对一个给定的 α 值,只有最大的 SCF 值被采用，即：

$$profile(\alpha) = \max_f[C_X^\alpha(f)] \qquad (3.47)$$

利用这个方法，数据量的减少能够等同于频谱域中所使用的点数。

2. 神经网络结构

（1）网络训练

由于其简单性，隐层含有 4 个神经元的多层线性感知器网络（Multiplayer Linear Perceptron Network，MLPN）被用于每一类信号，用式(3.47)中定义的 199 点 α-profile 来训练。每个 MLPN 用 BP 算法[28]训练，初始学习速率 $\eta = 0.05$，并逐次减小，动量因子 α 为常量 0.7，激励函数为 $\tanh(x)$。MLPN 的输出是分布在(-1, 1)上的连续值。图 3.26 显示的是 MAXNET 的结构，它只选择 MLPN 输出值最大的那个信号。具有变化的载频、符号率、SNR 和观察时间的信号是用一个剩余带宽 β 为常数 0.5 的根升余弦滤波器生成的。不同的训练策略都是在这些限制下进行测试的，测试结果可以在图 3.27 和图 3.28 中看到。

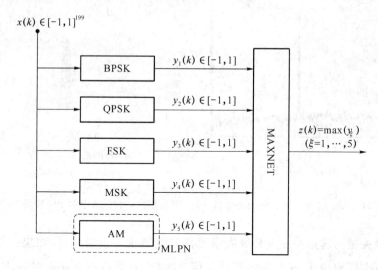

图 3.26　MAXNET 分类器的结构

（2）置信度估值

除了高效性，分类器还必须能够可靠操作。因此，我们提出利用 MLPN 的连续输出对分类器进行自我置信度的分析。分类器的性能可以分为两种假设：

H_1　　信号分类正确

H_2　　信号分类错误

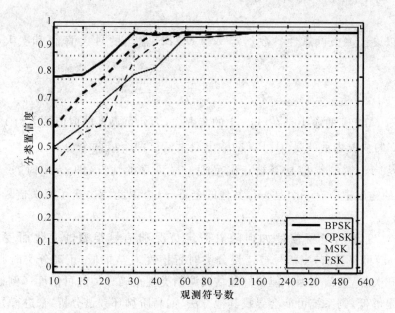

图 3.27 分类置信度与观测符号数的关系

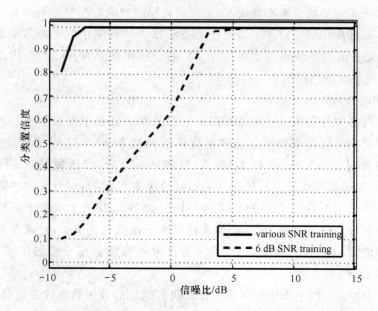

图 3.28 用不同的情况训练的网络结构的性能

性能的测量就是网络对一次信号分类的可靠性给出上述两种假定中的一种。由于 MAXNET 是运行在信号统计决策上:

$$z = \arg \max [y]_i \qquad (3.48)$$

可以设计一个可靠性参数χ,定义为 MLPN 输出的最大值 y_i 和次大值的一半,即

$$\chi = \frac{y_i - \arg \max [y_k]_{k \neq i}}{2} \qquad (3.49)$$

由于 MLPN 的输出是在 $-1 \sim 1$ 的范围内,因此可靠性的取值最大为 1 最小为 0。$\chi = 0$ 的情况表示的是 MLPN 的输出最大值有两个或两个以上。此时,分类器完全无法确定调制类型是否被正确呈现。最可靠的情况,即 $\chi = 1$ 时,是发生在 MLPN 的输出中只有一个是 $+1$,其他的全是 -1。因此,χ 决定了每次信号分类的置信度。

图 3.29 演示了置信度如何随着假定情况和信号类型的变化而变化。从图 3.29(a)可以看出,当信号被错误分类时置信度通常很低,正确分类时则较高。由于强相关性,置信度因子能很好地估测调制类型正确分类的可信度。例如,如果置信度足够低,则系统可能会寻找其他方法(如高阶循环频谱分析)来进行分类。

此外,在有需要时,MLPN 结构能够允许大量的网络作为实例。在低 SNR 情况下,BPSK 的主要特征被本地噪声(尤其是在检测到的数据符号不足时)掩盖,此时它看起来和 AM 信号相同。因此在 BPSK 和 AM 网络中就可能需要增加神经元的数量来找出一些微妙的差别。MLPN 的结构独立于 MAXNET,因此可以很好地用于最优化网络结构中。

3. 性能分析

用不同的信号训练这些网络可以使它们从噪声特征中抽取中信号的载波和键控率特征。时间约束限制了能够生成用于测试 MAXNET 分类器的数据量。由于观察窗口(近 16 000 个样本)较大,性能展示充分,将这种类型的网络用于在低 SNR 和观察样本较少的情况下的信号分类是可行的,而且它的性能和计算复杂度与文献[22]中所介绍的分类器相同。如图 3.28 所示,用处于不同 SNR 下的不同信号来训练这种网络,即使在信号水平很低的情况下,它都表现得非常好。这对检测理论来说意义重大,意味着这种网络能够用于检测扩频信号,如 CDMA 或蓝牙。

仿真中测试了两个不同的场景。首先我们假定信号的载波和带宽是已知的。这种情况下,我们采用变化范围为 $-9 \sim 15$ dB 的不同 SNR。表 3.1 显示的是 460 次蒙特卡罗仿真结果。

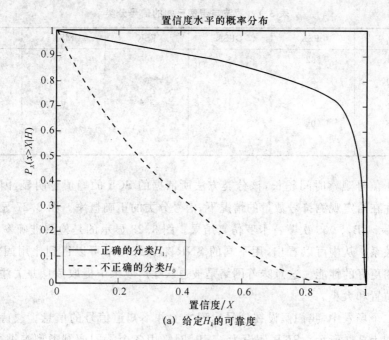

(a) 给定H_k的可靠度

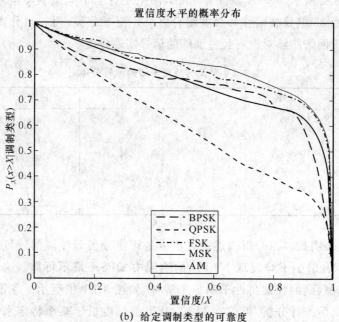

(b) 给定调制类型的可靠度

图 3.29 给定(a)假设,(b)调制模型的置信度水平累积分布

训练序列:75 个样本;测试序列:1575 个样本

表 3.1   载波与带宽已知的信号分类

	BPSK	QPSK	FSK	MSK	AM
BPSK	292	3	0	0	0
QPSK	0	295	0	0	0
FSK	0	1	294	0	0
MSK	0	16	1	278	0
AM	2	0	0	0	293

由于信号观察时间越长,该分类方法所依据的 SCF 的峰值越明显,因此我们主要关注在给定观测符号数量的情况下,信号分类的正确概率。图 3.27 显示的是在 SNR=5 dB,1 000 次蒙特卡罗仿真结果。图 3.28 显示的是检测准确率和 SNR 的依赖关系。从中可以看出,用不同的 SNR 来训练网络可以得到比用固定 SNR 训练网络更好的性能。这意味着网络是被迫从噪声效果中提取信息并关注于成分特征的位置和大小。

第二个场景中,我们假设在信号出现之前并不知道信号的信息。蒙特卡罗仿真结果如表 3.2 所示。SNR 假设为 15dB,网络用各个不同调制类型来进行训练,每个版本均为 23 组载波偏移和带宽组合之一。至于分类,用一组分离的信号,目的是为了证明网络能够对没有经过训练的信号实现分类。

表 3.2   载波与带宽未知的信号分类

	BPSK	QPSK	FSK	MSK	AM
BPSK	453	0	6	1	0
QPSK	0	452	0	0	8
FSK	4	0	456	0	0
MSK	2	0	0	458	0
AM	0	15	0	0	445

图 3.29 表明式(3.49)所描述的置信度是评定分类器性能的较可靠的度量标准。从图 3.29(b)中不难发现 MLPN 的输出中 QPSK 最不可靠。这可以用二阶统计分析中观察到的频谱特性不明显来解释,如图 3.21 中所示。鉴于这个原因,有必要采用高阶统计分析,但仅在 MAXNET 置信度低于某个特定水平时才可以使用。此外,对于一个正确分类的信号,置信度高于 0.75 的概率大约是 80%,如图 3.29(a)所示。

利用所提的方法,信号调制类型的确定作为动态频谱接入和干扰减缓技术重要的第一步,将变得快速且可靠。该方法的优点包括对平衡噪声的稳健性、具有重叠功率谱密度信号的分离以及对键控成分的提取,所有这些都归功于循环平衡特征检测。由于神经网络能够很容易地经过重新训练来包含新的信号类型,因此利用神经网络进行信号分类是一个非常灵活的方法。

3.2.4 认知无线云中基于神经动力学的分布式优化

对于认知用户来说,不同无线系统的媒介独立切换和不同网络操作的载体独立切换很大程度上增加了可用无线系统的数量。这样的异构无线环境以顾客为中心,扩展性好,允许在多种无线系统间无缝切换,我们称之为认知无线云(Cognitive Wireless Clouds,CWC)。由于这样的架构包含了大量的无线接入网络,演变成大规模复杂系统。因此,我们需要分布式自治算法使整个网络保持在一个最佳状态。

在传统的认知无线电研究中,博弈论被用于分析和优化所有的网络行为,它基于分布式自治动力学理论,已经被用于分析动力学系统的稳定性,包括移动终端的行为。作为更具优势的动力学系统,神经网络能适用于大规模的复杂系统。基于能量函数递减的性质,神经网络动力学能收敛于能量函数最小的一个稳定状态,该性质已被用于很多最小值搜索问题。由于大规模神经网络中的每个神经元都是基于分布式自主更新,这种特性适用于终端进行最优化网络选择的判决。本节将大规模异构无线网络环境中负载均衡问题作为一个典型的最优化问题,并对提出的基于神经网络的算法进行了评估。

1. CWC 和自主优化

CWC 中拥有多种空中接口的移动终端能通过检测可用无线网络,进而从中选择最合适的一个,然后无缝切换到最合适的目标网络中。CWC 中接入网能根据不同参数进行相应的定制,如 QoS、带宽(比特率)、移动性(范围和速度)、等待时间等。这样可以保证在给定环境下频谱的有效利用。由于一个可扩展网络可能包含大量的网络和终端,成为一个复杂系统,因此需要利用分布式自主优化管理方法来保证自适应地使用最恰当的无线配置。

2. 基于 Hopfield 神经网络的自主优化动力学

神经网络动力学具有固有的最优化特征,它会收敛于相应的能量函数取最小值时的稳态值[29]。例如,当我们使用典型的 0-1 输出神经元节点时,神经网络收敛,其中神经元的更新方程为

$$x_i(t+1) = \begin{cases} 1 & \sum_{j=1}^{n} w_{ij} x_j(t) > \theta_i \\ 0 & \text{其他} \end{cases} \tag{3.50}$$

式中,$x_i(t)$ 表示第 i 个神经元在 t 时刻的输出,只能取 0 或 1;w_{ij} 表示第 i 个和第 j 个神经元的连接权重;θ_i 表示第 i 个神经元的阈值;n 表示神经元的数量。

由这些简单神经元组成的神经网络收敛于由固定参数表示的能量函数 $E_{nn}(t)$ 最小值时的状态,这些固定参数是连接权重 w_{ij}、阈值 θ_i 以及变量神经元的状态 $x_i(t)$。描述方程如下:

$$E_{nn}(t) = -\frac{1}{2}\sum_{i=1}^{n}\sum_{j=1}^{n}w_{ij}x_i(t)x_j(t) + \sum_{i=1}^{n}\theta_i x_i(t) \tag{3.51}$$

这个能量函数总是随着式(3.50)所描述的神经元的更新而递减[29]。在神经网络中使用式(3.50)进行神经元更新来计算不同的 $E_{nn}(t)$ 是很容易的。能量函数递减的特性以及各个神经元分布式自治处理过程已经被应用于大量的最优化问题中,旨在寻找在高维状态空间下的最小值。

作为最早将能量函数这一特性应用于非确定性多项式(NP-hard)组合优化问题的例子,Hopfield 和 Tank 在旅行商问题(Traveling Salesman Problems,TSPs)中展示了优异的性能[30]。这类算法模型提出一种将旅行路线映射成神经元放电模式的方案,并导出最小化旅行路线的能量函数。为了满足 TSP 中一个城市只能访问一次的限制,还将约束条件引入到能量函数中。这样的 TSP 能量函数,它的连接权重和阈值是通过将目标能量函数转变成变量,以满足式(3.51)所描述的神经元状态的形式,并把获得对应于连接权重和阈值的系数进行映射。仅利用这些获得的连接权重和阈值,神经网络就能自动地解决给定的问题。

在无线资源管理中神经网络动力学被用于解决动态信道分配问题[31,32]。本节应用这样的神经动力学来优化异构无线网络环境。该方法的一个问题是它要保持在一个区域最小值。为了克服这一缺点,随机动力学如玻尔兹曼(Boltzmann)机[33]或模拟退火法(Simulation Annealing)[34],已经被用于抖动神经网络使其从区域最小值中跳出,落到更好的状态。混沌动力学也被用于抖动神经网络的状态,通过大量的实验可以发现它的性能比随机噪声要好得多[35,36]。

神经网络另一个不足是问题的约束条件必须并入到能量函数的约束条件中。因此,当神经网络收敛于一个次佳的状态时,即使是获得一个可行的方案都变得很困难。为了克服这个弱点,采用混沌神经动力学,结合启发式算法[37]和禁忌搜索[38],便能在任何时间得到可行的方案。在只有一维约束情况下,如选择或分类的简单优化问题,可利用式(3.52)修改神经元更新方程,借助最大激活序列来决定激活序列,就可能满足约束条件[39]。

$$x_i(t+1) = \begin{cases} 1, & y_i(t+1) = \max\{y_1(t+1),\cdots,y_N(t=1)\} \\ 0, & \text{其他} \end{cases} \tag{3.52}$$

式中, $y_i(t+1) = \sum_{j}^{N} w_{ij}x_i(t)$。每个移动终端的无线电接入技术选择问题等同于一维约束。由于这个更新函数不需要添加约束条件到能量函数中,所以本节采用这种神经元更新方式。

3. 基于神经动力学的认知无线网络优化

（1）问题定义

作为大规模异构无线网络中最优化问题的例子，我们构造了一个神经网络用于负载平衡优化问题。这个问题的目标函数定义为所有移动终端平均吞吐量的最大值。为简单起见，假定所有的移动终端都尝试尽力使用最大吞吐量，并公平地共享网络资源。于是，终端 i 的有效吞吐量近似定义为

$$\mathrm{Th}_i = C_j / N_j^{\mathrm{AP}} \tag{3.53}$$

式中，N_j^{AP} 表示使用接入点 j 的移动终端的数量；C_j 表示接入点 j 的总吞吐量。使所有移动终端平均吞吐量最大的负载均衡目标函数为

$$F(t) = \frac{1}{N_{\mathrm{m}}} \sum_{i=1}^{N_{\mathrm{m}}} \mathrm{Th}_i(t) \tag{3.54}$$

式中，N_{m} 表示移动终端的数量。我们将给出这个问题如何能够映射成神经网络，并通过分布式自治神经元的更新来解决。

（2）利用神经元激活对问题进行编码

为了将神经网络应用于最优化问题中，我们需要将它的激活图案映射成给定问题的状态。首先，我们需要用只有 0、1 两种状态的神经元将目标问题的状态表达出来。其次，需要定义一个最小值等于目标函数最小值的能量函数 E_{obj}。当目标是 $F(t)$ 的最大值时，$-F(t)$ 的最小值可以作为映射到能量函数的方式之一。第三，通过将目标能量函数 E_{obj} 转变成神经元状态的函数形式，并将系数映射到神经网络能量函数 E_{NN} 中，从而计算出连接权重和阈值。利用算得的权重和阈值，经过已实现的神经网络中简单的神经元更新来搜寻 E_{obj} 的最小值，这就自然而然地优化了整个网络。

为了利用神经网络的激活图案来表达每个终端对无线接入点选择的状态，我们将神经元 N_{AP} 用于每个终端 i，其中 N_{AP} 是接入点的数量，并将终端 i 的第 j 个神经元的激活与终端 i 连接到接入点 j 联系起来。也就是说，$N_{\mathrm{m}} \times N_{\mathrm{AP}}$ 网络的第 $(i,\ j)$ 个神经元的激活意味着终端 i 建立了一个到接入点 j 的无线连接，或者切换到接入点 j。图 3.30 显示了激活图案和相应的每个终端接入点选择的例子。

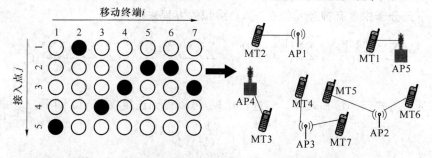

图 3.30　神经网络激活图案和移动终端接入选择的关系

由于是在一个二维网格上准备的神经元,这个神经网络的神经元更新方程的重新定义如下:

$$x_{ij}(t+1) = \begin{cases} 1, & \sum\limits_{k}^{N_m} \sum\limits_{l}^{N_{AP}} w_{ijkl} x_{kl}(t) > \theta_{ij} \\ 0, & \text{其他} \end{cases} \tag{3.55}$$

式中,w_{ijkl} 表示第 (i,j) 个和 (k,l) 个神经元的连接权重;θ_{ij} 是第 (i,j) 个神经元的阈值。基于这个更新方程,神经网络的能量函数可以被定义如下:

$$E_{NN}(t) = -\frac{1}{2} \sum_{i=1}^{N_m} \sum_{j=1}^{N_{AP}} \sum_{k=1}^{N_m} \sum_{l=1}^{N_{AP}} w_{ijkl} x_{ij}(t) x_{kl}(t) + \sum_{i=1}^{N_m} \sum_{j=1}^{N_{AP}} \theta_{ij} x_{ij}(t) \tag{3.56}$$

E_{NN} 总是随着每个神经元按式(3.56)更新规则的分布式自主更新而降低。因此,如果我们能够定义一个目标能量函数,通过 $x_{ij}(t)$ 乘积的总和来优化接入选择,我们就能获得构造用于解决这个问题的神经网络的连接权重和阈值。

在式(3.56)中,每个移动终端有 N_{AP} 个神经元并自动更新,但并不需要在每个终端上计算和更新所有分配的 N_{AP} 个神经元。忽略远离接入点(超过无线传输距离)的神经元,因为这些神经元并没有机会激活。我们只更新那些在终端能检测到接入点的神经元。

(3) 认知无线网络优化和连接权重的能量函数

用于最优化的神经网络可以通过获得神经元间的连接权重 w_{ijkl} 来实现。本节采用式(3.52)的最大值检测来判定激活,没有用到神经元的阈值。将式(3.55)的目标函数 $F(t)$ 代入变量只有 $x_{ij}(t)$ 的能量函数 E_{obj},通过比较 E_{obj} 和式(3.56)的 E_{NN} 可以得到 w_{ijkl}。需要说明的是,神经元的状态 $x_{ij}(t)$ 必须在目标能量函数 E_{obj} 的分子中,因为 w_{ijkl} 是 E_{NN} 中 $x_{ij}(t)$ 乘积的系数。

由于能量函数 E_{NN} 具有递减性质,最大值问题需要通过倒数或负号来转变成最小值问题。本节中,式(3.54)中的目标函数 $F(t)$ 表示需要最大化的所有移动终端的平均吞吐量,用吞吐量 $Th_i(t)$ 的倒数和的最小值来求解。目标能量函数 E_{obj} 通过下列分子中含有神经元状态 $x_{ij}(t)$ 乘积的方程来定义:

$$E_{obj} = \sum_{i=1}^{N_m} \frac{1}{Th_i(t)} = \sum_{i=1}^{N_m} \frac{1}{C_j} \times N_j^{AP} = \sum_{i=1}^{N_m} \sum_{j=1}^{N_{AP}} \frac{x_{ij}}{C_j} \sum_{k=1}^{N_m} x_{kj} = \sum_{i=1}^{N_m} \sum_{j=1}^{N_{AP}} \sum_{k=1}^{N_m} \frac{1}{C_j} x_{ij} x_{kj}$$
$$\tag{3.57}$$

通过将式(3.57)和式(3.56)进行比较,可以得到连接权重 w_{ijkl} 如下:

$$w_{ijkl} = \begin{cases} -\dfrac{1}{C_j}, & j = l \\ 0, & \text{其他} \end{cases} \tag{3.58}$$

如前所述,最大值激活检测适用于选择问题,它使神经网络的方法能提供可视化结果。因此,在这种情况下,可使用下列神经元更新函数:

$$x_{ij}(t+1)=\begin{cases}1, & y_{ij}(t+1)=\max\{y_{i1}(t+1),y_{iN_{AP}}(t+1)\}\\0, & \text{其他}\end{cases} \quad (3.59)$$

式中,$y_{ij}(t+1)=\sum_{k=1}^{N_m}\sum_{l=1}^{N_{AP}}w_{ijkl}x_{kl}(t)$。由式(3.58)和式(3.59)定义得到的神经网络的状态通过在终端的分布式自治神经元更新能收敛于给定负载平衡问题的一个最佳状态。

4. 性能评估

我们将基于神经网络的接入点选择应用到三个无线局域网和一个蜂窝系统组成的异构无线网络环境中。第一个无线局域网假定在 2.4 GHz 频带上有 11 Mbit/s 的吞吐量和 100 m 的覆盖范围,第二个无线局域网假定在 5 GHz 频带上有 54 Mbit/s 的吞吐量和 30 m 的覆盖范围,第三个无线局域网假定是宽带无线接入系统,拥有 1 Mbit/s 的吞吐量和 1 km 的覆盖范围。假定所有接入点对用户都可用,且无线资源在所有用户中是平等共享的。仿真从 1 km×1 km 到 50 km×50 km 的正方形区域,区域内有 10 000 个终端,对采用或不采用神经网络优化情况分别评估每个用户的平均吞吐量。

图 3.31 中改变每个位置上可用接入点的平均数量,相当于所有用户中可用接入点的平均数量,在此基础上比较了平均吞吐量。无线局域网类型系统的信道数量限制为 4。在相邻接入点覆盖范围的重叠区域内使用同一个信道,会因相互干扰而导致吞吐量下降。图 3.32 中显示了没有信道数限制的情况,基于神经网络的优化方法比最大容量接入选择更高效。即使在异构网络环境下,神经网络优化算法在无线资源利用方面同样有效,且每个用户的平均吞吐量都能得到提高。

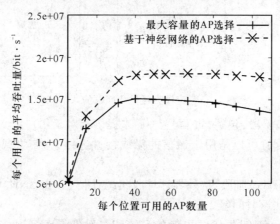

图 3.31 改变接入点数量时移动终端的平均吞吐量,信道数量限制为 4

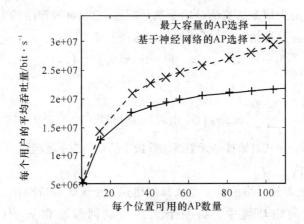

图 3.32 改变接入点数量时移动终端的平均吞吐量,无信道数量限制

进一步,在有 20 万个移动终端的情况下测试了神经网络优化算法,通过完全的分布式自治过程,性能也得到了提高。可见,基于神经的接入点选择优化方法在大规模异构网络环境中是一种有效的工具。

3.2.5 认知无线电中基于神经网络的学习和自适应

图 3.33 将认知环解释为一个最优化问题[40]。不同的阶段假定为下列形式。

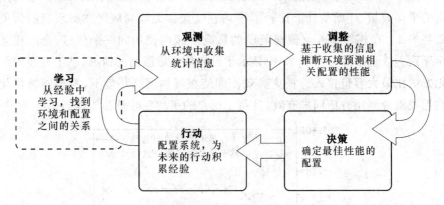

图 3.33 建模为最优化问题的认知环

① 行动(Act)阶段:包括(重)配置 CR 来提供相对于用户定义目标的增强型通信质量。这样的配置可以是用于通信的无线接口选择、调制方式、发射功率、使用频段等。

② 观察(Observe)阶段:从外界环境收集统计信息,如 SNR 测量、业务负载模型、分组错误率、往返时间等。

③ 调整(Orient)阶段:了解可能的系统配置对外界环境通信性能的影响。这

是通过辨别测量值、配置参数及不同方面通信性能（如吞吐量、时延、可靠性）的函数关系来获得。

④ 决策（Decide）阶段：确定性能最优化问题的解决方案，如寻找最能满足用户定义目标配置方法的研究，通过应用层吞吐量、延迟、可靠性、成本、功耗等性能指标表现出来。

⑤ 学习（Learn）阶段：评估已经作出的决策，收集在未来定位阶段使用的知识，达到决策阶段更有效的目的。

当前的研究工作主要在决策阶段，很少有调整和学习阶段的研究，如确定最优化过程的性能指标以及与环境因素和配置参数的依赖性等。许多 CR 研究，如文献[41～43]，依赖于对性能指标的先验描述，而这些指标通常来源于所分析的模型。不幸的是，由于有限的模型假定、现实场景中的非理想行为和较差的可扩展性，这种方法并非总是实用。另外，使用的分析模型无法提供从性能描述的经验中学习的手段。因此，虽然一贯被称为是 CR 的基本特征之一，学习方面的研究还是处于起步阶段。

本节利用多层前馈神经网络（Multilayered Feedforward Neural Networks，MFNN）来完成 CR 的性能评估[45]。使用 MFNN 的主要好处是其提供了一个多功能黑盒，将性能建模成关于 CR 所收集的测量值的函数。此外，这个特征描述可以从 CR 中获得并更新，从而有效地实现一部分学习能力。以下我们将讨论 MFNNs 如何能够被用于获得 CR 系统组件的精确性能模型，比较 MFNNs 和其他建模手段（包括分析模型和黑盒建模技术）的特征，展示一些关于比较 MFNNs 和其他著名分析模型精确度的实例。

1. 相关工作

很多 CR 的提案中均用分析模型描述 CR 的性能。例如，在文献[40]中不同调制方案的误比特率性能分析模型被用于导出一些目标函数，随后在优化所选的 PHY 层配置过程中对其进行评估；在文献[45]中描述了一个多媒体通信中用于跨层优化的通用框架，其中分析模型被用于定义目标函数；在文献[42]中，使用关于 MAC 层和传输层性能的分析模型来导出可用无线网络准入机会的性能结果。

然而，在这种环境下，分析模型存在一些问题。

① 它们是基于一些模型假设（业务负载、拓扑、理想化信道等），而这些模型假设不见得可以应用到现实的场景中。

② 由于，如设备的非理想化、某些部件的故障或意外的环境因素，模型的结果可能与现实的性能有偏差。分析模型没有提供明确的手段来处理这些问题。

③ 在个别情况下，分析模型不见得可用和/或实用。

④ 每当 CR 系统添加了新部件，就需要在线下开发新的分析模型，并加载到系统中。考虑到 CR 应当是高度可重构和模块化，发展一个新的分析模型可能需要大量的人力，这也是它的一个主要缺点。

另一个基于分析模型的方法是黑盒模型,包括对所考虑系统输入输出关系的分析,并尝试建立一个预测器,在未知输入组合情况下实现估算输出的目的。有别于分析模型,黑盒模型几乎没有用到驱动实际系统规律的先验知识。因此,这种方法有如下好处。

① 它没有提出实践中无法验证的关于简化假设的议题。

② 它能对影响测量的非理想参数(部件容差、设备故障等)作出解释。

③ 存在多个可以训练成针对不同特定系统的著名通用模型。

文献[46]找到一个黑盒模型的例子,作者提出利用由遗传算法训练的隐马尔可夫模型(Hidden Markov Model,HMM)来对信道响应进行建模。这种情况下,选择 HMM 来进行系统建模是非常有意义的。实际上,利用马尔可夫模型,如 Gilbert-Elliot 模型以及由它导出的模型来对无线信道进行建模已被广泛接受。然而,HMM 并非总是适用于 CR 的性能建模,因为定位阶段需要的表示输入—输出关系类型的难度较大。

线性模型常被用于动态系统的建模过程。这些模型的主要问题是:在大多数情况下,被建模的系统本质上是非线性的,因此无法精确地重现出输入—输出关系。线性模型通常还是适用于以系统动力学为核心问题的控制系统,只要能进行有效的控制,预测器的输出精度就不成问题。然而,由于精度的缺乏会严重影响优化过程的结果,因此使用线性模型来对 CR 进行性能描述通常效果不显著。

另外一种可能是将按参数函数(如多项式、指数等)定义的回归技术应用于非线性模型。相对于线性模型,这些方法可以取得更精确的系统输入—输出关系。然而,参数函数的选择非常关键,而且经常需要利用关于系统的先验知识来执行。此外,当系统的输入输出变量数增加时,这些模型会变得难以操作。

近年来,作为通用函数,尤其是用于建模动态系统,MFNN 变得越来越流行。本节研究并讨论将 MFNN 用于建模 CR 系统组件的性能特征。由于以下原因,我们认为将 MFNN 用于这个目的是很有前景的。

① MFNNs 提供黑盒建模,因此具有相对于分析模型的优势。

② 与当前发展水平的线性回归技术相比,MFNN 具有近似非线性输入—输出关系函数的能力。

③ 如果我们用 CR 自身所测得的实时数据(观察)来训练由 MFNN 表征的系统性能,CR 就能有效地学习。

④ 训练 MFNN 的方法近年来得到了深入的研究,并有几项技术被证明非常有效。

⑤ 即使在输入输出数量很大的情况下,MFNN 也能有效使用。

⑥ MFNN 的输出评估计算量很小,因此可以很好地适用于实时系统。

⑦ 训练的计算量要比输出评估多得多。然而,我们可以发现训练并不需要经常执行,在 CR 设备的计算资源可用(如设备空闲,或许是附属于电源的)时再执行

也是合理的。

2. 基于 MFNN 的方案

（1）多层前馈神经网络

MFNN 的基本元素是单个神经元或感知器，实现下列关于它的输入 $x_i, i=1,$ $\cdots, M$ 和输出 y 的关系：

$$y = f(a), \qquad a = \sum_{i=1}^{M} w_i x_i + \theta \tag{3.60}$$

式中，w_i 是每个输入相应的权重；θ 是偏差；$f(a)$ 是激活函数，在很多应用中是 S 形函数，如 $f(a)=1/(1+e^{-a})$。

MFNN 由许多神经元组成，以前馈样式连接并排成 L 层。N_l 表示 l 层神经元的数量。每一层 $l=2,\cdots,L$ 中的神经元有 $M_l=N_{l-1}$ 个输入，每个都是连接着上一层神经元的输出。MFNN 中 M_1 的每个输入都连接到第一层的神经元上。输出来自第 L 层的每个神经元的输出（如输出层），因此 MFNN 提供 N_L 个输出。层 1，$\cdots,L-1$ 被称为隐层。图 3.34 描述的是一个两层（$L=2$）MFNN 的例子，从中可以看出，层 $l=1$ 是隐藏层，层 $l=2$ 是输出层，输出层中每一个神经元的输入量是隐藏层神经元的数量（如 $M_2=N_1=5$）。

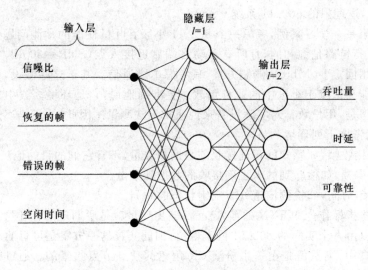

图 3.34 用于 IEEE 802.11 的两层 MFNN

可以证明，假定隐层使用足够数量的神经元，一个两层 MFNN 可以近似任意定义在小型子集 R^{M_1} 上的连续函数。从实际角度来看，要实现这个目标，需要确定提供所需近似的权重和偏差的值，这个操作被称为训练。

MFNN 通常使用监督学习机制，使用一系列的输入—输出采样组来训练。通过将所有的输入值组依次输入到 MFNN 中，并在每一步调整权重和偏差来减小已知输出值与 MFNN 提供的输出值间的偏差。重复这一过程直到偏差低于某一阈值。最常用的策略是反向传播算法(Backpropagation Algorithm)。

(2) MFNN 和 CR

将 MFNN 的函数近似能力应用于认知无线系统组件的性能描述,其先决条件是对于每个组件,认知无线电能够获得下列性能建模所需的信息。

① 环境测量,如一些对性能有影响的代表环境因素的测量。

② 性能测量,如吞吐量、时延或可靠性等用于建模的性能指标测量。

在本节提出的方案中,利用这些信息通过反向传播算法来训练 MFNN。在面对新环境条件时,通过将新环境的测量值提供给 MFNN,CR 就能够评估预期的性能。

3. 性能评估

该部分给出一些案例,说明 MFNN 如何能够有效地用于 CR 系统组件的性能描述。对于每一个案例,假定用于描述性能的相关环境因素和测量是一致的。我们在 NS-Miracle 仿真器上获得一组性能测量值的数据,并利用这些数据中的一个子集来训练 MFNN。进一步,我们利用剩余的数据来对比 MFNN 提供的预测性能和实际性能之间的差别。

(1) 信道理想的 802.11 系统

作为第一个学习案例,考虑一个 802.11 小区吞吐量性能的预测问题。简单起见,假定上行链路是饱和的,且所有移动终端靠近接入点(SNR=30 dB,只有冲突丢包),使用固定 54 Mbit/s 调制方案,只考虑单跳通信。基于这些假设,可实现的吞吐量性能只依赖于小区中的业务负载。更准确地说,它是环境因素中用户数量的函数。但是,用户数量对实际设备来说通常无法测量。因此,为了描述这个环境因素,我们考虑下列环境测量。

① 已接收帧,如感知的正确接收的数据帧数量(不管它们的目的地)。

② 错误帧,如检验到的未正确接收的数据帧数量。

③ 空闲时间,如检测信道处于空闲状态的时间。

将这些指标作为 MFNN 的输入变量,输出变量就是所期望的吞吐量。所有这些指标可以由一个实际的 802.11 网卡输出,因此实施这一方案是可行的。

在仿真中,测量值是由一个扮演 CR 角色的独立节点收集的。通过改变节点数量,运行多次仿真来评估 MFNN 是否能够建立吞吐性能关于业务负载的模型。这里使用一个隐藏层有 6 个神经元的 2 层 MFNN,用从节点数分别为 2、6、10、14、18 和 22 的仿真中获得的 6 组数据样本来训练它。进一步将一些测试数据作为输入,比较 MFNN 的输出和预期输出来验证 MFNN 的性能预测能力。如图 3.35 所示,可以发现 MFNN 能够成功预测性能。

在上述环境中,可以使用 Bianchi 模型来计算预期输出,预测性能和 MFNN 提供的非常接近,如图 3.35 所示。这些数值是在知道确切用户数量情况下评估 Bianchi 模型得到的。然而,这在实际设备中通常不可行。为了评估结果,可以使用 Kalman 滤波器,但这需要额外的复杂度,且会降低吞吐性能预测的精确度。更重要的是,Bianchi 模型在实际情况中的使用局限于我们所考虑的理想状态下,不能用于现实的场景。

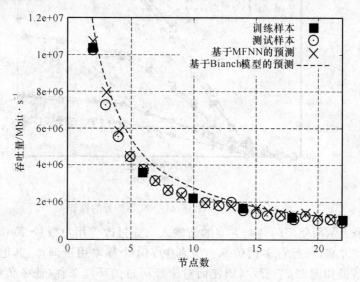

图 3.35 MFNN 预测器和 Bianchi 模型的对比

（2）信道有差错的 802.11 系统

分析模型的一个主要缺点是很难扩展给定的模型来包括新的因素,如新的输入变量。例如,Bianchi 模型无法考虑由于非理想传播条件造成的丢包。在这方面,人们做过一些尝试来扩展模型,成功的案例甚少。例如,文献[47]提出在碰撞概率变量中添加分组错误率,但这样做等于假设 802.11 小区的所有用户都具有相同的分组错误率,这严重制约了模型在实际场景中的使用。

另外,向 MFNN 性能预测器中添加一个新的输入变量几乎不需要什么努力,除了重新训练 MFNN。例如,为了将传播条件作为一个新的环境因素,可以在 MFNN 中添加 SNR 环境测量。通过改变节点数量及测试节点到目的地的距离,可运行多次仿真。使用 30 个性能样本作为训练数据来描述二维环境因素空间,其他从仿真中获得的样本用于测试经过训练的 MFNN 的预测能力。如图 3.36 所示,获得的预测精确度非常高。我们还可以发现,与 Bianchi 模型所预测的吞吐量相对应的 SNR→∞ 的渐近线无法用于有限的 SNR 值。

（3）多速率的 802.11

环境测量并不是能用于 MFNN 输入的唯一形式。将配置参数也作为输入变量,为 CR 执行优化过程提供支持也是可行的。作为一个例子,可以考虑评估 802.11g 中可用的不同物理层模式的性能问题。为了达到这个目的,可在 MFNN

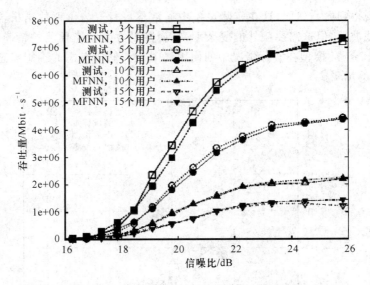

图 3.36 不同 SNR 下 MFNN 预测器的性能

中添加一个表示所使用的调制方案的新输入。通过改变用户数量、测试节点的距离以及调制方案,可运行多次仿真。仿真中 210 个样本用于训练,其他的用于测试。仿真结果如图 3.37 所示,即使面对未经历过的环境条件(业务负载、SRN),MFNN 也能预测不同调制方案的性能。

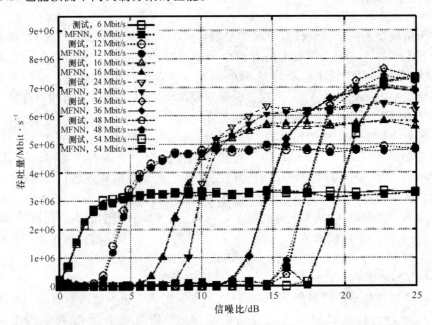

图 3.37 两个干扰源场景下,不同 PHY 模式对应的 MFNN 预测器性能

不难发现,经过训练的 MFNN 预测器能用于优化 CR 的配置。在前述案例中,输入变量中有比特速率可以使 MFNN 适用于速率自适应算法的实现。通过改变节点到 AP 的距离以及干扰节点的数量,可运行多次仿真。我们对基于 MFNN 的速率自适应、自动速率回退(Auto Rate Fallback,ARF)算法及基于 MPDU 链路的自适应方案(MBLAS)进行了比较。如图 3.38 所示,基于 MFNN 的方案总是胜过 ARF 算法,且在有干扰源情况下(例如在间隔[4,5]、[10,11]和[17,19]中有明显的 SNR 值)具有更好的性能,可获得 20% 左右的吞吐量改善。MBLAS 是在不考虑干扰的情况下,根据吞吐量性能来选择最佳的物理层模式。随着竞争信道的用户数增加,这个选择会变成次佳的。在无干扰情况下,MBLAS 和基于 MFNN 的方案有相同(最佳)的性能。

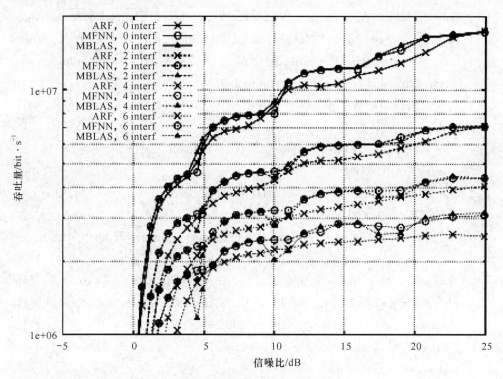

图 3.38 采用 MFNN 预测器的速率自适应方案的性能

本章参考文献

[1] Schalkoff R J. Artificial neural networks [R]. New York:McGraw-

Hill, 1997.

[2] Akyildiz F, Wang X. A survey on wireless mesh networks [J]. IEEE Radio Communications, 2005, 43(9):S23-S30.

[3] Wang T, Wang Y. Research on creating environment model for mobile robot using improved ART-2 neural networks [J]. In Proceedings of IEEE, 2004, R0BI02004: 785-789.

[4] Davenport M P, Titus A H. Multilevel category structure in ART-2 networks [J]. IEEE Transactions on Neural Networks, 1998, 15:1355-1358.

[5] Lu L, Chang S-Y, et al. Channel sensing and radio resource allocation algorithms for WRAN systems [J]. IEEE 802. 22-06, 2006.

[6] Xiang-lin Zhu, Yuan-an Liu, Wei-wen Weng, et al. Channel Sensing Algorithm Based on Neural Networks for Cognitive Wireless Mesh Networks [R]. Dalian: 4th International Conference on Wireless Communications, Networking and Mobile Computing, 2008.

[7] Neural Network,Wikipedia, the free encyclopedia [N/OL]. http://en. wikipedia. org/wiki/Neural_network.

[8] Feng H, Shu Y. Study on network traffic prediction techniques [J]. In Proceedings of ICWCNMC, 2005.

[9] Moursy A. Building empirical models of mobile Ad Hoc networks [J]. Toronto: SPECTS, 2007.

[10] Baldo N, Zorzi M. Learning and adapation in cognitive radios using neural networks [C]. In Proceedings of IEEE CCNC, 2008.

[11] Spooner C M. On the utility of sixth-order cyclic cumulants for RF signal classification [J]. In Proceedings of the 29th Asilomar Conference on Signals, Systems, and Computers, 2001, 1: 890-897.

[12] Norgaard M. Neural networks for modeling and control of dynamic systems [M]. Springer: Springer-Verlag, 2000.

[13] Riihijarvi J, Petrova M, Mahonen P. Frequency allocation for WLANs using graph colouring techniques [J]. In Proceedings of WONS, 2005:216-222.

[14] Dillar R A, Dillard G M. Detectability of spread-spectrum signals [D]. Norwood: Artech House, 1989.

[15] Azzouz E, Nandi A K. Automatic identification of digital modulation types [J]. Signal Processing,1995,47:55-69.

[16] Huang Y C, Polydoros. Likelihood methods for MPSK modulation classification [J]. IEEE Transactions on Communications, 1995, 43 (234): 1493-1504.

[17] Schreyogg C. Modulation classification of QAM schemes using the DFT of phase histogram combined with modulus information [J]. In MILCOM, 1997,3: 1372-1376.

[18] Lin Y C, Kuo C C J. Modulation classification using wavelet transform [J]. SPIE, 1995: 492-503.

[19] Spooner C M. Classification of cochannel communication signals using cyclic cumulants [J]. In Proceedings of the 29th Asilomar Conference on Signals, Systems, and Computers, 1995:531-536.

[20] Spooner C M, Brown W A, Yeung G K. Automatic radio-requency environment analysis [J]. In Proceedings of the 29th Asilomar Conference on Signals, Systems, and Computers, 2000:1181-1186.

[21] Fehske A, Gaeddert J, Reed J H. A new approach to signal classification using spectral correlation and neural networks [J]. the 1st IEEE International Symposium on New Frontiers in Dynamic Spectrum Access Networks, 2005:144-150.

[22] Kim N, Kehtarnavas N, Yeary M B. DSP-based hierarchical neural network modulation signal classification [J]. IEEE Transactions on Neural Networks, 2003,14: 1065-1071.

[23] Gardner W. Statistical Spectral Analysis: A Non-probabilistic Theory [M]. New Jersey: Prentice Hall, 1987.

[24] Gardner W. Signal interception: a unifying theoretical framework for feature detection [J]. IEEE Transactions on Communications, 1998, 36(8): 897-906.

[25] Gardner W. Cyclostationarity in Communications and Signal Processing [M]. New Jersey: IEEE Press, 1993.

[26] Gardner W A, Brown W A, Chen C K. Spectral correlation of modulated signals: Part I-analog modulation [J]. IEEE Transactions on Communications, 1987, 35(6):584-594.

[27] Gardner W A, Brown W A, Chen C K. Spectral correlation of modulated signals: Part II-digital modulation [J]. IEEE Transactions on Communica-

tions,1987, 35(6):595-601.

[28] Gupta M M. Static and Dynamic Neural Networks: from Fundamentals to Advanced Theory [M]. New York: Wiley, 2003.

[29] Hopfield J J. Neurons with Graded Response Have Collective Computational Properties like Those of Two-State Neurons [J]. Proc. NatL Acad. Sci. USA, 1984,81: 3088-3092.

[30] Hopfield J J, Tank D W. Neural Computation of Decisions in Optimization Problems [J]. Biological Cybernetics, 1985, 52(3):141-152.

[31] He Z. A multistage self-organizing algorithm combined transiently chaotic neural network for cellular channel assignment [J]. IEEE Transactions on Vehicular Technology, 2002, 51(6): 1386-1396.

[32] Smith A, Palaniswami M. Static and Dynamic Channel Assignment Using Neural Networks [J]. IEEE Journal on Selected Areas in Communications, 1997, 2: 238-249.

[33] Aarts E H L, Korst J H M. Boltzmann machines for travelling salesman problem [J]. European Journal of Operational Research, 1989, 39(1): 79-95.

[34] Van Den Bout D E, Miller T K. Improving the performance of the Hopfield-tand neural network through normalization and annealing [J]. Biological Cybernetics, 1989, 62(2):19-139.

[35] Nozawa H. Solution of the optimization problem using the neural network model as a globally coupled map [J]. Physica D, 1994, 75:179-189.

[36] Hasegawa M, Ikeguchi T, Matozaki T, et al. An Analysis of Additive Effects of Nonlinear Dynamics for Combinatorial Optimization [J]. IEICE Trans. Fundamentals, 1997, E80-A(1):206-213.

[37] Hasegawa M, Ikeguchi T, Aihara K. Combination of Chaotic Neurodynamics with the 2-opt Algorithm to Solve Traveling Salesman Problems [J]. Physical Review Letters, 1997, 79:2344-2347.

[38] Hasegawa M, Ikeguchi T, Aihara K, et al. A Novel Chaotic Search for Quadratic Assignment Problems [J]. European Journal of Operational Research, 2002, 139(3): 543-556.

[39] Mikio Hasegawa, Tohru Ikeguchi, Kazuyuki Aihara. Solving Large Scale Traveling Salesman Problems by Chaotic NeuroDynamics [J]. Neural Net-

works, 15(2): 271-283, 2002.

[40] Takefuji Y, Lee K, Aiso H. An artificial maximum neural network: a winner-take-all neuron model forcing the state of the system in a solution domain [J]. Biological Cybernetics, 1992, 67(3).

[41] Newman T R, Barker B A, Wyglinski A M, et al. Cognitive engine implementation for wireless multicarrier transceivers [M]. Wiley Wireless Communications and Mobile Computing, 2006.

[42] Rondeau T W, Le B, Maldonado, et al. Cognitive radio formulation and implementation [J]. In 1st International Conference on Cognitive Radio Oriented Wireless Networks and Communications, 2006:1-10.

[43] Baldo N, Zorzi M. Cognitive network access using fuzzy decision making [J]. IEEE CogNet 2007 Workshop, 2007, 8(7):3523-3535.

[44] Clancy C, Hecker J, Stuntenbeck E. Applications of machine learning to cognitive radio networks [J]. IEEE Wireless Communications, 2007, 14 (4):47-52.

[45] Nicola Baldo and Michele Zorzi, Learning and Adaptation in Cognitive Radios Using Neural Networks [J]. 5th IEEE Consumer Communications and Networking Conference, 2008:998-1003.

[46] Van Der Schaar M, Shankar S. Cross-layer wireless multimedia transmission: Challenges, principles and new paradigms [J]. IEEE Wireless Communications, 2005, 12(4):50-58.

[47] Rieser C. Biologically Inspired Cognitive Radio Engine Model Utilizing Distributed Genetic Algorithms for Secure and Robust Wireless Communications and Networking [D]. Virginia: Virginia Polytechnic Institute and State University, 2004.

[48] Hadzi-Velkov Z, Spasenovski B. Saturation throughput-delay analysis of IEEE 802.11 DCF in fading channel [J]. IEEE International Conference on Communications (ICC 2003), 2003, 1:121-126.

第4章　遗传算法在认知网络中的应用

4.1　遗传算法概述

  遗传算法(Genetic Algorithm)是模拟达尔文生物进化论的自然选择和遗传学机理的生物进化过程的计算模型,是一种通过模拟自然进化过程搜索最优解的方法。遗传算法起源于 20 世纪六七十年代美国密歇根大学 John H. Holland 教授及其助手对自然和人工系统自适应行为的研究。1971 年,R. B. Hollstien 首次将遗传算法用于纯数学优化,研究了 5 种不同的选择方法和 8 种交叉策略[1]。20 世纪 80 年代后,遗传算法的理论和应用研究均成为十分热门的课题,被广泛应用在无线通信、计算机网络、工业工程、物流系统、电子电路等领域。90 年代以后,遗传算法的应用研究显得格外活跃,不但应用领域扩大,而且进行优化和规则学习的能力也显著提高。

  随着应用领域的扩展,遗传算法的研究出现了几个引人注目的新动向:一是基于遗传算法的机器学习,这一新的研究课题把遗传算法从历来离散的搜索空间的优化搜索算法扩展到具有独特的规则生成功能的崭新的机器学习算法。这一新的学习机制对于解决人工智能中知识获取和知识优化精炼的瓶颈难题带来了希望。二是遗传算法正日益与神经网络、模糊推理以及混沌理论等其他智能计算方法相互渗透和结合,这对开拓 21 世纪中新的智能计算技术将具有重要的意义。三是并行处理的遗传算法的研究十分活跃。这一研究不仅对遗传算法本身的发展,而且对于新一代智能计算机体系结构的研究都是十分重要的。四是遗传算法和另一个称为人工生命的崭新研究领域正不断渗透。所谓人工生命即是用计算机模拟自然界丰富多彩的生命现象,其中生物的自适应、进化和免疫等现象是人工生命的重要研究对象,而遗传算法在这方面将会发挥一定的作用。五是遗传算法和进化规划(Evolution Programming,EP)以及进化策略(Evolution Strategy,ES)等进化计算理论日益结合。EP 和 ES 几乎是和遗传算法同时独立发展起来的,同遗传算法一样,它们也是模拟自然界生物进化机制的智能计算方法,即同遗传算法具有相同之处,也有各自的特点。目前,这三者之间的比较研究和彼此结合的探讨正形成热点。

4.1.1 遗传算法的概念

遗传算法是用于解决最优化问题的一种自适应启发式搜索算法,它以优胜劣汰、适者生存为原则,通过模拟遗传、突变和杂交过程演化而来。

遗传算法模拟生物从低级向高级的演化过程,从由一定数量随机个体构成的种群开始,评价整个种群的适应度并从当前种群中随机地选择多个适应度较高的个体,通过自然选择和突变产生新的生命种群作为下一代的当前种群[2]。这一过程不断重复,直到达到某种收敛条件为止。遗传算法中的基本概念有以下几个。

(1) 遗传空间

遗传空间是遗传算法运行过程中所有参数构成的空间,包括染色体子空间、算子子空间和环境子空间3个有序的子空间。

(2) 编码和译码

在利用遗传算法求解问题时,必须在目标问题与遗传算法的染色体之间建立联系,即编码和译码运算。编码指由问题空间向染色体子空间的映射,译码是指由染色体子空间向问题空间的映射。

(3) 染色体

染色体又称为个体,通常是待解问题解的编码,即由解空间中待优化参数通过编码转换成的基因构成的串。编码形式不同所构成的染色体也相应有所区别。

(4) 种群

种群是所有染色体(个体)构成的集合。在应用遗传算法求解问题时,由初始解构成的集合以及每次迭代后生成的一组新解的集合都是一个种群。种群中染色体的个数称为种群规模。种群规模的取值十分关键,种群规模过大会导致算法运行时间过长,种群规模过小会降低其多样性,容易陷入局部最优。

(5) 适应度

适应度用来评价当前种群中各个体对当前生存环境的适应能力,也即评价它们的优劣程度。对生存环境适应度较高的个体将会获得更多的繁殖机会,而对生存环境适应度较低的个体,其繁殖机会就会相对较少。在利用遗传算法来求解最优化问题时,必须定义合适的适应度函数来计算各个体的适应度。适应度函数的形式直接决定着群体的进化行为。

遗传算法包含3种基本操作。

(1) 选择

在算法每次迭代的过程中,根据各个体的适应度,按照一定的规则或方法,从当前种群中选择适应度较高的个体产生下一代群体。因此,在选择这一基本操作中,我们首先需要计算各个体的适应度,其次确定选择的准则和方法。计算个体适应度的方法主要有按比例的适应度计算和基于排序的适应度计算两种方法。常用的选择准则或方法有轮盘赌选择法、随机遍历抽样、局部选择、截断选择以及锦标赛选择等。

（2）交叉

交叉又称为基因重组。通过结合不同父代的基因信息产生新的个体,也即在算法的每次迭代过程中,将当前种群中的个体随机搭配成对,对每对个体以一定的概率交换它们之间的部分染色体。根据个体编码表示方法的不同基因重组可以分为实值重组和二进制交叉两大类。其中实值重组又包含离散重组、线性重组、中间重组以及扩展线性重组等方法。二进制交叉包含单点交叉、多点交叉、均匀交叉、洗牌交叉以及缩小代理交叉等。

（3）变异

对当前种群中的每个个体,以一定的概率改变一个或者某一些基因值为其他个体的等位基因。与交叉操作类似,根据个体编码表示方法的不同变异包含实值变异和二进制变异两种算法。

4.1.2 遗传算法的算法流程

遗传算法从代表问题潜在解集的一个种群开始,按照适者生存和优胜劣汰的规则,逐代演化产生出越来越好的近似解。在每一代中,根据问题域中个体的适应度大小挑选个体,并借助于自然遗传学中的遗传算子进行交叉和变异,产生出代表新解集的种群。末代种群中的最优个体经过解码即为问题的近似最优解。

遗传算法在整个进化过程中的遗传操作是随机性的,但它所呈现出的特性并不是完全随机的,它能有效利用历史信息来推测下一代期望性能有所提高的寻优点集[3]。这样一代代地不断进化,最后收敛到一个最适应环境的个体上,求得问题的最优解。遗传算法是解决搜索问题的一种通用算法,对于各种通用问题都可以使用。遗传算法的基本流程如图4.1所示。以下就其中的部分模块作

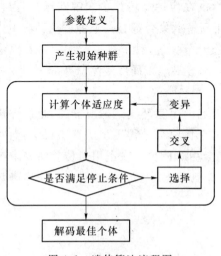

图 4.1 遗传算法流程图

简要说明。

1. 参数定义

遗传算法主要有3方面的参数：编译码策略、适应度函数以及遗传策略。这些参数影响着遗传算法的收敛速度、找到最优解的概率等，因此必须对其进行合适的定义。

（1）选择编码译码策略

由于遗传算法计算过程的鲁棒性，它对编码的要求并不苛刻。因此，大多数问题都采用基于{0,1}符号集的二进制编码形式。编译码一般应满足3个基本原则：完备性、健全性以及非冗余性。按照遗传算法的模式定理，De Jong 提出了较为客观的编码评估准则，具体可以概括为：①有意义基因模块编码规则，编码应易于生成与所求问题相关的短距和低阶的基因模块。②最小字符集编码规则：编码应采用最小字符集以使问题得到自然、简单的表示和描述。除二进制编码外，其他的编码方式有大字符集编码、序列编码、实数编码、树编码、自适应编码、乱序编码、二倍体和显性规律编码等。

（2）定义适应度函数

适应度函数构成了个体的生存环境，个体的适应值决定了它在此环境下的生存能力。一般来说，一个好的个体具有较高的适应函数值，具有较强的生存能力，可以获得较高的评价。为了能够直接将适应函数与群体中的个体优劣度量相关联，在遗传算法中适应度函数为非负函数，并且在任何情况下总是越大越好。

（3）确定遗传算子

遗传算法利用遗传算子产生新一代群体来实现群体进化，算子的设计是遗传策略的主要组成部分，也是调整和控制进化过程的基本工具。选择、杂交和变异是遗传算法的3种基本算子，它们使遗传算法具备强大搜索能力，是模拟自然选择和遗传过程中发生的繁殖、杂交和突变现象的主要载体，可用于确定变异概率、杂交概率等遗传参数。常用的选择策略有：适应值比例选择、Boltzmann 选择、排序选择、联赛选择、精英选择以及稳态选择等。常用的杂交方法包括一点杂交、两点杂交、多点杂交以及一致杂交等。

2. 控制参数设定

群体的设定对遗传算法的运行性能具有基础性的决定作用。根据模式定理，群体规模对遗传算法的影响很大。群体规模越大，群体中个体的多样性越高，算法陷入局部解的危险性就越小。但是随着群体规模的增大，计算量也显著增加。若群体规模太小，使遗传算法的搜索空间受到限制，则可能产生未成熟收敛的现象。

3. 初始种群的产生

产生初始种群的方法通常有两种。一种是完全随机法，它适用于对待求解的问题没有任何先验知识,很难判定最优解的数量及其在可行解空间中分布的情况。另一种有一定的先验知识,该知识可以转变为种群初始化时必须满足的一组要求,在满足要求的解中随机地选取样本,这样可以加快遗传算法的收敛速度。

4.1.3 遗传算法的特点

遗传算法在搜索过程中不容易陷入局部最优。在适应函数是不连续、非规则或有噪声的情况下,它也能以较大的概率找到整体最优解。此外,遗传算法固有的并行性使得它非常适用于大规模并行计算机。与传统的优化算法相比,遗传算法的特点主要表现在以下几个方面。

(1) 遗传算法不是直接作用在参变量集上,而是利用它们的某种编码。

(2) 遗传算法的操作对象是一组可行解,而非单个可行解。

(3) 遗传算法是基于染色体群的并行搜索算法,搜索轨道有多条,而非单条。并且包含带有猜测性质的选择操作、交换操作和突变操作。

(4) 遗传算法从问题解的串集开始搜索,而不是从单个解开始。这是遗传算法与传统优化算法的极大区别。传统优化算法是从单个初始值迭代求最优解的;容易误入局部最优解。遗传算法从串集开始搜索,覆盖面大,利于全局择优。

(5) 许多传统搜索算法都是单点搜索算法,容易陷入局部的最优解。遗传算法同时处理群体中的多个个体,即对搜索空间中的多个解进行评估,减少了陷入局部最优解的风险,同时算法本身易于实现并行化。

(6) 遗传算法基本上不用搜索空间的知识或其他辅助信息,而仅用适应度函数值来评估个体,在此基础上进行遗传操作。适应度函数不仅不受连续可微的约束,而且其定义域可以任意设定。这一特点使得遗传算法的应用范围大大扩展。

(7) 遗传算法不是采用确定性规则,而是采用概率转移规则来指导它的搜索方向。

(8) 具有自组织、自适应和自学习性。遗传算法利用进化过程获得的信息自行组织搜索时,适应度大的个体具有较高的生存概率,并获得更适应环境的基因结构。

(9) 遗传算法只需利用目标的取值信息,而无须梯度等高价值信息,因而适应度函数不受连续、可微等条件的约束,适用于任何大规模、高度非线性的不连续多峰函数的优化以及无解析表达式的目标函数的优化,具有很强的通用性。

(10) 遗传算法的择优机制是一种"软"选择,加上其良好的并行性,使遗传算法具有良好的全局优化性和稳健性。

(11) 遗传算法操作的可行解集是经过编码化的,目标函数解释为编码化个体的适应值,具有良好的可操作性与简单性。

4.1.4　遗传算法的应用

遗传算法的应用研究是遗传算法研究的一个重要方面,自 20 世纪 90 年代以来显得格外活跃。遗传算法提供了一种求解复杂系统优化问题的通用框架,它不依赖于问题的具体领域,对问题的种类有很强的鲁棒性,被广泛应用于工程结构优化、计算数学、制造系统、航空航天、交通、计算机科学、通信、电子学、材料科学等多种学科[4]。

（1）函数优化

函数优化是遗传算法的经典应用领域,也是对遗传算法进行性能评价的常用算例。很多人构造出了各种各样的复杂形式的测试函数,有连续函数也有离散函数,有凸函数也有凹函数,有低维函数也有高维函数,有确定函数也有随机函数,有单峰值函数也有多峰值函数等。用这些几何特性各具特色的函数来评价遗传算法的性能,更能反映算法的本质效果,而对于一些非线性、多模型、多目标的函数优化问题,用其他优化方法较难求解。而遗传算法却可以方便地得到较好的结果。

（2）组合优化

随着问题规模的增大,组合优化问题的搜索空间也急剧扩大。有时在目前的计算机上用枚举法很难或甚至不可能求出其精确最优解。对这类复杂问题,人们已意识到应把主要精力放在寻求其满意解上,而遗传算法是寻求这种满意解的最佳工具之一。实践证明,遗传算法已经在求解旅行商问题、背包问题、装箱问题、布局优化、图形划分等各种 NP 难问题中得到成功的应用。

（3）生产调度问题

生产调度问题在很多情况下建立起来的数学模型难以精确求解,即使经过一些简化之后可以进行求解也会因简化得太多而使得求解结果与实际相差甚远。目前在现实生产中主要是靠一些经验来进行调度。现在遗传算法已成为解决复杂调度问题的有效工具。在单件生产车间调度、流水线生产间调度、生产规划、任务分配等方面遗传算法都得到了有效的应用。

（4）自动控制

在自动控制领域中有很多与优化相关的问题需要求解。遗传算法已在其中得到了初步的应用,并显示出良好的效果。例如,用遗传算法进行航空控制系统的优化、使用遗传算法设计空间交会控制器、基于遗传算法的模糊控制器的优化设计、基于遗传算法的参数辨识、基于遗传算法的模糊控制规则的学习、利用遗传算法进行人工神经网络的结构优化设计和权值学习等,都显出了遗传算法在这些领域中应用的可能性。

（5）机器人学

机器人是一类复杂的难以精确建模的人工系统，而遗传算法的起源就来自于人工自适应系统的研究。所以，机器人学理所当然地成为遗传算法的一个重要应用领域。例如，遗传算法已经在移动机器人路径规划、关节机器人运动轨迹规划、机器人逆运动学求解、细胞机器人的结构优化和行为协调等方面得到研究和应用。

（6）图像处理、模式识别

图像处理和模式识别是计算机视觉中的重要研究领域。在图像处理过程中，如扫描、特征提取、图像分割等不可避免地会存在一些误差，从而影响图像处理和识别的效果。如何使这些误差最小是使计算机视觉达到实用化的重要要求。遗传算法在这些图像处理中的优化计算方面找到了用武之地，目前已在图像校准、图像侵害、图像压缩、图像恢复、图像边缘特征提取、几何形状识别、三维重建优化等方面得到了应用。

（7）人工生命

人工生命是用计算机、机械等人工媒体模拟或构造出的具有自然生物系统特有行为的人造系统。自组织能力和自学习能力是人工生命的两大主要特征。人工生命与遗传算法有着密切的关系。基于遗传算法的进化模型是研究人工生命现象的重要基础理论。虽然人工生命的研究尚处于启蒙阶段，但遗传算法已在其进化模型、学习模型、行为模型、自组织模型等方面显示出了初步的应用能力，并且必将得到更为深入的应用和发展。人工生命与遗传算法相辅相成，遗传算法为人工生命的研究提供一个有效的工具，人工生命的研究也必将促进遗传算法的进一步发展。

（8）遗传编程

1989 年，美国 Standford 大学的 Koza 教授发展了遗传编程的概念，其基本思想是：采用树形结构表示计算机程序，运用遗传算法的思想，通过自动生成计算机程序来解决问题。虽然遗传编程的理论尚未成熟，应用也有一些限制，但它已成功地应用于人工智能、机器学习等领域。目前公开的遗传编程实验系统有十多个，例如 Koza 开发的 ADF 系统、While 开发的 GPELST 系统等。

（9）机器学习

学习能力是高级自适应系统所具备的能力之一，基于遗传算法的机器学习，特别是分类器系统，在很多领域中都得到了应用。例如，遗传算法被用于学习模糊控制规则，利用遗传算法来学习隶属度函数，从而更好地改进了模糊系统的性能；基于遗传算法的机器学习可用来调整人工神经网络的连接权，也可用于人工神经网络结构优化设计;分类器系统也在学习式多机器人路径规划系统中得到了成功的应用。

（10）数据挖掘

数据挖掘是近几年出现的数据库技术,它能够从大型数据库中提取隐含的、先前未知的、有潜在应用价值的知识和规则。许多数据挖掘问题可看成是搜索问题,数据库看作是搜索空间,挖掘算法看作是搜索策略。因此,应用遗传算法在数据库中进行搜索,对随机产生的一组规则进行进化,直到数据库能被该组规则覆盖,从而挖掘出隐含在数据库中的规则。Sunil 已成功地开发了一个基于遗传算法的数据挖掘工具。利用该工具对两个飞机失事的真实数据库进行了数据挖掘实验,结果表明遗传算法是进行数据挖掘的有效方法之一。

（11）并行处理

遗传算法固有的并行性和大规模并行机的快速发展促使许多研究者开始研究遗传算法的并行化问题,研究数量更加接近自然界的软件群体将成为可能。遗传算法与并行计算的结合能把并行机的高速性和遗传算法固有的并行性两者的长处彼此结合起来,从而也促进了并行遗传算法的研究与发展。

4.2 遗传算法的应用举例

认知无线网络能够感知周围环境,并根据其变化自适应地调整所采用的无线资源、发送功率、调制方式以及编码策略等参数来提高网络性能,同时避免对其他系统造成干扰。认知无线网络中存在多种优化问题,如信道感知、动态资源分配、无线电参数设计、端到端重配置等。然而,由于在认知无线网络中,我们通常不易获得各参数和网络性能之间的精确关系,这使得在满足系统性能要求时利用基于数学关系的搜索算法来获得最优参数难度很大。遗传算法作为启发式算法的一种,能够通过不断的学习来获得系统参数和性能之间的关系,并通过搜索解空间来求解计算复杂度高的问题。因此,遗传算法在认知无线网络中得到了较为广泛的应用。本书将利用几个实例来详细阐述遗传算法在认知无线网络中的应用。

4.2.1 基于遗传算法的无线多载波收发器认知引擎

在开发感知无线电控制系统时,必须定义一些输入参数。输入参数的数量和质量在一定程度上决定了人工智能算法决策的正确性。认知无线系统一个关键的输入参数是环境表达式。为了让系统作出合理的决策,必须对当前的无线环境进行建模,建模过程中使用的数据是由系统外置的传感器得到的。另一个关键输入参数是决策变量。在认知无线电系统中,这些变量表示系统能够动态调节的传输参数。虚拟信道环境建好后,一系列变量作为人工智能算法的输入,评估各适应性函数。输出是一个标量,表示当前输入参数在多大程度上能够满足业务的 QoS。图 4.2 描述了一个认知无线电系统,给出了几个重要的传输参数(用 knobs 表示)和环境感知参数(用 dials 表示)。

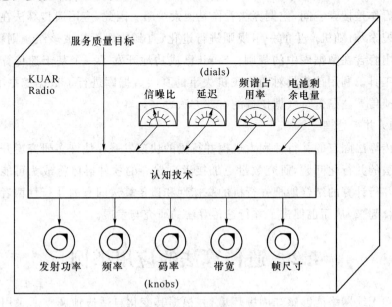

图 4.2　认知无线电系统

除了用来模拟无线信道的环境参数和传输参数外,还需要定义几个目标。系统目标在很大程度上决定了系统的走向,它指导控制器引导系统至一个特定的 QoS 状态。这里定义了 3 个目标函数。

(1) 决策变量

定义一个包含所有可能决策变量的列表,进而生成一个适应于所有类型无线电的通用适应性函数是不可能实现的。由于不同类型的无线电之间是相互独立的,每种类型的无线电有唯一的控制参数列表。这里定义一个足够大的决策变量列表,以保证其包含认知无线电的大部分参数。

这里的决策变量都是无线参数,它们可以被调整以适应当前的信道环境。有些参数的调整时间较长,比如传输模式(OFDM 或 CDMA)、加密(WEP 或 PGP)、误差控制类型等。我们重点考虑调整变化快的参数,如发射功率,这里考虑 3 个传输参数生成 1 个适应性函数,如表 4.1 所示。

表 4.1 传输参数列表

参数名称	符号	描述
传输功率	P	初始发送功率
调制类型	MT	调制类型
调制阶数	M	星座图中的符号数

（2）环境参数

环境变量可以帮助认知控制器作出决策，这些变量也作为适应性函数的输入参数。环境参数列表如表 4.2 所示。其中 BER 参数表示当前采用调制类型的BER，它取决于几个信道特性，包括噪声水平和发射功率等。SNR 表示信号功率和噪声功率的比值，单位是分贝。噪声功率参数是指系统噪声功率的近似值，也是以分贝为单位。

表 4.2 环境变量参数列表

参数名称	符号	描述
误比特率	BER	错误比特数目在发送总比特数中占的比重
信噪比	SNR	信号功率与噪声功率的比值
噪声功率	N	噪声功率的幅度，单位为分贝

（3）合适的目标

这里定义了 3 个目标适应性函数，如表 4.3 所示。

表 4.3 认知无线电目标

目标名称	描述
最小误比特率	改善传输环境中的 BER
最大吞吐量	增加无线电传输数据吞吐量
最小功耗	降低整个系统的功率消耗

仅用表中的目标作为适应性函数的输入值是不够的，这些目标必须包含一个代表它们各自重要性的可量化等级，根据权重总和把一个单目标函数合并到一个单独的多目标函数中去，允许适应性函数找到这些目标间的折中点。单载波和多载波的目标函数分别如下式所示[5]：

单载波

$$f_s = \omega_1 f_{min\_ber} + \omega_2 f_{min\_power} + \omega_3 f_{max\_throughput} \tag{4.1}$$

多载波

$$f_m = \omega_1 f_{m\_min\_ber} + \omega_2 f_{m\_min\_power} + \omega_3 f_{m\_max\_throughput} \tag{4.2}$$

从上式可以看出，每一个单独的目标都被权重值 ω_i 量化了。权重矢量 $\boldsymbol{\omega}$ 确定了遗传算法的搜索方向，同时它必须满足

$$\boldsymbol{\omega} = [\omega_1, \omega_2, \cdots, \omega_n]$$
$$\omega_i \geqslant 0, i = 1, 2, \cdots, n \tag{4.3}$$
$$\omega_1 + \omega_2 + \cdots + \omega_n = 1$$

对每个单独的目标函数,其输入参数应与表 4.4 保持一致。

表 4.4 目标和参数的关系

目标名称	相关参数
最小误比特率	P, N, MT, M
最大吞吐量	P, MT, M
最小功耗	P

各目标函数与输入参数之间的关系可以用下式来表示[5]:

$$f_{\text{min\_ber}} = 1 - \frac{P}{P_{\max}}$$

$$f_{\text{min\_power}} = 1 - \frac{\log_{10}(0.5)}{\log_{10}(P_{\text{be}})}$$

$$f_{\text{max\_throughput}} = \frac{\log_2(M)}{\log_2(M_{\max})} \tag{4.4}$$

式中,P 是单载波的发射功率;$P_{\max}$ 是最大发射功率;M 是调制阶数;$M_{\max}$ 是最大调制阶数;P_{be} 代表给定调制方案的误码率。假设可能的调制类型包含正交调幅、相移键控和频移键控,使用格雷码,以下给出 AWGN 信道中相应的误码率。

对于 BPSK,误码率为

$$P_{\text{be}} = Q\left(\sqrt{\frac{P}{N}}\right) \tag{4.5}$$

对于 M-PSK,误码率为

$$P_{\text{be}} = \frac{2}{\log_2(M)} Q\left(\sqrt{2\log_2(M)\frac{P}{N}} \sin\frac{\pi}{M}\right) \tag{4.6}$$

对于 M-QAM,误码率为

$$P_{\text{be}} = \frac{4}{\log_2(M)}\left(1 - \frac{1}{\sqrt{M}}\right) Q\left(\sqrt{\frac{3\log_2(M)}{M-1}\frac{P}{N}}\right) \tag{4.7}$$

对于多载波系统(N 个子载波),其目标函数为[5]:

$$f_{\text{m\_min\_ber}} = 1 - \frac{P_i}{NP_{\max}}$$

$$f_{\text{m\_min\_power}} = 1 - \frac{\log_{10}(0.5)}{\log_{10}(\overline{P_{\text{be}}})}$$

$$f_{\text{m\_max\_throughput}} = \frac{\log_2(M)}{\log_2(M_{\max})} \tag{4.8}$$

式中,P_i 是载波 i 的发射功率;N 是载波数量;$\overline{P_{be}}$ 是 N 通道中的平均 BER;P_{max} 是一个单载波的峰值发射功率。

以下是认知无线系统在不同场景下的收敛性能[5],如图 4.3～图 4.5 所示。仿真采用 64 个子载波,发射功率范围 0.1～2.56 mW,调制方式有 BPSK、16-QAM、128-QAM、1024-QAM。仿真结果表明,适应性函数能给出遗传算法中正确的进化方向,在各个场景中实现既定目标的最优化。

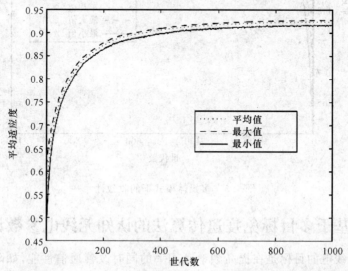

图 4.3　低功率模式下的收敛性

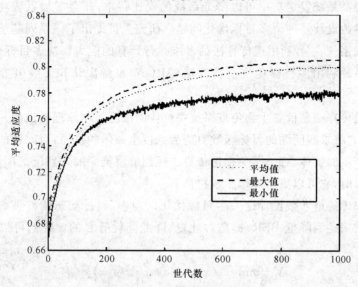

图 4.4　紧急模式下的收敛性

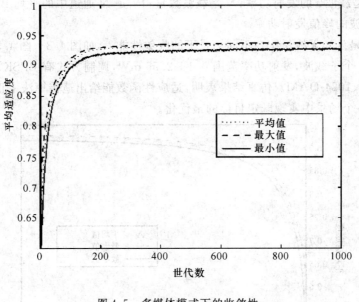

图 4.5   多媒体模式下的收敛性

4.2.2   基于多目标免疫遗传算法的认知无线电参数设计

认知无线电的目标是在提高频谱利用率的同时改善通信性能,如降低误比特率、提高吞吐量、降低能耗等。但是,这些目标是动态变化的,有时还是彼此矛盾的。例如提高系统发送功率可以降低系统的误比特率,却会增加系统功耗。认知无线电的参数设计是一个多目标优化问题。研究人员提出了一系列基于遗传算法的认知无线系统[6~8],利用遗传算法的多维并行计算的能力解决多目标优化问题。这里介绍一种利用多目标免疫遗传算法(MIGA)来解决认知无线电参数的优化设计[9]。

免疫遗传算法是借鉴生物免疫系统中抗体的浓度控制原理提出的一种改进的遗传算法,它将求解问题的目标函数对应为入侵生命体的抗原,而问题的解对应为免疫系统产生的抗体。此外,免疫遗传算法还能够将抗原加入到记忆库里,当再次出现此抗原时,它可以更迅速地生成抗体。

在认知无线电参数设计这一多目标优化问题中,通过动态调整频率、功率、调制编码方式来达到降低 BER、提高吞吐量、降低能耗等目的。我们可以将优化问题定义为

$$V-\min[f_1(\boldsymbol{x}),f_2(\boldsymbol{x}),\cdots,f_P(\boldsymbol{x})]^{\mathrm{T}} \tag{4.9}$$

式中,$V-\min$ 表示向量极小化,即向量目标$[f_1(\boldsymbol{x}),f_2(\boldsymbol{x}),\cdots,f_P(\boldsymbol{x})]^{\mathrm{T}}$ 中的子目

标函数都尽可能小的意思;P 表示优化子目标的个数。此外,有些子目标需要最大化其目标函数,例如吞吐量。为了方便起见,我们将这类目标函数定义为原目标函数的负函数。

多目标优化问题的最优解一般是从多目标优化问题的 Pareto 最优解集合中挑选出的一个或多个解。因此求解多目标优化问题的首要和关键步骤是求出其所有的 Pareto 最优解。

一个抗原代表一个子目标,抗原个数即为优化子目标的个数。

亲和度指抗体与抗原的匹配程度。抗体 x 和抗原 p 之间的关系可以通过下式来计算:

$$A_i^p = \begin{cases} C_{max} - f_p(\boldsymbol{x}), & f_p(\boldsymbol{x}) < C_{max} \\ 0 & \text{其他} \end{cases} \tag{4.10}$$

式中,C_{max} 为正整数,以确保抗体和抗原的亲和力是非负的正整数。两者的联系越紧密,目标函数的值越小。$f_p(\boldsymbol{x})$ 是个体 p 的前值(Front Value)。

抗体与所有抗原的加强亲和度为

$$A_i = \sum_{p=1}^{P} w_p A_i^p \tag{4.11}$$

这里再定义一个特殊的浓度调节参数来确定当前需要提高还是降低抗体的浓度。

$$\begin{cases} I(d_k) = I(d_k) + \dfrac{I(k+1) \cdot m - I(k-1) \cdot m}{f_m^{max} - f_m^{min}}, & k \neq 1, k \neq n \\ I(d_k) = \infty, & k = 1 \text{ 或 } k = n \end{cases} \tag{4.12}$$

式中,浓度 $I(d_i)$ 被描述为抗体的欧式距离,$I(k) \cdot m$ 是 I 中第 k 个抗体的第 m 个目标函数值,f_m^{max} 和 f_m^{min} 是第 m 个目标函数的最大值和最小值。

多目标免疫遗传算法的流程图如图 4.6 所示。

(1)根据目标函数确定抗原。

(2)根据免疫数据库中的内容初始化抗体数量。

(3)计算各抗体与抗原的亲和力,对抗体进行分类排序。

(4)更新免疫数据库,并判定是否达到终止状态。如果满足,则停止,否则继续。

(5)根据前值将抗体加入配对池。前值越小的个体加入的机会越大。如果多个抗体具有相同的前值,那么距离最大的个体被加入配对池。

(6)实现突变和交叉,然后跳转到第(3)步,进行下一轮免疫操作。

计算抗体与抗原之间亲和力的时候是根据个体的前值,抗体的浓度则是根据

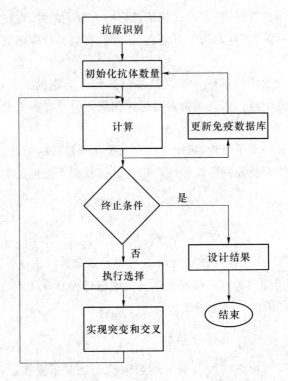

图 4.6　免疫遗传算法流程图

欧式距离来计算。抗体浓度越大代表有越多相似的个体,个体进入下一代的机会随之减小。输入目标函数和约束作为抗原。当免疫数据库为空时,该算法随机初始化种群,否则会把数据库中的抗体加入种群,然后再随机生成一部分新种群。当有更好的个体出现时,数据库中的个体被更新。

　　这里我们以 IEEE 802.11a 系统为例,利用 MIGA 进行参数设计,实现能耗、数据速率和误比特率性能优化。假设只有两个可调参数:功率和调制类型,用染色体来代表。传输功率为 0~30 dB,调制类型包括 8 种:BPSK 1/2、BPSK 3/4、QPSK 1/2、QPSK 3/4、16-QAM 1/2、16-QAM 3/4、64-QAM 2/3、64-QAM 3/4。目标函数定义如下:

$$f_{\text{min\_power}} = \frac{P}{P_{\max}}$$

$$f_{\text{max\_bitrate}} = 1 - \frac{M}{M_{\max}}$$

(4.13)

式中,P 是载波的传输功率;$P_{\max}$ 是最大允许传输功率;M 是调制模式;$M_{\max}$ 是达到最大比特率的调制模式。为了计算误比特率 $f_{\text{min\_BER}}$,我们根据不同信道训练了 3

个神经网络,神经网络能够根据传输功率和调制模式预测相应的误比特率。基于 MIGA 的 CR 参数调整如下。

第 1 步:输入环境信息,如果信道类型改变,则跳到第 2 步,否则根据用户信息,从数据库中选择一组参数。

第 2 步:输入约束,根据信道类型选择一组适应性函数作为抗原,随机初始化抗体数量。

第 3 步:对抗体进行分类排序,计算抗体的欧式距离。

第 4 步:更新免疫数据库,判断是否达到终止条件。如达到,则跳至第 7 步,否则继续。

第 5 步:根据前值在匹配池中增加个体。前值越小的个体加入的可能性越大,如果若干个体有相同的前值,则加入欧式距离最大的个体。

第 6 步:完成交叉和突变,跳至第 3 步。

第 7 步:根据用户信息选择一个波形参数。

仿真结果如表 4.5 所示。

表 4.5 最大比特率条件下 30 次仿真结果

信道	发送功率/dB	调制模式	比特率/Mbit·s^{-1}	BER(%)
无衰落	16.952	64-QAM 3/4	54	0.111 64
平衰落	16.711	64-QAM 3/4	54	0.239 88
频选衰落	17.191	64-QAM 3/4	54	0.302 18

对于最大比特速率,MIGA 选择调制模式为 64-QAM 3/4。当信道条件从无衰落变为平衰落时,虽然 BER 有所增加,但发送功率减小了,且比特速率仍保持最大。要保持这个最高速率,频率选择性衰落信道下的 BER 要比无衰落信道中高出不少,即使用更大的发送功率。考虑到功耗因素,MIGA 只是略微提高了发送功率。结果表明,MIGA 能有效地解决多目标优化问题,是 CR 系统参数优化设计的有力工具。

4.2.3 认知无线网络中基于遗传算法的重配置技术

认知无线网络在制定最优决策时,需要考虑多种性能参数。而不同的性能参数之间可能相互冲突,不能同时满足。遗传算法能够支持不同类型的变量,且不需要对目标函数求导,在求解上述多个互相冲突目标的最优化问题时具有很大的优势,已在多个领域中被广泛使用。Jones 等人表示 90% 的多目标最优化方法都基于帕累托最优,其中大多数使用了元启发式方法,70% 的元启发式方法使用了进化算法。到目前为止,存在几种不同的多目标问题求解方法,其中包括非支配排序遗传算法(NSGA)、强度帕累托进化算法(SPEA)、小生境帕累托遗传算法(NPGA)和多目标遗传算法。

由于基于遗传算法的加权和方法比较简单,被广泛应用在多目标优化问题中。传统的认知引擎以多种性能参数的加权和为优化目标制定最优决策。假设 $f_i(x)$ 表示第 i 个目标函数,优化目标函数可以表示成各加权的目标函数的线性组合:

$$\min \sum_{i=1}^{K} \lambda_i f_i(x)$$

$$\text{s.t.} \quad x \in S$$

$$\lambda_i > 0, \quad \sum \lambda_i = 1 \tag{4.14}$$

式中,λ_i 是第 i 个目标函数的权值。虽然上述优化目标函数比较容易定义,但各目标函数的权值不容易找到,且不可能找到非凸帕累托的最优解。为了解决上述问题,文献[11]将目标规划(GP)和基于帕累托的非支配排序遗传算法相结合,提出一种混合型的多目标最优化问题的求解方法——GBNSGA 算法。

在同时满足事先规定的多方面性能要求的限制条件下,GBNSGA 算法利用基于帕累托的 NSGA 和 GP 共同来完成认知无线系统的最优化配置。例如,根据 3GPP 发布的文件,通用移动通信系统(UMTS)满足 4 种用户服务:会话服务(类 1)、流服务(类 2)、交互服务(类 3)和背景服务(类 4)。这些特定服务的性能由数据速率、时延、误码率来区分。例如会话服务应该允许 4~25 kbit/s 的数据传输率、3% 的误帧率和最大 400 ms 的时延。在 GBNSGA 算法中,这些性能要求被看作认知无线系统最优化配置的限制条件。

图 4.7(a)和(b)给出了传统 NSGA 和 GBNSGA 中所选种群的第一边界分布。传统 NSGA 通常在非支配解存在的地方,通过检查个体的支配关系来确定第一边界。GBNSGA 确定的第一边界是满足所有预先设定的目标函数的种群。GBNSGA 的选择过程不仅能避免最终求得的解超出界限,而且能保持解的多样性。此外,与传统 NSGA 算法相比,GBNSGA 中个体支配性的评估减少了,因而求解速度更快。

图 4.8 是 GBNSGA 算法的流程图。与传统的 NSGA 算法相比,GBNSGA 需要检查种群是否符合规定,如图中的虚线框内部分所示。若存在能够满足性能指标的解,则给它们分配较大的适应度值。此外,GBNSGA 算法能够在边界处实现信息共享,以避免相似解而产生的冗余。GBNSGA 算法和传统 NSGA 算法的另一个不同点在于确定其第一边界不必按照非支配解集,只需达到基本目标即可,而传统的 NSGA 只能基于非支配解来确定第一边界。

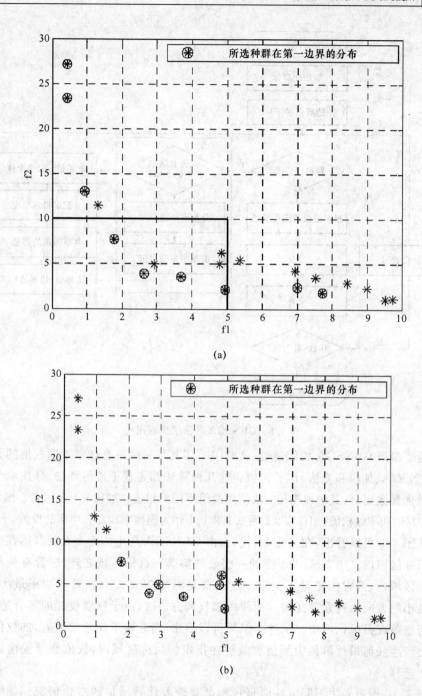

图 4.7 传统 NSGA 和 GBNSGA 边界分布的例子

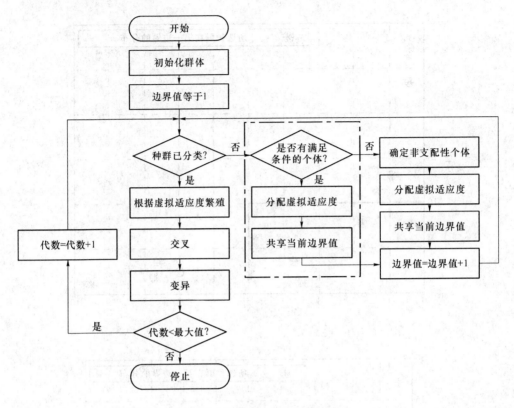

图 4.8　GBNSGA 算法的流程图

　　为了验证 GBNSGA 的优越性,文献[10]将其与另两种有任意不同权值的算法(传统 NSGA、加权和方法)作了比较。这几种算法都是基于遗传算法,寻找单个或多个最优参数集合,其中加权和方法使用两组不同的权值。加权和♯1用 0.5 作为误帧率和发射功率的权值,加权和♯2用 0.9 和 0.1 作为误帧率和发射功率的权值。

　　从图 4.9 可以看出,在进化 20 代后,由 GBNSGA 产生的大多数种群落在一个二维目标区域内。由 NSGA 产生的一些收敛集落在目标区域之外,尽管有些种值在目标区域内,但它们超过了上限。这主要是因为 NSGA 只在发射功率最小、误帧率最小的方向上搜索最优解。而使用加权和方法时,由于权值设置的不合适,没有任何解落在目标区域中。从这个结果可以看出,当起始于任意权值时,加权值方法不会产生任何最优解。为了使收敛解在指定的目标区域内,权值必须提前进行最优化选择。

　　图 4.10 表明采用不同方法时最优解数量随着代数增加的变化情况。如图可见,GBNSGA 收敛最快。此外,由于 GBNSGA 生成解的多样性更强,它能够形成最经济的系统。

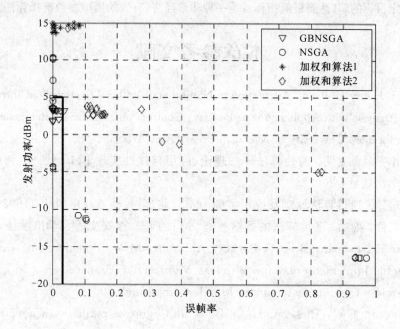

图 4.9 进化 20 代后最优解的分布

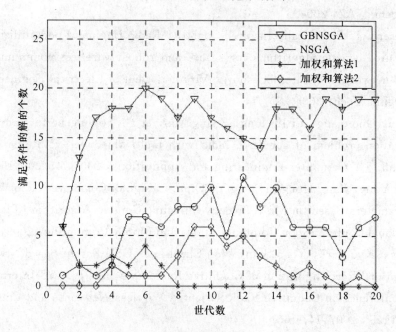

图 4.10 目标区域内最优解的个数

仿真结果表明,GBNSGA 相比传统的 NSGA 及加权和方法收敛更快,可产生多个满足预定目标的解（达到最低指标），是一种非常经济、有效的模型参数选择算法。

本章参考文献

［1］John Henry Holland. Adaptation in Natural and Artificial Systems：an Introductory Analysis with Applications to Biology，Control，and Artificial Intelligence［M］. Cambridge：University of Michigan Press，Ann Arbor，1992.

［2］王小平，曹立明. 遗传算法——理论、应用与软件实现［M］. 西安：西安交通大学出版社，2002.

［3］韩瑞锋. 遗传算法原理及应用实例［M］. 北京：兵器工业出版社，1992.

［4］张文修，梁怡. 遗传算法的数学基础［M］. 西安：西安交通大学出版社，2003.

［5］Tim R Newman，Brett A Barker，Alexander M Wyglinski，et al. Cognitive Engine Implementation for Wireless Multicarrier Transceivers［M］. Wiley Wireless Communications and Mobile Computing，2006.

［6］Rondeau T W，Rieser C J，Le B，et al. Cognitive radios with genetic algorithms：Intelligent control of software defined radios［C］//ProcSDR'04，Phoenix，AZ，2004.

［7］Rieser C J. Biologically Inspired Cognitive Radio Engine M odel utilizing distributed genetic algorithms for secure and robust wire-less communications and networking［D］. Blacksburg，Virginia：Dept of Electrical Engineering in Virginia Tech，2004.

［8］Wang Guo-qiang，Li Jin-long，Zhang Min，et al. Solving performance optimization problem of cognitive radio with multi objective evolutionary algorithm［J］. Computer Engineering and Applications，2007，43(20)：159-162.

［9］Liu Yong，Jiang Hong，Huang Yu Qing. Design of Cognitive Radio Wireless Parameters Based on Multi-objective Immune Genetic Algorithm［J］. International Conference on Communications and Mobile Computing，2009：92-96.

［10］Soon Kyu Park，Yoan Shin，Won Cheol Lee. Goal-Pareto Based NSGA for Optimal Reconfiguration of Cognitive Radio Systems［J］. 2rd International Conference on Cognitive Radio Oriented Wireless Networks and Communications，2007：147-153.

第5章 隐马尔可夫模型在认知无线网络中的应用

5.1 隐马尔可夫模型概述

隐马尔可夫模型(Hidden Markov Model, HMM)是一种统计分析模型,它的基本理论是 20 世纪 70 年代初由 Baum 等人创建的。HMM 最初被应用于语音识别,20 世纪 80 年代得到了传播和发展,成为信号处理的一个重要方向。到 80 年代后期,HMM 开始应用到生物序列尤其是 DNA 的分析中[1]。自此之后,该模型被广泛应用在生物信息学领域。到了 20 世纪 90 年代,HMM 被引入计算机文字识别和移动通信核心技术"多用户的检测"。90 年代中期以后,HMM 被引入到图像处理[2]和识别的研究中,并取得了一些初步的研究成果。目前,HMM 已被成功地用于语音识别、行为识别、文字识别以及故障诊断等领域。

HMM 是马尔可夫链的一种。由于实际问题比马尔可夫链模型所描述的更为复杂,观察到的事件与状态不是一一对应,而是通过一组概率分布相联系。HMM 是一个双重随机过程,其中一个描述的是状态之间的转移;另一个描述的是状态和观测符号之间的统计对应关系,但观测符号与状态之间并没有一一对应的关系[3,4]。因此,只能通过观测符号估计状态的性质及特性。HMM 的状态转换过程是不可观察的,因而称之为"隐"马尔可夫模型。

5.1.1 隐马尔可夫模型的概念及数学表示

在一些与时间相关的问题中,我们希望找到一个事物在一段时间里的变化规律。也就是说,某过程随着时间而进行,t 时刻发生的事件受 $t-1$ 时刻发生事件的直接影响。在很多领域这种规律都是需要掌握的,如计算机中的指令顺序、句子或语音中的词序、天气变化的预测等。HMM 对于这类序列的预测和判决来说是一个很好的方法。

为了对 HMM 模型有一个直观的认识,首先看一个经典的例子:天气状态预测,如图 5.1 所示。

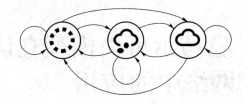

图 5.1 天气状态预测

我们可能无法直接观测天气,但可以通过海藻的潮湿程度来预测天气。例如,湿透的海藻表示有雨,干燥的海藻表示晴朗。首先作马尔可夫假设,假设当前的天气只与之前的天气情况有关。根据前一天的天气以及对海藻状态的观测,可以利用 HMM 来解决此问题。假设天气包括晴、多云、雨三种状态,分别用 Sunny、Cloud、Rain 表示。海藻的状态包括潮湿、略湿、干燥、稍干四种状态,分别用 Soggy、Damp、Dryish、Dry 表示。$O = (o_1, o_2, \cdots, o_T)$ 是 T 时间内观察到的海藻的状态,被称为观测序列。$Z = (z_1, z_2, \cdots, z_T)$ 是描述天气状态的序列,被称为状态序列,而天气状态对我们来说是不可见的(隐的)。天气状态由其自身的概率分布决定,与海藻的状态并非一一对应。海藻的状态是由一组转移概率决定的。图 5.2 是两类状态的转移图。我们假设隐状态由一阶马尔可夫过程描述,因此它们相互连接。

隐状态和观测状态之间的连线表示在给定的马尔可夫过程中,一个特定的隐状态所对应的观测状态的概率,可用一个矩阵表示如下:

海藻状态

		Dry	Dryish	Damp	Soggy
	Sun	0.6	0.2	0.15	0.05
天气状态	Cloud	0.25	0.25	0.25	0.25
	Rain	0.05	0.10	0.35	0.5

每一行(隐状态对应的所有观测状态)之和为 1。我们可以得到 HMM 的所有要素:两类状态(观测状态和隐状态)、三组概率(初始概率、状态转移概率、两类状态的对应概率)。

这是一个典型的 HMM 模型,下面给出 HMM 模型的正式定义。

定义 5.1(一阶 HMM 模型)   一阶 HMM 模型 θ 由以下元素组成:

(1) N:状态数,设状态集为 $S = \{s_1, s_2, \cdots, s_N\}$,记 t 时刻所处的状态为 $z_i, z_i \in S$;

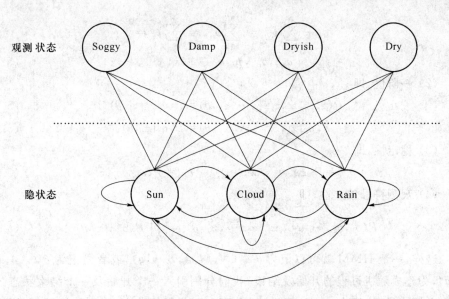

图 5.2 两类状态的转移图

（2）M：观测符号数，设观测符号集为 $E=\{e_1,e_2,\cdots,e_M\}$，记 t 时刻观察到的符号为 o_t，$o_t\in E$；

（3）$\boldsymbol{A}=\begin{bmatrix} a_{s_1,s_1} & a_{s_1,s_2} & \cdots & a_{s_1,s_N} \\ a_{s_2,s_1} & a_{s_2,s_2} & \cdots & a_{s_2,s_N} \\ \vdots & \vdots & & \vdots \\ a_{s_N,s_1} & a_{s_N,s_2} & \cdots & a_{s_N,s_N} \end{bmatrix}$：状态转移矩阵，其中 a_{s_i,s_j}（简记为 $a_{i,j}$）表

示从状态 s_i 转移到状态 s_j 的概率；

（4）$\boldsymbol{B}=\begin{bmatrix} b_{s_1,e_1} & b_{s_1,e_2} & \cdots & b_{s_1,e_M} \\ b_{s_2,e_1} & b_{s_2,e_2} & \cdots & b_{s_2,e_M} \\ \vdots & \vdots & & \vdots \\ b_{s_N,e_1} & b_{s_N,e_2} & \cdots & b_{s_N,e_M} \end{bmatrix}$：观测符号概率矩阵，其中 b_{s_i,e_j}（简记为

$b_{i,j}$）表示当处于状态 s_i 时观测到符号 e_j 的概率；

（5）$\boldsymbol{p}=(p_{s_1},p_{s_2},\cdots,p_{s_N})$：初始状态概率矢量，其中 p_{s_i}（简记为 p_i）表示初始选取的状态为 s_i 的概率；

6）$\boldsymbol{q}=(q_{s_1},q_{s_2},\cdots,q_{s_N})$：结束状态概率矢量，其中 q_{s_i}（简记为 q_i）表示随机过程结束于状态 s_i 的概率。

并且满足以下各个条件：

（1）归一性，即

$$q_i + \sum_{j=1}^{N} a_{i,j} = \sum_{j=1}^{M} b_{i,j} = \sum_{i=1}^{N} p_i = 1$$

$$a_{i,j}, b_{i,j}, p_i, q_i \in [0,1] \tag{5.1}$$

(2) 一阶性，即

$$P(z_{t+1} \mid z_t, z_{t-1}, \cdots, z_1, \theta) = P(z_{t+1} \mid z_t, \theta) \tag{5.2}$$

$$P(o_t \mid z_t, z_{t-1}, \cdots, z_1, \theta) = P(o_t \mid z_t, \theta) \tag{5.3}$$

(3) 稳定性，即

$$\forall t : a_{i,j} = P(z_{t+1} = s_j \mid z_t = s_i), \quad b_{i,j} = P(o_t = e_j \mid z_t = s_i) \tag{5.4}$$

(4) 观测符号独立性，即

$$P(o_1, o_2, \cdots, o_T \mid z_1, z_2, \cdots, z_T, \theta) = \prod_{t=1}^{T} P(o_t \mid z_t, \theta) \tag{5.5}$$

这样，一个 HMM 就可以记为 $\theta \triangleq (N, M, \boldsymbol{A}, \boldsymbol{B}, \boldsymbol{p}, \boldsymbol{q})$，或者简记为 $\theta \triangleq (\boldsymbol{A}, \boldsymbol{B}, \boldsymbol{p}, \boldsymbol{q})$，为建模随机过程的开始及结束，我们分别引入一个开始及一个结束状态，并且为方便起见，均记为 s_0。注意，这样并不会引起任何冲突，因为随机过程只能从开始状态转出，而且也只能转入结束状态。这样，从状态 s_0 转移到状态 s_i 的概率 a_{s_0, s_i}（简记为 $a_{0,i}$）可以被认为初始选取的状态为 s_i 的概率，即 $a_{0,i} = p_i$；从状态 s_i 转移到状态 s_0 的概率 a_{s_i, s_0}（简记为 $a_{i,0}$）可以被认为结束于状态 s_i 的概率，即 $a_{i,0} = q_i$。应该注意到，每当我们考虑状态序列 $Z = (z_1, z_2, \cdots, z_T)$ 时，就隐式地意味着考虑 $Z = (s_0, z_1, z_2, \cdots, z_T, s_0)$。

由上可知，HMM 可以定义为一个五元组 $\lambda : \lambda = (N, M, \boldsymbol{p}, \boldsymbol{A}, \boldsymbol{B})$，或简写为 $\lambda = (\boldsymbol{p}, \boldsymbol{A}, \boldsymbol{B})$。

5.1.2 在 HMM 中存在三个基本问题

1. 评估

给定观察序列 $O(o_1, o_2, \cdots, o_T)$ 和模型 $\lambda = (N, M, \boldsymbol{p}, \boldsymbol{A}, \boldsymbol{B})$，计算 $P(O \mid \lambda)$。即给定模型和输出观察序列，如何计算从模型生成观察序列的概率。可以把它看作是评估一个模型和给定观察输出序列的匹配程度，由此可以解决在一系列候选对象中选取最佳匹配的问题。考虑这样的问题，我们有一些描述不同系统的 HMM（也就是一些 $(\boldsymbol{\pi}, \boldsymbol{A}, \boldsymbol{B})$ 三元组的集合）及一个观察序列。我们想知道哪一个 HMM 最有可能产生了这个给定的观察序列。例如，对于海藻来说，我们也许会有一个"夏季"模型和一个"冬季"模型，因为不同季节之间的情况是不同的——我们也许想根据海藻湿度的观察序列来确定当前的季节。

解决该问题可采用穷搜索算法，如图 5.3 所示。

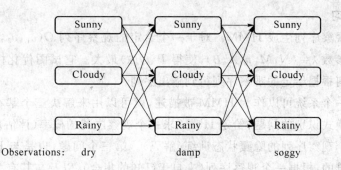

图 5.3 天气状态预测

图 5.3 采用 HMM 描述天气状态与海藻状态的关系。图中每一列描述天气的可能状态，相邻两列的状态根据状态转移矩阵进行状态转换。在每列的下面为每天对海藻状态的观察值分别为干、稍湿、潮湿，每天天气状态可能为晴、阴天、下雨。对于评估问题可采用穷搜索算法解决，需进行以下计算：

Pr(干、稍湿、潮湿|HMM)＝Pr(干、稍湿、潮湿|晴，晴，晴)＋Pr(干、稍湿、潮湿|晴，晴，阴天)＋Pr(干、稍湿、潮湿|晴，晴，下雨)＋…Pr(干、稍湿、潮湿|下雨，下雨，下雨)。

然而采用该算法计算复杂度很大，特别是当状态空间很大，观察序列很长时。因此我们使用前向算法来计算给定 HMM 后的一个观察序列的概率，并据此来选择最合适的 HMM。

2. 解码

给定观察序列 $O=(o_1,o_2,\cdots,o_T)$ 和模型 $\lambda=(N,M,\boldsymbol{p},\boldsymbol{A},\boldsymbol{B})$，求在某种有意义的情况下最优相关状态序列 $Q=q_1,q_2,\cdots,q_T$。该问题可以理解为对输出序列的最佳"解释"，它试图揭示模型的隐藏部分，比如说查找"正确"的状态序列。在应用中，通常都使用一个优化策略来最大可能地解决这个问题。

在许多情况下我们对于模型中的隐藏状态更感兴趣，因为它们代表了一些更有价值的东西，而这些东西通常不能直接观察到。考虑海藻和天气这个例子，一个盲人隐士只能感觉到海藻的状态，但是他更想知道天气的情况，天气状态在这里就是隐藏状态。我们使用 Viterbi 算法(Viterbi Algorithm)确定(搜索)已知观察序列及 HMM 下最可能的隐藏状态序列。Viterbi 算法的另一广泛应用是自然语言处理中的词性标注。在词性标注中，句子中的单词是观测状态，词性(语法类别)是隐藏状态(注意对于许多单词，如 wind、fish 拥有不止一个词性)。对于每句话中的单词，通过搜索其最可能的隐藏状态，我们就可以在给定的上下文中找到每个单词最可能的词性标注。

3. 学习

根据观察序列生成 HMM。对于一个给定的观察序列 $O(o_1, o_2, \cdots, o_T)$，如何调整模型参数 $\lambda = (N, M, \boldsymbol{p}, \boldsymbol{A}, \boldsymbol{B})$，使得 $P(O|\lambda)$ 最大。它试图优化模型的参数最佳描述如何根据给定的观察序列得到输出序列。

一旦一个系统可以作为 HMM 被描述，就可以用来解决三个基本问题。其中前两个是模式识别的问题：给定 HMM 求一个观察序列的概率（评估）；搜索最有可能生成一个观察序列的隐藏状态训练（解码）。第三个问题，也是与 HMM 相关的问题中最难的，根据一个观察序列（来自于已知的集合），以及与其有关的一个隐藏状态集，估计一个最合适的 HMM，也就是确定对已知序列描述的最合适的 $(\boldsymbol{p}, \boldsymbol{A}, \boldsymbol{B})$ 三元组。当矩阵 $\boldsymbol{A}$ 和 $\boldsymbol{B}$ 不能够直接被（估计）测量时，前向-后向算法（Forward-backward Algorithm）被用来进行学习（参数估计），这也是实际应用中常见的情况。

5.1.3 解决问题的相关算法

1. 前向算法

定义 5.2（前向变量）　给定 HMM $\theta = (\boldsymbol{A}, \boldsymbol{B}, \boldsymbol{p}, \boldsymbol{q})$，定义前向变量 $\alpha_t(i)$ 为 HMM 模型 θ 在 t 时刻，位于状态 s_i 时观察到部分序列 $(o_1, o_2, \cdots, o_T)$ 的概率，即

$$\alpha_t(i) = P(o_1, o_2, \cdots, o_t, z_t = s_i | \theta), \quad i = 1, 2, \cdots, N, t = 1, 2, \cdots, T \quad (5.6)$$

性质 5.1（前向递推公式）

$$\alpha_t(j) = \left\{ \sum_{i=1}^{N} \left[\alpha_{t-1}(i) a_{i,j} \right] \right\} b_{j, o_t} \quad (5.7)$$

算法 5.1（前向算法）

第 1 步初始化：

$$\alpha_1(i) = p_i b_{i, o_1}, \quad i = 1, 2, \cdots, N$$

第 2 步递推计算：

$$\alpha_t(j) = \left\{ \sum_{i=1}^{N} \left[\alpha_{t-1}(i) a_{i,j} \right] \right\} b_{j, o_t}, \quad i = 1, 2, \cdots, N, t = 2, \cdots, T$$

第 3 步终止计算：

$$P(O | \theta) = \sum_{i=1}^{N} \left[\alpha_T(i) q_i \right]$$

此算法采用了动态规划（Dynamic Programming, DP）的思想，有效地将计算输出概率 $P(O|\theta)$ 的时间复杂度降为 $O(N^2 T)$，具体来说，需要 $N(N+1)(T-1) + N$ 次乘法运算以及 $N(N-1)(T-1)$ 次加法运算。

定义 5.3（后向变量）　给定 HMM $\theta = (\boldsymbol{A}, \boldsymbol{B}, \boldsymbol{p}, \boldsymbol{q})$，定义后向变量 $\beta_t(i)$ 为在 t

时刻,位于状态 s_i 时观察到部分序列$(o_{t+1},o_{t+2},\cdots,o_T)$的概率,即

$$\beta_t(i)=P(o_{t+1},o_{t+2},\cdots,o_T\mid z_t=s_i,\theta),\quad i=1,2,\cdots,N,t=1,2,\cdots,T \quad (5.8)$$

性质 5.2(后向递推公式)

$$\beta_t(i)=\sum_{i=1}^N\left[\beta_{t+1}(j)a_{i,j}b_{j,o_{t+1}}\right] \quad (5.9)$$

算法 5.2(后向算法)

第 1 步初始化:

$$\beta_T(i)=q_i,\quad i=1,2,\cdots,N$$

第 2 步递推计算:

$$\beta_t(i)=\sum_{j=1}^N\left[\beta_{t+1}(j)a_{i,j}b_{j,o_{t+1}}\right],\quad i=1,2,\cdots,N,t=T-1,\cdots,1$$

第 3 步终止计算:

$$P(O\mid\theta)=\sum_{i=1}^N\left[\beta_1(i)p_ib_{i,o_1}\right]$$

类似地,此算法也采用了动态规划的思想,时间复杂度为 $O(N^2T)$,具体来说,需要 $2N^2(T-1)$ 次乘法运算以及 $N(N-1)(T-1)$ 次加法运算。

2. Viterbi 算法

利用著名的 Viterbi 算法可以解决解码或译码问题。该算法不仅可以找到满足这一准则的状态序列(路径),而且还可以得到该路径所对应的输出概率。

定义 5.4(Viterbi 变量) 给定 HMM 模型 $\theta=(\boldsymbol{A},\boldsymbol{B},\boldsymbol{q},\boldsymbol{p})$,设观察序列 $O(o_1,o_2,\cdots,o_T)$已知,定义 Viterbi 变量 $\delta_t(i)$ 为在 t 时刻,观察到序列前缀$(o_1,o_2,\cdots,o_t)$,且 $z_t=s_i$ 的最优状态序列为$(z_1,z_2,\cdots,z_t)$的概率,即

$$\delta_t(i)=\max_{z_1,z_2,\cdots,z_{t-1}}P(z_1,z_2,\cdots z_{t-1},z_t=s_i,o_1,o_2,\cdots,o_t\mid\theta),$$
$$i=1,2,\cdots,N,t=1,2,\cdots,T \quad (5.10)$$

性质 5.3(Viterbi 递推公式)

$$\delta_t(j)=\left[\max_{i=1,2,\cdots,N}(\delta_{t-1}(i)a_{i,j})\right]b_{j,o_t} \quad (5.11)$$

算法 5.3(Viterbi 算法)

第 1 步初始化:

$$\delta_1(i)=p_ib_{i,o_1},\quad i=1,2,\cdots,N$$
$$\psi_1(i)=0,\quad i=1,2,\cdots,N$$

第 2 步递推计算:

$$\delta_t(j)=\left[\max_{i=1,2,\cdots,N}(\delta_{t-1}(i)a_{i,j})\right]b_{j,o_t},\quad j=1,2,\cdots,N,t=2,\cdots,T$$
$$\psi_t(j)=\arg\max_{i=1,2,\cdots,N}\left[\delta_{t-1}(i)a_{i,j}\right],\quad j=1,2,\cdots,N,t=2,\cdots,T$$

第 3 步终止计算：

$$P^* = \max_{i=1,2,\cdots,N} \left[\delta_T(i)q_i \right]$$

$$z_T^* = \arg \max_{i=1,2,\cdots,N} \left[\delta_T(i)q_i \right]$$

第 4 步回溯最优路径：

$$z_t^* = \psi_{t+1}(z_{t+1}^*), t = T-1, \cdots, 1$$

不难看出，除多了一步回溯最优路径外，此算法与前向算法非常类似。此算法的时间复杂度也为 $O(N^2 T)$，具体来说，需要 $N(N+1)(T-1)+N$ 次乘法运算和 $N(N-1)(T-1)$ 次比较运算。

定义 5.5(后验状态概率)　定义后验状态概率 $\gamma_t(i)$ 为给定观察序列 $O=(o_1, o_2, \cdots, o_T)$ 和 HMM 模型 $\theta=(\boldsymbol{A}, \boldsymbol{B}, \boldsymbol{p}, \boldsymbol{q})$，在 t 时刻位于状态 s_i 的概率，即

$$\gamma_t(i) = P(z_t = s_i | O, \theta), \quad i = 1, 2, \cdots, N, t = 1, 2, \cdots, T \tag{5.12}$$

性质 5.4

$$\gamma_t(i) = \frac{\alpha_t(i)\beta_t(i)}{P(O|\theta)} = \frac{\alpha_t(i)\beta_t(i)}{\sum_{i'=1}^{N} \left[\alpha_t(i')\beta_t(i') \right]} \tag{5.13}$$

证明　由后验状态概率的定义可知

$$\gamma_t(i) = P(z_t = s_i | O, \theta) = \frac{P(O, z_t = s_i | \theta)}{P(O|\theta)}$$

$$= \frac{P(o_1, o_2, \cdots, o_t, o_{t+1}, \cdots, o_T, z_t = s_i | \theta)}{P(O|\theta)}$$

$$= \frac{P(o_1, o_2, \cdots, o_t, z_t = s_i | \theta)P(o_{t+1}, \cdots, o_T | o_1, o_2, \cdots, o_t, z_t = s_i, \theta)}{P(O|\theta)}$$

$$= \frac{P(o_1, o_2, \cdots, o_t, z_t = s_i | \theta)P(o_{t+1}, \cdots, o_T | z_t = s_i, \theta)}{P(O|\theta)}$$

$$= \frac{\alpha_t(i)\beta_t(i)}{P(O|\theta)} = \frac{\alpha_t(i)\beta_t(i)}{\sum_{i'=1}^{N} \left[\alpha_t(i')\beta_t(i') \right]}$$

定义 5.6(Baum-Welch 变量)　定义 Baum-Welch 变量 $\xi_t(i,j)$ 为在 t 时刻位于状态 s_i 以及在 $t+1$ 时刻位于状态 s_j 的概率，即

$$\xi_t(i,j) = P(z_t = s_i, z_{t+1} = s_j | O, \theta), \quad i, j = 1, 2, \cdots, N, t = 1, 2, \cdots, T-1 \tag{5.14}$$

性质 5.5

$$\xi_t(i,j) = \frac{\alpha_t(i)a_{i,j}b_{j,o_{t+1}}\beta_{t+1}(j)}{P(O|\theta)} = \frac{\alpha_t(i)a_{i,j}b_{j,o_{t+1}}\beta_{t+1}(j)}{\sum_{i'=1}^{N}\sum_{j'=1}^{N} \left[\alpha_t(i')a_{i',j}b_{j',o_{t+1}}\beta_{t+1}(j') \right]} \tag{5.15}$$

证明 由 Baum-Welch 变量的定义可知

$$\xi_t(i,j) = P(z_t = s_i, z_{t+1} = s_j \mid O,\theta) = \frac{P(z_t = s_i, z_{t+1} = s_j, O \mid \theta)}{P(O \mid \theta)}$$

$$= \frac{P(o_1, o_2, \cdots, o_t, o_{t+1}, \cdots, o_T, z_t = s_i, z_{t+1} = s_j \mid \theta)}{P(O \mid \theta)}$$

$$= \frac{P(o_1, o_2, \cdots, o_t, z_t = s_i \mid \theta) P(o_{t+1}, \cdots, o_T, z_{t+1} = s_j \mid o_1, o_2, \cdots, o_t, z_t = s_i, \theta)}{P(O \mid \theta)}$$

$$= \frac{\alpha_t(i) P(o_{t+1}, \cdots, o_T, z_{t+1} = s_j \mid z_t = s_i, \theta)}{P(O \mid \theta)}$$

$$= \frac{\alpha_t(i) P(o_{t+1}, z_{t+1} = s_j \mid z_t = s_i, \theta) P(o_{t+2}, \cdots, o_T \mid o_{t+1}, z_t = s_i, z_{t+1} = s_j, \theta)}{P(O \mid \theta)}$$

$$= \frac{\alpha_t(i) P(o_{t+1}, z_{t+1} = s_j \mid z_t = s_i, \theta) P(o_{t+2}, \cdots, o_T \mid z_{t+1} = s_j, \theta)}{P(O \mid \theta)}$$

$$= \frac{\alpha_t(i) P(z_{t+1} = s_j \mid z_t = s_i, \theta) P(o_{t+1} \mid z_t = s_i, z_{t+1} = s_j, \theta) \beta_{t+1}(j)}{P(O \mid \theta)}$$

$$= \frac{\alpha_t(i) P(z_{t+1} = s_j \mid z_t = s_i, \theta) P(o_{t+1} \mid z_{t+1} = s_j, \theta) \beta_{t+1}(j)}{P(O \mid \theta)}$$

$$= \frac{\alpha_t(i) a_{i,j} b_{j,o_{t+1}} \beta_{t+1}(j)}{P(O \mid \theta)} = \frac{\alpha_t(i) a_{i,j} b_{j,o_{t+1}} \beta_{t+1}(j)}{\sum_{i'=1}^{N} \sum_{j'=1}^{N} [\alpha_t(i') a_{i',j} b_{j',o_{t+1}} \beta_{t+1}(j')]}$$

性质 5.6

$$\gamma_t(i) = \sum_{j=1}^{N} \xi_t(i,j) \tag{5.16}$$

证明 由后验状态概率以及 Baum-Welch 变量的定义可知

$$\gamma_t(i) = P(z_t = s_i \mid O,\theta) = \sum_{j=1}^{N} P(z_t = s_i, z_{t+1} = s_j \mid O,\theta) = \sum_{j=1}^{N} \xi_t(i,j)$$

容易看出，$\sum_{t=1}^{T} \gamma_t(i)$ 表示从状态 s_i 转出的次数的期望值，而 $\sum_{t=1}^{T-1} \xi_t(i,j)$ 表示从状态 s_i 转移到状态 s_j 的次数的期望值。依据最大似然原则，由此可推导出 Baum-Welch 算法中的重估公式：

$$\overline{p}_i = t(=1) \text{ 时刻处于状态 } s_i \text{ 的概率} = \gamma_1(i) \tag{5.17}$$

$$\overline{q}_i = \frac{\text{从状态 } s_i \text{ 转移到结束状态的期望}}{\text{从状态 } s_i \text{ 转出的期望}} = \frac{\gamma_T(i)}{\sum_{t=1}^{T} \gamma_t(i)} \tag{5.18}$$

$$\overline{a}_{i,j} = \frac{\text{从状态 } s_i \text{ 转移到状态 } s_j \text{ 的期望}}{\text{从状态 } s_i \text{ 转出的期望}} = \frac{\sum_{t=1}^{T-1} \xi_t(i,j)}{\sum_{t=1}^{T} \gamma_t(i)} \tag{5.19}$$

$$\bar{b}_{i,j} = \frac{\text{处于状态 } s_i\text{,且观察符号为 } e_j \text{ 的期望}}{\text{处于状态 } s_i \text{ 的期望}} = \frac{\sum\limits_{\substack{t=1 \\ \text{s.t.} o_t = e_j}}^{T} \gamma_t(i)}{\sum\limits_{t=1}^{T} \gamma_t(i)} \qquad (5.20)$$

当训练数据偏少时,最大似然估计容易产生过拟合(Overfitting)现象。为避免这种问题的产生,我们为每个参数引入一个预确定的伪记数(Pseudo Count),记为 $r(\cdot)$,也就是假定每个参数至少出现伪记数次,则此时的重估公式为

$$\bar{p}_i = \frac{\gamma_1(i) + r(p_i)}{1 + \sum\limits_{i'=1}^{N} r(p_{i'})} \qquad (5.21)$$

$$\bar{q}_i = \frac{\gamma_T(i) + r(q_i)}{\sum\limits_{t=1}^{T} \gamma_t(i) + r(q_i) + \sum\limits_{j'=1}^{N} r(a_{i,j'})} \qquad (5.22)$$

$$\bar{a}_{i,j} = \frac{\sum\limits_{t=1}^{T-1} \xi_t(i,j) + r(a_{i,j})}{\sum\limits_{t=1}^{T} \gamma_t(i) + r(q_i) + \sum\limits_{j'=1}^{N} r(a_{i,j'})} \qquad (5.23)$$

$$\bar{b}_{i,j} = \frac{\sum\limits_{\substack{t=1 \\ \text{s.t.} o_t = e_j}}^{T} \gamma_t(i) + r(b_{i,j})}{\sum\limits_{t=1}^{T} \gamma_t(i) + \sum\limits_{j'=1}^{M} r(b_{i,j'})} \qquad (5.24)$$

这些伪记数一般反映了我们对每个参数的先验偏置,实际上,它们有一个自然的概率解释,可以理解为 Bayesian Dirichlet 先验分布的参数。当然,这些伪记数必须是正数,但不必是整数。

下面将重估公式推广到多观察序列 $O^1, O^2, \cdots, O^K$。如前所述,对观察序列 $O^k, k = 1, 2, \cdots, K$,分别定义 $\alpha_t^k(i)$、$\beta_t^k(i)$、$\gamma_t^k(i)$ 以及 $\xi_t^k(i,j)$ 为观察序列 O^k 的前向变量、后向变量、后验状态概率以及 Baum-Welch 变量。

性质 5.7

$$\alpha_{t+1}^k(j) = \Big\{ \sum\limits_{i=1}^{N} \big[\alpha_t^k(i) a_{i,j} \big] \Big\} b_{j,o_{t+1}} \qquad (5.25)$$

性质 5.8

$$\beta_t^k(i) = \sum\limits_{j=1}^{N} \big[\beta_{t+1}^k(j) a_{i,j} b_{j,o_{t+1}} \big] \qquad (5.26)$$

性质 5.9

$$\gamma_t^k(i) = \frac{\alpha_t^k(i)\beta_t^k(i)}{P(O^k \mid \theta)} = \frac{\alpha_t^k(i)\beta_t^k(i)}{\sum_{i'=1}^{N}\left[\alpha_t^k(i')\beta_t^k(i')\right]} \tag{5.27}$$

性质 5.10

$$\xi_t^k(i,j) = \frac{\alpha_t^k(i)a_{i,j}b_{j,o_{t+1}}\beta_{t+1}^k(j)}{P(O^k \mid \theta)} = \frac{\alpha_t^k(i)a_{i,j}b_{j,o_{t+1}}\beta_{t+1}^k(j)}{\sum_{i'=1}^{N}\sum_{j'=1}^{N}\left[\alpha_t^k(i')a_{i',j'}b_{j',o_{t+1}}\beta_{t+1}^k(j')\right]} \tag{5.28}$$

此时的重估公式为

$$\bar{p}_i = \frac{\sum_{k=1}^{K}\gamma_1^k(i) + r(p_i)}{K + \sum_{i'=1}^{N}r(p_{i'})} \tag{5.29}$$

$$\bar{q}_i = \frac{\sum_{k=1}^{K}\gamma_{T_k}^k(i) + r(q_i)}{\sum_{k=1}^{K}\sum_{t=1}^{T_k}\gamma_t^k(i) + r(q_i) + \sum_{j'=1}^{N}r(a_{i,j'})} \tag{5.30}$$

$$\bar{a}_{i,j} = \frac{\sum_{k=1}^{K}\sum_{\substack{t=1 \\ \text{s.t. } o_t^k = e_j}}^{T_{k-1}}\xi_t^k(i,j) + r(a_{i,j})}{\sum_{k=1}^{K}\sum_{t=1}^{T_k}\gamma_t^k(i) + r(q_i) + \sum_{j'=1}^{N}r(a_{i,j'})} \tag{5.31}$$

$$\bar{b}_{i,j} = \frac{\sum_{k=1}^{K}\sum_{\substack{t=1 \\ \text{s.t. } o_t^k = e_j}}^{T_k}\gamma_t^k(i) + r(b_{i,j})}{\sum_{k=1}^{K}\sum_{t=1}^{T_k}\gamma_t^k(i) + \sum_{j'=1}^{M}r(b_{i,j'})} \tag{5.32}$$

可以证明：(1) 在 $\prod_{k=1}^{K}P(O^k \mid \bar{\theta}) \geqslant \prod_{k=1}^{K}P(O^k \mid \theta)$ 意义下，模型参数 $\bar{\theta}$ 比 θ 能更好地解释观察序列 $O^1, O^2, \cdots, O^K$；(2) 最终得到的模型参数未必是全局最优解，但一定是局部最优值。不幸的是，经常会存在许多局部极值，尤其是当 HMM 模型结构比较庞大时，这个问题尤为突出。克服局部极大缺陷一般从两方面着手，一是执行算法若干遍，每次给模型取不同的初始值，如果算法多次达同一个极大点，则可认为该点是全局极大点；二是合理设计模型结构，使得模型结构能够更准确地反映需要解决的实际问题。

算法 5.4(Baum-Welch 训练算法)

第 1 步初始化：

随机初始化模型参数；

$I = 0$;// 迭代次数

$$\log P^{\text{new}} = \frac{1}{K} \sum_{k=1}^{K} \frac{\log P(O^k \mid \theta)}{T_k};$$

第 2 步 REPEAT

$\log P^{\text{old}} = \log P^{\text{new}}$;

numerator_$p_i = r(p_i)$, $i = 1, 2, \cdots, N$;

numerator_$q_i = r(q_i)$, $i = 1, 2, \cdots, N$;

numerator_$a_{i,j} = r(a_{i,j})$, $i, j = 1, 2, \cdots, N$;

numerator_$b_{i,j} = r(b_{i,j})$, $i = 1, 2, \cdots, N, j = 1, 2, \cdots, M$;

FOR $k = 1$ TO K // 计算观察序列 O^k 对模型参数的贡献

利用算法 5.1 计算前向变量 $\alpha_t^k(i)$, $t = 1, 2, \cdots, T_k, i = 1, 2, \cdots, N$;

利用算法 5.2 计算后向变量 $\beta_t^k(i)$, $t = 1, 2, \cdots, T_k, i = 1, 2, \cdots, N$;

按照式(5.27)计算后验状态概率 $\gamma_t^k(i)$, $t = 1, 2, \cdots, T_k, i = 1, 2, \cdots, N$;

按照式(5.28)计算 Baum-Welch 变量 $\xi_t^k(i,j)$, $t = 1, 2, \cdots, T_k, i, j = 1, 2, \cdots, N$;

numerator_$p_i \mathrel{+}= \gamma_1^k(i)$, $i = 1, 2, \cdots, N$;

numerator_$q_i \mathrel{+}= \gamma_{T_k}^k(i)$, $i = 1, 2, \cdots, N$;

$$\text{numerator\_}a_{i,j} \mathrel{+}= \sum_{t=1}^{T_k-1} \xi_t^k(i,j), i, j = 1, 2, \cdots, N;$$

$$\text{numerator\_}b_{i,j} \mathrel{+}= \sum_{\substack{t=1 \\ \text{s. t. } o_t^k = e_j}}^{T_k} \gamma_t^k(i), i = 1, 2, \cdots, N, j = 1, 2, \cdots, M;$$

END FOR

归一化：

$$p_i = \frac{\text{numerator\_}p_i}{\sum_{i'=1}^{N} \text{numerator\_}p_{i'}}, i = 1, 2, \cdots, N;$$

$$q_i = \frac{\text{numerator\_}q_i}{\text{numerator\_}q_i + \sum_{j=1}^{N} \text{numerator\_}a_{i,j}}, i = 1, 2, \cdots, N;$$

$$a_{i,j} = \frac{\text{numerator\_}a_{i,j}}{\text{numerator\_}q_i + \sum_{j'=1}^{N} \text{numerator\_}a_{i,j'}}, i, j = 1, 2, \cdots, N;$$

$$b_{i,j} = \frac{\text{numerator\_}b_{i,j}}{\sum_{j'=1}^{M} \text{numerator\_}b_{i,j'}}, i = 1, 2, \cdots, N, j = 1, 2, \cdots, M;$$

$$\log P^{\text{new}} = \frac{1}{K} \sum_{k=1}^{K} \frac{\log P(O^k \mid \theta)}{T_k};$$

$$I = I \neq 1;$$

$\text{UNTIL}(I > \tau) \text{ OR } ((\log P^{\text{new}} - \log P^{\text{old}}) < \varepsilon) // 其中 \tau 及 \varepsilon 是预先设定的阈值$

5.1.4 缺陷

HMM 在默认的情况下指一阶模型,一阶 HMM 中有三个重要假设。

(1) 状态转移的马尔可夫假设:系统在当前时刻的状态向下一时刻所处的状态转移的状态转移概率仅仅与当前时刻的状态有关,而与以前的历史无关。

(2) 不动性假设:状态与具体时间无关。

(3) 输出值的马尔可夫假设:系统在当前时刻输出观测值的概率只取决于当前时刻的状态,而与当前时刻以前的时刻所处的状态无关。

然而,在实际应用中,这样的假设并不十分合理,因为任一时刻出现的观测值的概率不仅仅依赖于系统当前所处的状态,也可能依赖于系统在之前时刻所处的状态。

经典 HMM 理论具有状态集固定的缺陷,这种缺陷影响了 HMM 模型对随机信号建模的能力,并限制了基于 HMM 模型的分类器的性能。利用 HMM 模型对任何信号建模都存在这样的问题,被建模的信号比较简单或者包含信息量比较一致(如语音),基于先验知识预先定义状态集或者通过多次实验选择一种比较合适的固定状态集基本上就能描述所有的模式。而图像则不同,图像包含的信息量非常丰富,这就导致不同图像之间的信息量差距相应的不可避免得要大,因此这个问题在图像处理中就暴露得比较明显。

一般在应用时,我们可以改造 HMM,使它的状态数量能自动匹配真正的隐含状态数量,那么它不但能提取更多的结构信息,对随机信号的建模将更加准确,同时也可以使基于 HMM 的分类器分类效果更好。

5.2 隐马尔可夫模型在认知无线电中的应用

近年来,HMM 被用于 CR 频谱共享技术。频谱共享是指允许 CR 的次用户与主用户共享信道,以提高频谱利用率。共享方式中较常用的是填充式(Overlay),即信道未被主用户占用时,次用户方可使用。这种方式下,次用户的信道选择需考虑两点:第一,需要有很好的信道环境。信道环境越好,SINR 越高;第二,若某信道处于空闲状态的统计时间越长,其被次用户占用的概率越大。基于这两点,我们从信号检测与分类、信道状态预测、频谱感知与分配模型几方面探讨 HMM 在 CR 系统中的应用。

5.2.1　基于 HMM 的信道状态预测器

Chang-Hyun Park 等人提出一种基于 HMM 的信道状态预测器[5],用于帮助 CR 评估信道质量。

1. 信道状态预测器的结构与功能

图 5.4 给出了信道选择器的架构,其包括信道管理、信道估计和信道预测三个模块。信道估计模块用于测试信道的 SINR,进而评价信道状况,对信道条件进行分级。信道管理模块将信道估计和信道预测的结果合并、分类,并将结果发送到认知引擎(Cognitive Engine,CE)。

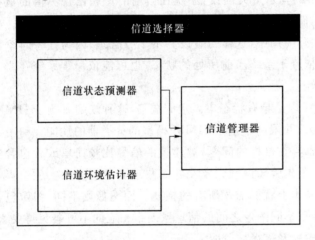

图 5.4　信道选择器

图 5.5 给出了预测流程图。输入部分加载信道历史信息,并发送给"HMM 参数训练部分";下一步用 baum-welch 算法训练 HMM 参数 $\lambda=(A,B,\pi)$(A:转移概率,B:发射概率,π:初始状态);接下来用前向算法计算后验概率;最后决策部分利用最大后验概率判定下一个状态。

2. HMM 建模

我们有一个 HMM 模型 $\lambda=(A,B,\pi)$,一个观测序列 $O=O_1,O_2,\cdots,O_T$,以及 $P(O|\lambda)$。$P(O|\lambda)$ 的计算复杂度是 N^T 数量级,即使序列长度不大,其运算量也是很大的。鉴于此,我们使用一种低复杂度的算法,它用到一个辅助变量 $\alpha_t(i)$,我们

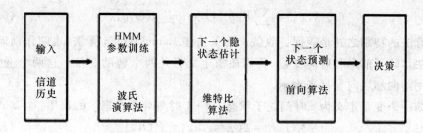

图 5.5 信道预测流程模块图

称之为前向变量。前向变量定义为部分观测序列 $O_1,O_2,\cdots,O_t$ 的概率,假设最终状态为 i,则

$$\alpha_t(i)=p(o_1,o_2,\cdots,o_t,q_t=i\mid\lambda) \tag{5.33}$$

易得如下递归关系:

$$\alpha_{t+1}(j)=b_j(o_{t+1})\sum_{i=1}^{N}\alpha_t(i)a_{ij},\quad 1\leqslant j\leqslant N,\quad 1\leqslant t\leqslant T-1 \tag{5.34}$$

其中,$\alpha_1(j)=\pi_j b_j(o_1),1\leqslant j\leqslant N$。

使用这个递归关系,我们可以计算 $\alpha_T(i),1\leqslant i\leqslant N$,进而得到

$$P(O\mid\lambda)=\sum_{i=1}^{N}\alpha_T(i) \tag{5.35}$$

该方法的复杂度正比于 N^2T,对 T 是线性增加的。直接计算法的复杂度对 T 则是指数增加的。

类似地,我们可以定义后向变量 $\beta_t(i)$ 为部分观测序列 $o_{t+1},o_{t+2},\cdots,o_T$ 的概率,假设当前状态为 i,则

$$\beta_t(i)=P(o_{t+1},o_{t+2},\cdots,o_T\mid q_t=i,\lambda) \tag{5.36}$$

与 $\alpha_t(i)$ 一样,我们可以用递归关系来计算 $\beta_t(i)$,即

$$\beta_t(i)=\sum_{j=1}^{N}\beta_{t+1}(j)a_{ij}b_j(o_{t+1}),1\leqslant i\leqslant N,1\leqslant t\leqslant T-1 \tag{5.37}$$

其中,$\beta_T(i)=1,1\leqslant i\leqslant N$。

进一步我们有

$$\alpha_t(i)\beta_t(i)=P(O,q_t=i\mid\lambda),1\leqslant i\leqslant N,1\leqslant t\leqslant T \tag{5.38}$$

于是计算 $P(O\mid\lambda)$ 有了另一种方式,即通过使用前向和后向变量得到

$$P(O\mid\lambda)=\sum_{i=1}^{N}P(O,q_t=i\mid\lambda)=\sum_{i=1}^{N}\alpha_t(i)\beta_t(i) \tag{5.39}$$

式(5.39)很重要,其推导也可以使用简单的计数过程或者用微积分最大化辅助变量

$$Q(\lambda,\bar{\lambda}) = \sum P(q \mid O,\lambda)\log[p(O,q,\bar{\lambda})] \tag{5.40}$$

这种算法的特别之处是能保证收敛。为了描述 Baum-Welch 算法(也叫作前向-后向算法),除了前向和后向变量,我们还需定义另外两个辅助变量。这两个变量也可以用前向和后向变量来表示。

第一个变量定义为 t 时刻处于状态 i,$t+1$ 时刻处于状态 j 的概率。

$$\xi_t(i,j) = p(q_t=i,q_{t+1}=j \mid O,\lambda) \tag{5.41}$$

也就是

$$\xi_t(i,j) = \frac{p(q_t=i,q_{t+1}=j,O \mid \lambda)}{p(O \mid \lambda)} \tag{5.42}$$

采用前向和后向变量,可以表示为

$$\xi_t(i,j) = \frac{\alpha_t(i)a_{ij}\beta_{t+1}(j)b_j(o_{t+1})}{\sum_{i=1}^{n}\sum_{j=1}^{n}\alpha_t(i)a_{ij}\beta_{t+1}(j)b_j(o_{t+1})} \tag{5.43}$$

第二个变量是后验概率,即

$$\gamma_t(i) = p(q_t=i \mid O,\lambda) \tag{5.44}$$

这是给定观测序列和模型后,在 t 时刻处于状态 i 的概率。使用前向和后向变量,可表示如下:

$$\gamma_t(i) = \left[\frac{\alpha_t(i)\beta_t(i)}{\sum_{i=1}^{N}\alpha_t(i)\beta_t(i)}\right] \tag{5.45}$$

可以看出 $\gamma_t(i)$ 与 $\xi_t(i,j)$ 之间的关系是:

$$\gamma_t(i) = \sum_{j=1}^{N}\xi_t(i,j), \quad 1 \leqslant j \leqslant N, 1 \leqslant t \leqslant M \tag{5.46}$$

假定初始模型 $\lambda=(A,B,\pi)$,我们使用式(5.34)和式(5.37)计算 α 与 β,使用式(5.43)和式(5.46)来计算 ξ 和 γ。下一步根据式(5.47)、式(5.48)及式(5.49)更新HMM 参数。

$$\bar{\pi}_i = \gamma_1(i), \quad 1 \leqslant i \leqslant N \tag{5.47}$$

$$\bar{a}_{ij} = \frac{\sum_{t=1}^{T-1}\xi_t(i,j)}{\sum_{i=1}^{T-1}\gamma_t(i)}, \quad 1 \leqslant i \leqslant N, 1 \leqslant j \leqslant N \tag{5.48}$$

$$\bar{b}_j(k) = \frac{\sum_{\substack{t=1 \\ o_t=v_k}}^{T}\gamma_t(j)}{\sum_{i=1}^{T}\gamma_t(i)}, \quad 1 \leqslant j \leqslant N, 1 \leqslant j \leqslant M \tag{5.49}$$

式(5.47)、式(5.48)及式(5.49)称为重估计公式,它们也很容易被推广到连续密度的情况。

3. 仿真结果

图 5.6 是基于 HMM 的信道状态预测机。Matlab 7.0 GUI 和右上部分的柱状分别表示信道忙闲历史信息和信道吞吐量历史信息。

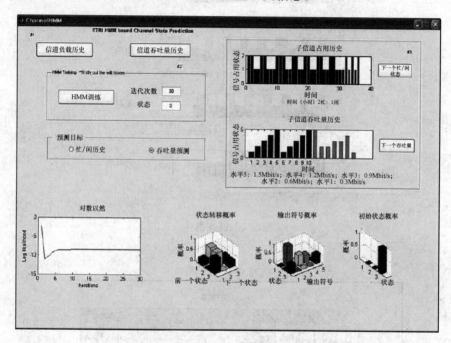

图 5.6 仿真模块

训练模式和测试结果如图 5.7 所示。

仿真通过一个特定的模式来实现。仿真机训练并获取 HMM 参数,进而判定下一个状态。图 5.8 是成功率,其结果是由最终对数似然值决定的,如图 5.9 所示。相比其他的模式,"无变化"和"周期 1"的训练速度更快,对数似然比更接近于 0。对数似然比等于 0 意味着训练参数能够作出准确预测。因此,错误预测的原因是仿真机未能找到好的相关参数。

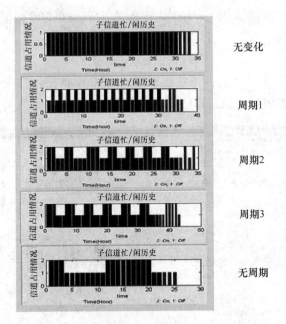

图 5.7 训练图样

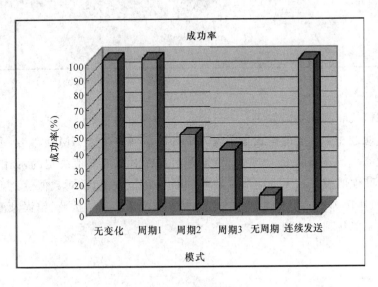

图 5.8 成功概率

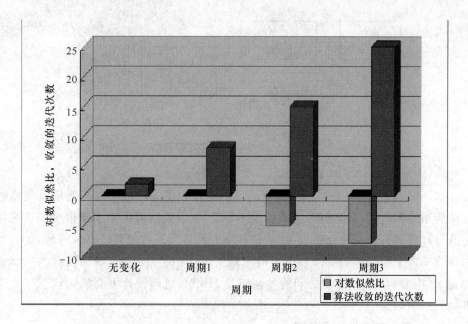

图 5.9 Log-似然检测以及迭代收敛

5.2.2 基于隐马尔可夫模型的频谱感知模型

CR 在进行频谱检测时,将频段分成连续的子带,这些子带在 L 个连续的时间周期(给定时长)内被检测,次用户可使用未被主用户占用的子带。这种情况下,子带只有两种状态"闲"或"忙"。子带被主用户占用的状态变化可用马尔可夫链表示。由于 CR 中现有的检测技术错误率较高,Chittabrata Ghosh 等人提出一种基于 HMM 的频谱感知算法[6],有效提升了子带状态预测的准确性。

1. 系统模型

特定子带的频谱感知模型如图 5.10 所示,该模型也可用于多个子带中。在特定时间间隔内,收集子带功率测量值,这些测量值被转换成二进制数据 Y。在此基础上,CR 系统执行一种有效的检测,确认子带占用状态具有马尔可夫性。同时,CR 将主用户频段的感知消息 X 传递给 HMM 模块,通过 Viterbi 算法生成预测结果。期望输出 X' 和 CR 产生的输出 X 可以与主用户实际占用状况 Y 进行比较,以验证频谱预测的准确性。

定义观测周期 $\tau=\{1,2,\cdots,T\}$,用 i 代表第 i 个感知时间。定义序列 $Y=\{y_1,\cdots,y_T\}$,表示相应时间周期的真实状态。如果子带在第 i 个时间片是空闲的,则 $y_i=1$,否则 $y_i=0$。CR 感知结果的输出用序列 X 表示。$X=\{x_1,\cdots,x_T\}$ 是相应时间片的感知状态。当子带在第 i 个时间片感知信道状态为"闲"时,则 $x_i=1$,否则

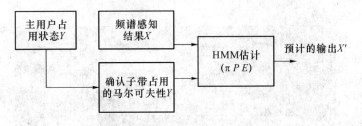

图 5.10 增强频谱检测系统模型

$x_i = 0$。序列 X 是对序列 Y 的预测。

实际上,状态序列 Y 是不可观测的。因为在很宽的频段上进行为期几周或数月的频谱感知,并收集实时检测数据是不现实的。因此,只能基于频谱感知的数据生成感知序列 X。相关文献表明,频谱检测的漏检概率和虚警概率大约是 10%[7]。漏检概率即 $\Pr(x_i = 1 | y_i = 0)$,虚警概率即 $\Pr(x_i = 0 | y_i = 1)$。我们假设真实状态向量 Y 和预测状态向量 X 之间的关系满足 HMM,进而设计提高感知状态序列 X 准确性的机制。

2. 子带状态变化的马尔可夫性

(1) 马尔可夫链建模

序列 Y 被建模为马尔可夫链,初始分布 $\pi = (p_0, p_1)$,一阶转移矩阵 $P = (p_{ij})_{2 \times 2}$。这表示 $Y = y_1, y_2, \cdots, y_r$ 是一个马尔可夫链,状态空间 $S = \{0, 1\}$,y_1 的分布是 π,并且对于 $i_1, i_2, \cdots, i_{n-2}, i, j \in S, 2 \geqslant n \leqslant T$,有

$$\Pr(y_n = j | y_1 = i_1, \cdots, y_{n-2} = i_{n-2}, y_{n-1} = i)$$
$$= \Pr(y_n = j | y_{n-1} = i)$$
$$= p_{ij} \tag{5.50}$$

这给出了 $y_1, y_2, \cdots, y_r$ 的联合分布,即对于 $i_1, i_2, \cdots, i_T \in S$

$$\Pr(y_1 = i_1, y_2 = i_2, \cdots, y_T = i_T) = p_{i_1} p_{i_1 i_2} p_{i_2 i_3} \cdots p_{i_{T-1} i_T} \tag{5.51}$$

(2) 马尔可夫链假设检验

当前,多数研究工作均假设主用户的频谱占用状态是一个马尔可夫链。文献[6]在寻呼频段(928~948 MHz)证实了这个假设。为了验证马尔可夫链模型适合主用户占用状态,可采用交叉验证技术。首先,通过对 5 个不同子带(929.04 MHz,929.06 MHz,929.08 MHz,929.10 MHz,929.56 MHz)进行测试,定义功率门限值−68.8 dBm。门限值设定为 $\mu + 3\sigma$,其中 μ 和 σ 分别是观察周期内接收信号功率的均值和标准差。每个扫描时间持续 1.68 s,对于从 1~500 的扫描时间,分别判决功率值比门限高(状态为 0)或低(状态为 1)。一旦获得 500 个以上持续观测周期的状态,用前 400 个观测值计算所需概率,得到马尔可夫链的转

移矩阵,再用转移矩阵估计剩下的 100 个状态。因为实验时间仅用了 1 天,寻呼频段的初始分布无法获取。因此剩余 100 个状态中的第 1 个,即第 401 个功率测量值是已知的。这样我们就可以估计剩下的 99 个状态。统计参数在表 5.1 中给出,不难看出约 92% 时间中,估计的转移矩阵与实际子带信道占用情况的计算结果是吻合的。

表 5.1　参数统计值

频率/MHz	统计量估计(%)				
	最小值	最大值	I 本位点	III 本位点	平均值
929.04	89	100	95	97	95.7230
929.06	83	98	90	93	91.2740
929.08	84	98	90	93	91.2090
929.10	83	97	90	93	91.2660
929.56	91	99	95	97	95.8170

3. HMM 参数估计

这里引入 HMM 对子带的占用状态进行评估。子带的真实状态 Y 不能被观测,要使用不同的感知技术来检测。因此,构成真实序列 Y 的马尔可夫链是 HMM。图 5.11 给出了 CR 频谱检测中 HMM 的概念。

频谱感知的输出可以用 HMM 建模。隐序列是子带占用状态序列 $Y = Y_1, \cdots, Y_T$,观测序列 $X = X_1, \cdots, X_T$ 是次用户基于频谱感知生成的状态序列。在基于 HMM 的频谱感知中,主要挑战在于发射概率(Emission Probability,$e_i(0)$,$e_i(1)$,$e_i(2)$,$\cdots$,$e_i(N)$)的取值,要求能适配任何频谱感知技术的输出。如果发射概率能计算出来,我们可以用最大似然方法估计隐序列 Y。具体步骤如下。

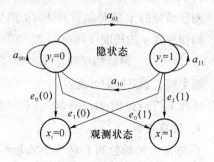

状态空间 S: {0, 1}
隐状态: y_i, 观测状态: x_i
转移矩阵 $P = a_{ij}$, $i=0$, 1, $j=0$, 1
初始分布: $P_0 = Pr(y_i=0)$
　　　　　$P_1 = Pr(y_i=1)$
发射概率, $e_y(x_i)$

图 5.11　频谱检测中的隐马尔可夫模型

(1)计算感知序列 $x = X_1 = x_1, X_2 = x_2, \cdots, X_T = x_T$ 及可能的子带占用序列 $y = Y_1 = y_1, Y_2 = y_2, \cdots, Y_T = y_t$。

(2)计算所有可能的子带占用序列的联合分布。

（3）找到最大概率的分布和相应的子带占用序列,这就是真实子带占用状况的估计。

定义 $\Pr(X;Y)$ 为序列 X 和 Y 的联合分布,可表示如下:

$$\Pr(X;Y)$$
$$= \Pr(x_1, x_2, \cdots, x_T; y_1, y_2, \cdots, y_T)$$
$$= \Pr(\text{getting the data } x \text{ under the path } y)$$
$$= [\Pr(Y_1 = y_1)\Pr(X_1 = x_1 \mid Y_1 = y_1)] \times$$
$$[\Pr(Y_2 = y_2 \mid Y_1 = y_1)\Pr(X_2 = x_2 \mid Y_2 = y_2)] \times$$
$$[\Pr(Y_3 = y_3 \mid Y_2 = y_2)\Pr(X_3 = x_3 \mid Y_3 = y_3)] \times \cdots \times$$
$$[\Pr(Y_T = y_T \mid Y_{T-1} = y_{T-1})\Pr(X_T = x_T \mid Y_T = y_T)] \quad (5.52)$$

使用转移概率和发射概率,式(5.52)可表示如下:

$$\Pr(X;Y)$$
$$= [p_{y1}e_{y1}(x_1)] \times [a_{y_1y_2}e_{y2}(x_2)] \times \cdots \times [a_{y_{T-1}y_T}e_{y_T}(x_T)]$$
$$= p_{y1} \times \prod_{i=1}^{T} a_{y_iy_{i+1}}e_{y_i}(x_i) \quad (5.53)$$

式(5.53)表明在已知初始分布、转移概率和发射概率的情况下,我们可以计算 $\Pr(X;Y)$。使 $\Pr(x;y)$ 取最大值的状态序列 $Y_1 = y_1^*, Y_2 = y_2^*, \cdots, Y_t = y_t^*$,正是我们需要的。预测得到的 $y^* = (y_1^*, y_2^*, \cdots, y_t^*)$ 称为最大似然序列。

对于给定的 x,隐马尔可夫链的似然估计需要对每种可能的 y 计算联合概率 $\Pr(x;y)$。即使序列 y 的长度 T 不是很大,要遍历所有可能的情况计算量都是很大的。例如,$T=100,M=1$ 时,可能的序列总计有 2^{100} 之多。似然序列的计算涉及 $2^T \times 2T$ 次乘法运算。用主频 $3.2\,\mathrm{GHz}$ 的处理器,配置 $1\,\mathrm{GB}$ 的内存,10 000 次迭代计算最大似然序列的时间估计如下:$T=10$ 时 21.303 348 s,$T=12$ 时 86.221 069 s,$T=14$ 时 373.666 768 s。

4. 仿真结果

在仿真中初始分布和转移矩阵是给定的,过程包括四步。

（1）使用初始分布和转移矩阵,仿真长 $L=100$ 的马尔可夫链,得到路径 y_1, $y_2, \cdots, y_{100}$。

（2）在各种场景下,使用 $y_1, y_2, \cdots, y_{100}$ 生成数据 $x_1, x_2, \cdots, x_{100}$。

（3）对 $x_1, x_2, \cdots, x_{100}$ 应用 Viterbi 算法,预测 $y_1^*, y_2^*, \cdots, y_{100}^*$。

（4）计算预测正确性

$$\mathrm{PA} = \frac{\#\{1 \leqslant i \leqslant 100 : y_i^* = y_i\}}{100} \times 100 \quad (5.54)$$

重复步骤(1)～(4)共 10 000 次。PA 百分比的直方图如图 5.12 和图 5.13 所示。

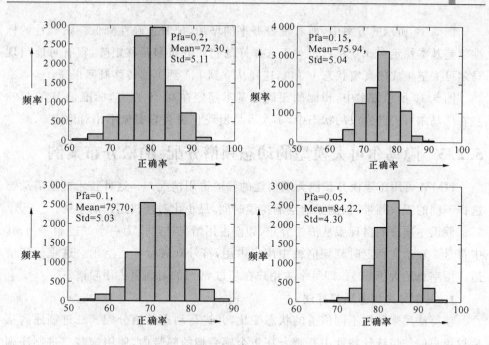

图 5.12 在漏检概率 δ＝0.05(虚警概率 pfa 如图所示)时,采用 Viterbi 算法预测的频率分布

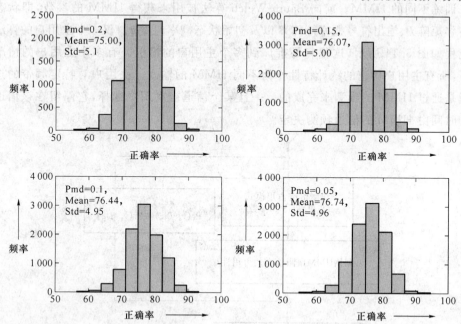

图 5.13 在虚警概率 ξ＝0.05(漏检概率 pmd 如图所示)时,采用 Viterbi 算法预测的频率分布

图 5.12 所示的方案中,随着虚警概率的增加,预测正确性降低。正确性的标准偏差基本稳定在 5.0 左右。对于选择好的初始分布和转移矩阵,很有可能出现马尔可夫链生成的真实状态 y 为 1,这样从 0 到 1、1 到 1 的转移概率很高。

图 5.13 所示方案中,预测的正确性基本稳定在 0.76 左右,标准偏差在 4.98 左右。马尔可夫链生成的状态中,不太容易出现 0,并且虚警概率相对稳定。

5.2.3 隐马尔可夫模型的动态频谱分配:泊松分布案例

HMM 可用于建模并预测无线信道的频谱占用情况[8]。这种技术能按需动态选择不同的授权频带,预测频谱空洞持续时间,最小化对授权用户的干扰。

假设主用户的出现服从泊松分布,频谱占用情况被建模为一个二进制序列,其中符号 1 表示在特定时刻频谱被主用户占用,符号 0 表示频谱空闲。这里假定信道占用率总是大于 50%,即每个主用户在超过 50% 的时间里占用频谱。

1. 马尔可夫信道预测算法

该算法用来预测不同信道的状态变化,并进行动态信道分配。二进制序列从授权用户的信道统计特性中获得。在每个感兴趣的频带内,使用这些二进制序列来训练不同的 HMM。前向 Baum-Welch 算法被用来获得 HMM 的参数,即状态转移矩阵 $\boldsymbol{P}$、输出符号概率矩阵 $\boldsymbol{B}$ 以及初始状态概率向量 $\boldsymbol{\pi}$。仅一个主用户的算法流程如图 5.14 所示,这很容易推广到多个主用户的情况。有多个主用户的情况下,所有主用户信道的统计特性作为不同 HMM 的输入。次用户对特定频带的选择是通过 HMM 的预测来完成的。一旦某个信道被次用户选择,它停留在该信道的时间由 HMM 的信道预测决定。

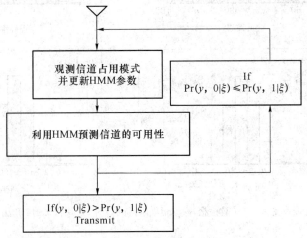

图 5.14 单个主用户存在时,MPCA 算法流程图

信道预测通过计算联合概率 $\Pr(y_1^T,0|\zeta)$ 和 $\Pr(y_1^T,1|\zeta)$ 来实现。如果在特定时间 t，有 $\Pr(y_1^t,0|\zeta)>\Pr(y_1^t,1|\zeta)$，这意味着信道空闲的概率比被占用的概率高。另外，也可以用门限值来比较两个概率，这样当

$$\Pr(y_1^T,0\mid\zeta)-\Pr(y_1^T,1\mid\zeta)\geqslant\delta \qquad (5.55)$$

时，信道是空闲的。于是，可对不同的 δ 进行仿真。因为这些概率值都极小，通常使用它们的对数值，用对数值的差与 δ 进行比较。观察序列被分成等长数据块，块之间相互独立。观察序列出现的概率等于各块出现概率的乘积。如果使用对数值，那么总概率等于各块出现概率之和。数学上，每个数据块长度为 m，共有 n 个数据块，则有

$$\Pr(y_1^T\mid\zeta)=\prod_{k=1}^{n}\Pr(y_{1+m(k-1)}^{mk}\mid\zeta) \qquad (5.56)$$

马尔可夫信道预测算法（MCPA）如图 5.15 所示。CR 用户在检测到主用户出现之前就离开了主用户频带，因此可以显著减小 CR 网络对主用户的影响。仿真结果表明，基于 HMM 的动态频谱分配能明显改善主用户的 SIR。

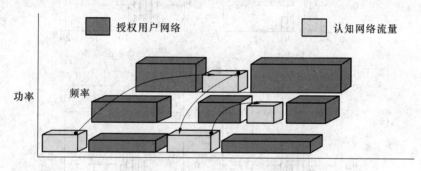

图 5.15　马尔可夫信道预测算法

多主用户是单主用户情况的扩展，这时需要计算多个不同的对数概率值，其中空闲概率最高的信道被用于次用户数据的传输。

2. 仿真结果

仿真设置有 4 个主用户（干扰者）和 1 个次用户。每个主用户的出现都服从泊松分布，且频谱占用率均不低于 50%。仿真场景如图 5.16 所示。

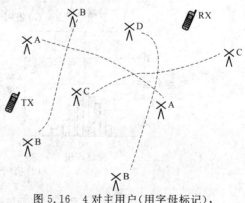

图 5.16　4 对主用户（用字母标记），
1 对认知用户（用 TX-RX 标记）

　　这里假定主用户和认知用户的时隙持续时间是相同的。不计噪声的影响,假设系统是干扰受限的。4 个主用户的频谱占用状况分别如图 5.17 所示。左右两图分别是特定频谱在连续时隙上被占用和空闲的概率。

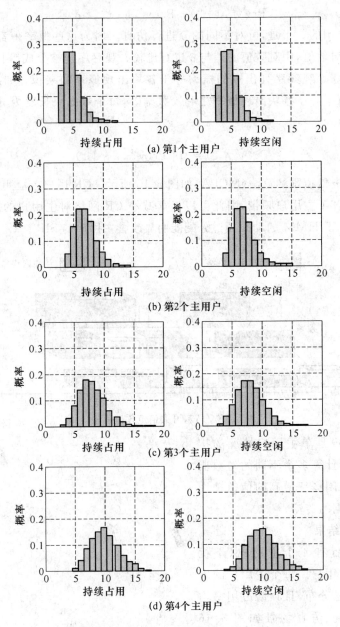

图 5.17　频谱占用情况

下面对基于 MCPA 和基于 CSMA 的两种动态频谱分配机制进行比较。两种机制下主用户 SIR 的累积分布函数(CDF)如图 5.18 所示。基于 MCPA 的分配机制能获得近 20 dB 的性能改善,因为它能有效地避免主次用户间的冲突。

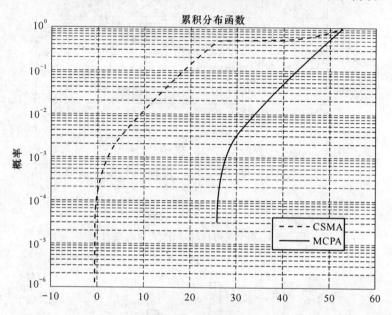

图 5.18 基于 CSMA 机制和基于 MCPA 机制下主用户 SIR 的 CDF

表 5.2 是不同 δ 值对应的 BER 和吞吐量。可以看到随着 δ 的增加,BER 越来越小,但吞吐量性能有所下降,这是因为数据传输的限制条件越来越严苛了。

表 5.2 采用 MPCA 算法 BER 以及吞吐量

阈值 δ	发送比特数	误比特率	吞吐量(%)
0	45 578	0.030 0	93.64
0.003 0	43 905	0.026 0	89.82
0.005 0	26 412	0.022 0	54.03
0.006 5	7 173	0.000 76	24.57
0.007 0	5 034	0.000 02	15.34

图 5.19 是不同 δ 值对应的 BER 值。图 5.20 是 CR 占用 4 个授权频谱的时间百分比。

总之,只要恰当地调整 HMM 参数,即使主用户占用信道率大于 50%,CR 系统也能获得与 AWGN 信道下 BPSK 调制类似的性能。

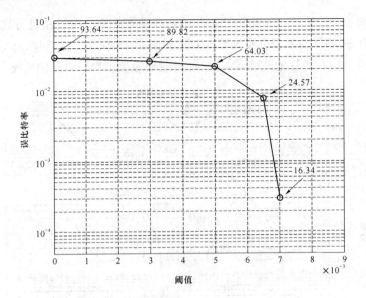

图 5.19　4 个主用户时，MPCA 算法的性能

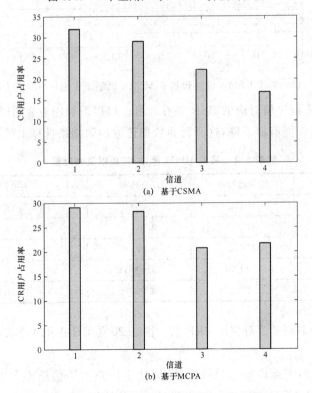

图 5.20　CR 使用 4 个授权信道的时间百分比

本章参考文献

[1] 杜世平. 隐马尔可夫模型在生物信息学中的应用 [J]. 大学数学,2004.

[2] 李杰. 隐马尔可夫模型的研究及其在图像识别中的应用[D]. 北京:清华大学,2004.

[3] 王春玲. 隐马氏模型的建立及其应用 [D]. 北京:国防科技大学,2002.

[4] Richard O. Duda, Peter E. Hart, David G. Srork. 模式分类 [M]. 北京:机械工业出版社,2005.

[5] Chang-Hyun Park, Sang-Won Kim, Sun-Min Lim, et al. HMM Based Channel Status Predictor for Cognitive Radio, Proceedings of Asia-Pacific Microwave Conference 2007 [C]. Munich,German:EuMC,2007:1-4.

[6] Chittabrata Ghosh, Carlos Cordeiro, Dharma P Agrawal, et al. Markov Chain Existence and Hidden Markov Models in Spectrum Sensing, Proceedings of IEEE International Conference on Pervasive Computing and Communications, 2009 [C]. Cairo, Egypt:IEEE,2009.

[7] Zhao Q, Swami A. A decision-theoretic framework for opportunistic spectrum access [J]. IEEE Wireless Comm. Mag. , August 2007,14(4):14-20.

[8] Ihsan A Akbar,William H Tranter. Dynamic Spectrum Allocation in Cognitive Radio Using Hidden Markov Models:Poisson Distributed Case, Proceedings of IEEE Southeast Con, Mar. 2007[C]. Richmond, Virginia:IEEE, 2007:196-201.

第6章　案例学习算法在认知无线网络中的应用

6.1　案例学习算法概述

案例学习算法最早可以追溯到 1910 年,是一种比较常用的机器学习方法,通常也称为懒惰学习或基于记忆的学习。之所以称之为基于记忆的学习,是因为它需要存储训练样本,而且样本数据越多,拟合效果就越好。称之为懒惰学习是指它不会事先利用已有样本通过训练获得一个逼近模型,如人工神经网络(ANN),相反,它仅仅事先保存训练样本,当需要预测某一指定输入的目标值时,通过部分或全部样本来产生一个局部近似模型以响应输入。所以实例学习训练速度非常快(其实谈不上训练,仅仅是存储样本而已),而查询速度较慢(真正的拟合在查询时进行)。一般来讲,案例学习算法需要解决四个方面的问题。

(1) 定义"距离公制"(Distance Metrics)

案例学习预测目标值的第一步是寻找相似样本,在机器学习中对于相似的定义一般是利用标准欧几里得距离得到。任意的案例可以表示成一个特征向量,$\langle a_1(x),$ $a_2(x),\cdots,a_n(x)\rangle$,其中 $a_n(x)$ 表示实例 x 的第 n 个属性值。那么两个案例 x_i 和 x_j 间的距离定义为 $d(x_i,x_j)$, 其中 $d(x_i,x_j)=\sqrt{\sum_{r=1}^{n}(a_r(x_i)-a_r(x_j))^2}$ 。

(2) 查询点邻近样本数目(Near Neighbors)

查询点邻近样本数目的意思是利用多少已知样本去拟合查询点的目标值。一般情况考虑与查询点最靠近的部分样本,以形成一个局部逼近,如 k 近邻法会考虑最近的 k 个样本,用这 k 个样本的平均值去预测目标值。最近邻法考虑最近的一个样本,并且用该样本的输出值来预测查询点的目标值。

(3) 加权函数(Weighting Function)

最近邻法和 k 近邻法仅仅利用相邻样本的平均值来预测查询点的目标输出,

这种预测导致在同一区域内不是很相似的输入得到相同的目标值,另外在区域的边界拟合函数不连续、不光滑,拟合效果较差。一个平滑的办法是采用加权平均的思想,即对每一个邻近的样本利用加权函数赋予一个[0,1]之间的权值,这样的方法称为核回归(Kernel Regression),加权函数在不同的算法中有不同的定义,一般使用高斯函数。

(4) 如何利用相邻去拟合查询点的目标值

考虑利用相邻 N 个样本拟合目标值的情况,N 个样本和相应的权值分别是 $(x_1, y_1, w_1), (x_2, y_2, w_2), \cdots, (x_k, y_k, w_k), \cdots, (x_N, y_N, w_N)$。对于最近邻法和 k 近邻法拟合的方法比较简单,仅仅采用平均的方法或简单的局部模型。为了提高拟合的效果可以考虑一个比较复杂点的局部模型,如线性模型或多项式模型等。局部加权回归(Locally Weighted Regression,LWR)即为这样的方法,利用样本显式地构造局部模型,然后运用模型预测目标值。

6.1.1 案例描述和索引

案例描述就是对于过去已经解决了的问题及其解决方案的描述。它是案例学习算法的基础,应该具有良好的组织结构,便于查询和存储的同时能够提高查询速度和精度。案例的描述根据不同的问题有不同的方法,大致上可以分为两种思路,即动态存储模型和种类-样本模型。

1. 动态存储模型

最早可称得上基于案例的推理系统是 Kolodner 的 CYRUS 系统,它基于 Schank 提出的动态存储模型。这个模型的案例存储器是由小事件存储组织包 (Episodic Memory Organization Packets,E-MOPs)构成的一个层次结构。这个模型是根据 Schank 的更为一般的 MOP 理论发展而来的,其基本观点是将具有相似特性的一些案例组织到一个一般的结构中(Generalized Episode,GE)。一个 GE 包含三个不同类型的对象:准则、案例、索引。准则就是一个 GE 所包含的所有案例共有的特性。索引就是能够将一个 GE 中的案例区别开来的那些特征。一个索引可以直接指向一个案例,也可以指向另外一个 GE。一个索引包含两部分:索引名和索引值。

2. 种类-样本模型

Ray Bareiss 和 Bruce Porter 建造了一个基于案例的推理系统 PROTOS,提出了一种在案例库中组织案例的另一种方法。这个案例存储模型是用一个由种类、案例和索引值指针构成的网络结构来实现的。每一个案例都与一个种类相关。一个索引可能指向一个案例或一个种类。索引有三类,第一类是特征连接,它由问题的描述也就是特征指向案例或种类；第二类是案例连接，它由种类指向与它相关的案例（也称为样本连接）；第三类是差异连接，从一个案例指向与它相邻的其他相近的案例。一个特征一般用一个名字和一个值一起来表示。一个种类用包含的所有样本依据和原型接近的程度来分类。

大多数数据库系统中采用索引技术以加速数据的检索。在案例库中同样使用索引技术来加快案例检索的速度，提高基于案例推理系统的求解效率。根据是否对问题域属性进行索引，问题域属性可以分为索引属性和非索引属性两类。

建立索引时可以参考使用以下标准。

- 基于属性相似性的索引，即把在某一属性上的取值比较相似的案例进行索引。
- 选择各案例间取值相差最大的属性进行索引，这样容易区分各个案例。
- 先对案例进行聚类分析，得出大致的案例类别，再对不同的案例类别所对应的具体案例按照案例属性的取值进行索引。
- 按照案例问题域属性所定义权值的大小进行索引。

案例索引从索引级别上可分为单级和多级索引。单级索引比较简单，适用于案例库中案例不太多的情况，可按某个属性的取值进行索引，如在某关于桥梁设计的决策支持系统中我们可以按照桥梁的类型这一属性进行索引，如图 6.1 所示。

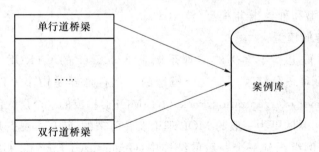

图 6.1　案例库一级索引示意图

多级索引技术对于案例库庞大的情况很有效，可以提高案例检索的效率。下面介绍采用聚类分析方法来为案例库建立二级索引时的案例组织，设整个案例库有 N 个案例，表示为

$$\text{Casebase} = <\text{case1}, \text{case2}, \cdots, \text{case}N>$$

首先对所有的案例进行聚类分析，即把相似的案例按某种方法先进行归类，得到 M 类抽象案例：

$$\text{AbstractCasebase} = <\text{Acase1}, \text{Acase2}, \cdots, \text{Acase}M>$$

其中 $M \leqslant N$。这 M 类抽象案例作为第一级索引，每类抽象案例中又含有数个具体案例，Acasei＝＜casei1，casei2，…，caseiS＞，S 为第 i 类抽象案例中所含具体案例数量。这些具体案例再按照案例的某项属性的取值进行索引形成第二级索引，如图 6.2 所示。

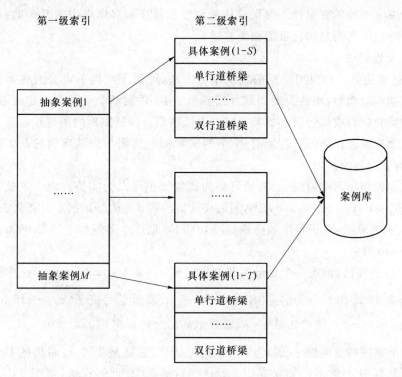

图 6.2　案例库二级索引示意图

6.1.2　典型的案例学习算法

　　已知一系列的训练样例，多数学习方法是为目标函数建立起明确的一般化描述。但与此不同，基于案例的学习方法只是简单地把训练样例存储起来。每当学习器遇到一个新的查询案例，它分析这个新案例与以前存储的案例的关系，并据此把一个目标函数值赋给新案例。典型的案例学习算法包括 k 近邻法、局部加权回归(Locally Weighted Regression)和基于径向基函数的方法，它们都假定案例可以被表示为欧几里得空间中的点。基于案例的学习算法有时被称为消极(Lazy)学习法，因为它们把处理工作延迟到必须分类新的案例时。这种延迟的或消极的学习方法有一个关键的优点，即它们不是在整个案例空间上一次性地估计目标函数，而是针对每个待分类新案例作出局部的和相异的估计。

　　基于案例的学习方法的不足之处是，分类新案例的开销可能很大。这是因为几乎所有的计算都发生在分类时,而不是在第一次遇到训练样例时。所以,如何有效地索引训练样例,以减少查询时所需的计算是一个重要的实践问题。此类方法的第二个不足是(尤其对于最近邻法),当从存储器中检索相似的训练样例时,它们一般考虑案例的所有属性。如果目标概念仅依赖于很多属性中的几个时,那么真正最"相似"的案例之间很可能相距甚远。

1. k 近邻法

k 近邻法是一种应用广泛的案例学习方法,可用于线性不可分的多类案例识别。其基本原理为:将各类案例划分成若干子类,并在每个子类中确定代表点,一般用子类的质心或邻近质心的某一样本为代表点。测试案例的类别则以其与这些代表点距离最近作决策。在所有 N 个测试案例中找到与测试案例的 k 个最近邻者,即为 k 近邻法。

在 k 近邻学习中,目标函数值可以为离散值也可以为实值。对于离散目标函数 $f: R_n \rightarrow V, V = \{v_1, v_2, \cdots, v_n\}$,逼近离散值函数 $f: R_n \rightarrow V$ 的 k 近邻算法如下。

- 训练算法:对于每个训练样例 $\langle x, f(x) \rangle$,把这个案例加入列表 training_examples。

- 分类算法:给定一个要分类的查询实例 x_q,在 training_examples 中选出最靠近 x_q 的 k 个实例,并用 $x_1, x_2, \cdots, x_k$ 表示返回值 $\hat{f}(x_q) \leftarrow \arg \max_{v \in V} \sum_{i=1}^{k} \delta(v, f(x_i))$,其中如果 $a=b$,那么 $\delta(a,b)=1$,否则 $\delta(a,b)=0$。

这个算法的返回值 $\hat{f}(x_q)$ 为对 $f(x_q)$ 的估计,它就是距离 x_q 最近的 k 个训练样例中最普遍 f 的值。如果我们选择 $k=1$,那么"1-近邻算法"就把 $f(x_i)$ 赋给 $\hat{f}(x_q)$,其中 x_i 是最靠近 x_q 的训练实例。对于较大的 k 值,这个算法返回前 k 个最靠近的训练实例中最普遍 f 的值。

对于连续目标函数,我们需要对上面的 k 近邻算法进行修改,让算法计算 k 个最接近样例的平均值,而不是计算其中的最普遍的值。更精确地讲,为了逼近一个实值目标函数 $f: R_n \rightarrow R$,我们只要把算法中的公式替换为 $\hat{f}(x_q) \leftarrow \sum_{i=1}^{k} f(x_i)/k$。

在 k 近邻算法中,根据 k 个近邻相对查询点 x_q 距离,通过改进对 k 个近邻的贡献加权,将较大的权值赋给较近的近邻,这就是距离加权最近邻算法。距离加权最近邻算法是对 k 近邻算法的一种改进,我们可以根据每个近邻与 x_q 距离平方的倒数加权这个近邻的"优先权"来实现,方法是通过用下式取代 k 近邻算法中的公式来实现:

$$\hat{f}(x_q) \leftarrow \arg \max_{v \in V} \sum_{i=1}^{k} w_i \delta(v, f(x_i)) \tag{6.1}$$

其中

$$w_i = \frac{1}{d(x_q, x_i)^2}$$ (6.2)

如果查询点 x_q 恰好匹配某个训练样例 x_i，那么 $d(x_q, x_i) = 0$，如果避免这种情况的出现，则令 $\hat{f}(x_q) = f(x_i)$。

同样的方法也可以用于对实值目标函数进行距离加权，具体方法是用式(6.3)取代 k 近邻算法中的公式：

$$\hat{f}(x_q) \leftarrow \frac{\sum_{i=1}^{k} w_i f(x_i)}{\sum_{i=1}^{k} w_i}$$ (6.3)

w_i 的定义同式(6.2)。注意式(6.3)中的分母是一个常量，它将不同权值的贡献归一化。

2. 局部加权回归法

局部加权回归法是对 k 近邻法的推广。如果说 k 近邻算法是在单一的查询点 $x = x_q$ 上逼近目标函数 $f(x)$，局部加权回归法是在环绕 x_q 的局部区域内为目标函数 f 建立明确的逼近，使用附近的或距离加权的训练样例来形成这种对 f 的局部逼近。

给定一个新的查询实例 x_q，局部加权回归的一般方法是建立一个逼近 $\hat{f}$，使 $\hat{f}$ 拟合环绕 x_q 的邻域内的训练样例，然后用这个逼近来计算 $\hat{f}(x_q)$ 的值，也就是为查询实例估计的目标值输出，然后 $\hat{f}$ 的描述被删除，因为对于每一个独立的查询实例会计算不同的局部逼近。

我们考虑用如下形式的线性函数来逼近 x_q 邻域的目标函数 f：

$$\hat{f}(x) = w_0 + w_1 a_1(x) + \cdots + w_n a_n(x)$$ (6.4)

$a_i(x)$ 表示实例 x 的第 i 个属性值。

在拟合以上形式的线性函数到给定的训练集合时，我们可以用梯度下降方法来找到使误差最小化的系数 $w_0, w_1, \cdots, w_n$。但是，如果训练样例是线性不可分的，那么不能够保证训练过程是收敛的，也就是不能成功地找到一个权向量使得训练误差最小。为克服这个缺点，人们设计了 delta 法则。

delta 法则的关键思想是使用梯度下降来搜索可能的权向量的假设空间，以找到最佳拟合训练样例的权向量。delta 训练法可以理解为训练一个无阈值的感知器，也就是线性单元，它的输出如下：$o(\vec{x}) = \vec{w} \cdot \vec{x}$，其中 $\vec{w}$ 是权 $w_0, w_1, \cdots, w_n$ 的向量，$\vec{x}$ 为输入变量的向量，$o(\vec{x})$ 代表感知器的输出。为了得到 $w_0, w_1, \cdots, w_n$ 的值，我们先指定一个度量标准来衡量权向量相对于训练样例的训练误差，一个常用的度量标准为

$$E(\vec{w}) = \frac{1}{2} \sum_{d \in D} (t_d - o_d)^2 \qquad (6.5)$$

式中，D 是训练样例集合，t_d 是训练样例 d 的目标输出，o_d 是线性单元对训练样例 d 的输出。在这个定义中，$E(\vec{w})$ 是所有的训练样例的目标输出 t_d 和线性单元输出 o_d 差的平方和的一半。

图 6.3 为将所有的权向量和相关联的 E 值的整个假设空间可视化的表示，以更好地理解梯度下降算法。坐标轴 w_0 和 w_1 表示一个简单的线性单元中两个权可能的取值。纵轴指出相对于某固定的训练样例的误差 E。误差曲面包括了假设空间中每一个权向量的期望度。如果定义 E 的方法已知，那么对于线性单元，这个误差曲面必然是具有单一全局最小值的抛物面，当然具体的抛物面形状依赖于具体的训练样例集合。图中箭头显示了该点梯度的相反方向，指出了在 w_0 和 w_1 平面中沿误差曲面最陡峭下降的方向。

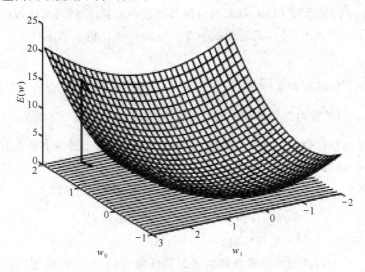

图 6.3　不同假设的误差

为了确定一个使 E 最小化的权向量，梯度下降搜索从任意一个初始权向量开始，然后对这个向量进行反复的微小的修改，每次修改都沿误差曲面产生最陡峭下降的方向，直到得到全局的最小误差点。

根据上面的提示，首先我们先确定误差曲面最陡峭的方向，这可以通过计算 E 相对向量 $\vec{w}$ 的每个分量的导数来获得，也就是 E 对于 $\vec{w}$ 的梯度，如式(6.6)所示。

$$\nabla E(\vec{w}) = \left[\frac{\partial E}{\partial w_0}, \frac{\partial E}{\partial w_1}, \cdots, \frac{\partial E}{\partial w_n} \right] \tag{6.6}$$

$\nabla E(\vec{w})$确定了使 E 最陡峭上升的方向,那么曲面的最小值可以通过 $\nabla E(\vec{w})$ 的反方向得到,因此我们定义梯度下降的训练法则是

$$\vec{w} \leftarrow \vec{w} + \Delta \vec{w} \tag{6.7}$$

其中,$\Delta \vec{w} = -\eta \nabla E(\vec{w})$。这里 η 是一个正的常数,它决定了每次梯度下降的大小,负号表示权向量向 E 下降的方向移动。该训练法则也可以写成

$$w_i \leftarrow w_i + \Delta w_i \tag{6.8}$$

其中

$$\Delta w_i = -\eta \frac{\partial E}{\partial w_i} \tag{6.9}$$

图 6.4 中的最小值可以按照比例 $\frac{\partial E}{\partial w_i}$ 改变 $\vec{w}$ 中每一个分量 w_i 来找到。

根据式(6.4),

$$\frac{\partial E}{\partial w_i} = \frac{1}{2} \sum_{d \in D} \frac{\partial (t_d - o_d)^2}{\partial w_i} = \frac{1}{2} \sum_{d \in D} 2(t_d - o_d) \frac{\partial (t_d - o_d)}{\partial w_i}$$

$$= \sum_{d \in D} (t_d - o_d) \frac{\partial (t_d - \vec{w} \cdot \vec{x_d})}{\partial w_i} \tag{6.10}$$

$$\frac{\partial E}{\partial w_i} = \sum_{d \in D} (t_d - o_d)(-x_{id}) \tag{6.11}$$

式中,x_{id} 表示训练样例 d 的一个输入分量 x_i。把式(6.11)代入到式(6.9)中便可得到梯度下降权值更新法则:

$$\Delta w_i = \eta \sum_{d \in D} (t_d - o_d) x_{id} \tag{6.12}$$

总之,训练线性单元的梯度下降算法如下:选取一个初始的随机权向量;应用线性单元到所有的训练样例,然后根据式(6.12)计算每个权值的 Δw_i;通过加上 Δw_i 来更新每个权值,然后重复这个过程,直到找到误差最小的权向量。

上面我们讨论的是对目标函数的全局逼近,为了拟合局部训练样例推导出局部逼近,我们将重新定义误差准则,把误差写为 $E(x_q)$,即误差被定义为查询点 x_q 的函数。$E(x_q)$ 的表达式如式(6.13)所示:

$$E(x_q) = \frac{1}{2} \sum_{x \in Q} (f(x) - \hat{f}(x))^2 K(d(x_q, x)) \tag{6.13}$$

Q 代表 x_q 的 k 个近邻。

与式(6.5)所示,$t_d \rightarrow f(x)$,$o_d \rightarrow \hat{f}(x)$,$K(d(x_q, x))$ 代表对每个训练样例加权,权值为关于相距 x_q 距离的某个递减函数 K。

根据式(6.13),使用与上面提到的推导梯度下降法则,可以得到以下训练法则:

$$\Delta w_i = \eta \sum_{x \in Q} K_u(d(x_q, x))(f(x) - \hat{f}(x))a_i(x) \tag{6.14}$$

式中,Q 代表 x_q 的 k 个近邻。

3. 基于径向基函数的方法

径向基函数是另一种函数逼近的方法,在这种方法中,

$$\hat{f}(x) = w_0 + \sum_{u=1}^{k} w_u K_u(d(x_u, x)) \tag{6.15}$$

式中,每个 x_u 是 x 中一个实例,核函数 $K_u(d(x_u, x))$ 被定义为随距离 $d(x_u, x)$ 的增大而减小。k 是用户提供的常量,用来指定要包含的核函数的数量。$\hat{f}(x)$ 是对 $f(x)$ 的全局逼近,每个 $K_u(d(x_u, x))$ 项的贡献可以被局部化到点 x_u 附近的区域。$K_u(d(x_u, x))$ 一般为高斯函数,高斯函数的中心点为 x_u,方差是 σ_u^2,如图6.4所示。

$$K_u(d(x_u, x)) = e^{-\frac{1}{2\sigma_u^2}d^2(x_u, x)} \tag{6.16}$$

Hartman 等人指出,式(6.15)这样的函数形式能够以任意小的误差逼近任何函数,只要以上核函数的数量 k 足够大,并且可以分别指定每个核的宽度 σ^2。

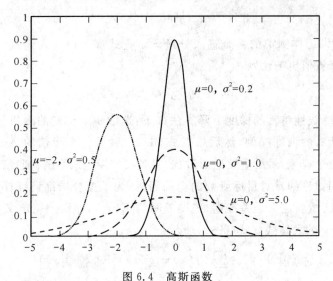

图6.4 高斯函数

6.1.3 案例检索和修改

案例检索的任务是找到求解案例最接近的过去的案例。它的子任务是:确定

特征、初始匹配、搜索和选择，并且依先后的顺序执行。确定特征子任务提出一些与问题相关的特征，匹配子任务的目标就是找到一些与新案例足够相似的老案例，搜索和选择子任务就从这些案例中找到最佳的匹配案例。案例检索的效率和案例的索引结构密切相关，如何准确、快速获得案例的解决方案是评价基于案例推理系统的一个重要方面。

目前，常用的案例检索方法有最近相邻方法（Nearest-Neighbor Method）、归纳推理方法（Inductive Method）、基于知识的方法（Knowledge-based Indexing Method）和基于模板检索的方法（Template Retrieval Method）。其中，最近相邻方法参考 6.1.2 节，下面对后三种方法进行简单介绍。

1. 归纳推理方法

归纳推理方法是机器学习研究者从历史数据中提取规则、构造决策树时所提出的。基于案例推理系统中使用它来对案例分类或进行索引，常用的算法是 ID3 算法。

决策树是一种类似树的结构，每一个内部节点表示一个属性，每个分支表示一个案例分类结果，叶节点表示分类或类分布，最顶上的节点为根节点。下面简要介绍决策树的构造。构造决策树时要用到信息增益（Information Gain）的概念，这是信息论中使用的一个概念，用来反映数据在信道传输过程中的不确定性。对于案例问题域的所有属性计算其信息增益值，取其最大值作为树的第一个节点，这时根据这个节点的取值可以确定几个分支，对每个分支情况下的其他属性再次计算信息增益值，取其最大值作为下一个树节点，如此迭代下去直到以下某个条件成立：（1）没有属性可以用来作进一步分类；（2）所有案例都已归为某一类。

例如：某案例库中存储的案例是关于银行用户信贷情况的统计。案例问题域有三个属性，分别为贷款金额、工资类型、收入状况，可以按照 ID3 算法和案例在这三个属性的取值来构造决策树，如图 6.5 所示。对于一个给定的案例，可以根据这颗决策树来决定用户的信贷信用情况。某案例中某人月收入为 2 000 元，工资类型为月薪，还贷金额为 200 元，那么根据图 6.5 所示的决策树，这个人的信贷信用情况属于类 A 信贷信用好（A. 信贷信用好；B. 信贷信用很好；C. 信贷信用很差；D. 信贷信用差）。

2. 基于知识的方法

根据从前已知的知识来决定事例中哪些特征在进行案例检索时是重要的，并根据这些特征来组织检索，这使得案例的检索具有一定的动态性。如果相应的知识非常完备，这种方法可以保证案例库组织结构的相对稳定，同时使案例库的结构不至于随着案例的增加而急剧变化。

3. 基于模板检索的方法

模板检索方法与 SQL 查询相类似,它返回符合一定参数的所有案例。该方法常在其他方法之前使用(如最近相邻方法),把搜索空间限制到案例的相关部分中来。

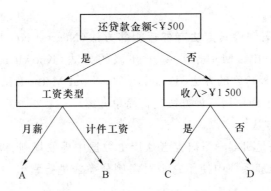

图 6.5　用来评价用户信贷信用的决策树

案例修改是指对案例检索所得到的相似案例的解决方案进行修改以解决新的问题的过程。基于案例推理系统中的案例修改(调整)是基于案例推理系统的一个难题,确定一种普遍适用的修改方法是困难的,一般来说修改策略主要是针对特定应用领域确定特定的修改策略。

基于案例推理系统中的案例修改从修改者角度可以分为两类。这两类策略可以结合使用,用户修改可以在系统修改的基础上进行。

(1)用户修改:最终决策方案由用户通过修改检索到的案例的解决方案得到。

(2)系统修改:由基于案例推理系统通过某种提前定义的案例修改策略完成对案例解决方案的修改,然后提交给用户。

基于案例推理系统中按照对案例修改程度的不同,由简单到复杂可分为以下几种。

(1)不修改

基于案例推理系统并不对所获取的案例解决方案进行系统修改,但用户可以在系统提交解决方案后对解决方案进行用户修改。不修改的情况适用于案例推理过程比较复杂而结果相对简单的情况,例如在银行贷款的决策支持中我们所要的结果仅仅是拒绝还是同意贷款请求。

(2)参数修改

参数修改是一种结构性修改,使用系统预定义的案例修改策略直接对案例检索得到的案例的解决方案进行修改。

（3）实例化修改

这种方法根据应用环境不同把旧案例解决方案的属性值实例化为新案例的属性值。例如国家的最高元首，有的国家是总统而有的国家是主席。

（4）获得性修改

重用以前进行案例修改时所用过的案例修改策略，这个修改策略被作为案例的一个属性存储于案例库中，如果对新案例进行检索时所得到的相似案例中含有案例修改策略，则对应这个案例修改策略，然后把修改后的案例解决方案提交给用户参考。

案例的系统修改在许多情况下是很有用的，但并不是必须的。许多成功的基于案例推理系统并不进行系统修改，它们仅是案例检索系统，然后由用户进行案例修改。案例的重用、修改、评价过程是一个反复迭代的过程，如果案例评价过程证明案例重用的效果不理想，可以进入案例修改阶段，然后再次进行案例重用，如此循环直到案例评价过程证明案例重用效果良好，然后进入案例学习阶段。

6.1.4　基于案例的推理

推理机制是知识系统中的重要组成部分，目前知识系统中的推理机制主要有三种。

（1）基于规则的推理机制（Rule-Based Reasoning，RBR）

这是基于领域专家知识和经验的推理，它将专家的知识和经验抽象为若干推理过程中的规则。传统的专家系统采用的推理模式一般是 RBR。对于 RBR 方式来说，规则的形式易于理解，知识结构好，但是缺点是规则库难于维护、知识的一致性难以保证、推理效率相对较低、很难实现自学习。

（2）基于模型的推理机制（Model-Based Reasoning，MBR）

该机制有时也称为 Memory-Based Reasoning，是利用待解决问题的系统结构或组成要素等特性、原理或原则，建立一个数学模型，然后再利用这一数学模型结合问题条件，对系统作出推理、判断，以达到解决系统问题的目的。

（3）基于案例的推理机制（Case-Based Reasoning，CBR）

该机制来自认知科学中记忆在人们预期和决策时所扮演的角色，知识源是已经存在的实例，而不是规则。它直接模拟人类思维模式，在遇到一个需要求解的问题时，首先在案例库中检索与该问题最相类似的事例，并对其进行修补，输出修补后的结果作为该问题的解。它寻找的是最佳匹配，而不是最准确的匹配。其模型如图 6.6 所示。

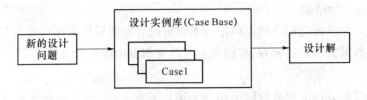

图 6.6　CBR 模型

CBR 是人工智能中发展起来的一种重要的推理模式,属于域内类比推理。源于美国的 CBR 随后在欧洲兴起,由于 CBR 能够很好地模拟人类的认知过程,它的应用范围也变得越来越广泛。基于案例的推理本质上是一种基于记忆的推理,符合人的认知过程。当人们遇到新问题新情况时,不仅仅将其看成一个具体的问题,人们会对问题思考,并对其进行归类,然后从大脑里寻找过去解决过的类似问题,并根据过去解决类似问题的经验和教训来解决现在所遇到的问题。CBR 在遇到新问题时,在案例库中检索过去解决的类似问题及其解决方案,并比较新、旧问题发生的背景和时间差异,对旧案例的解决方案进行调整和修改以解决新的问题。与传统的基于规则推理和基于模型推理相比,CBR 的数据形式属于"自由"类型,因此不同于强调数据域、数据长度和数据类型的传统关系数据模型。它无须显示领域知识模型,避免了知识获取瓶颈,而且系统开放,易于维护,推理速度较快。同时增量式的学习使案例库的覆盖度随系统的使用逐渐增大,判断效果越来越好,可以有效解决传统推理方法中存在的许多问题。与 RBR 相比,CBR 的优点可以概括如下。

- CBR 系统克服了 RBR 所具有的知识获取瓶颈,因为 CBR 的知识获取只是简单地获取过去的案例。
- 在没有模型存在的情况下,CBR 系统也能建立,而 RBR 则必须建立应用空间模型。
- CBR 系统能快速得出解决方案。
- CBR 系统维护简单。
- 特定的案例将用来为方案提供说明,这比纯粹的规则更具有说服力。
- CBR 系统能以获取新的案例的方法实现自学习。
- CBR 系统能够反映使用者的经验积累,同一套 CBR 系统在不同的使用环境下经过一段时间,将会成为不同的系统。

采用 CBR 推理在设计之初就得检索大量的数据,不仅影响了系统的效率和实时性,而且对于一些规律性的信息,使用事例描述起来存在冗余。有时一条规则就可以解决的问题,用事例描述起来却非常烦琐。因此将 RBR 与 CBR 相结合的专家系统,可以优势互补,具有较好的应用前景。RBR 和 CBR 融合的框架如图 6.7 所示,采用主辅推理的集成方式,以 CBR 为主,RBR 为辅。当面对新问题时,先用 CBR 求解,如匹配,则得到最佳答案。否则,利用 RBR 求解,若得到问题的解,则 建模成功,否则,失败退出。

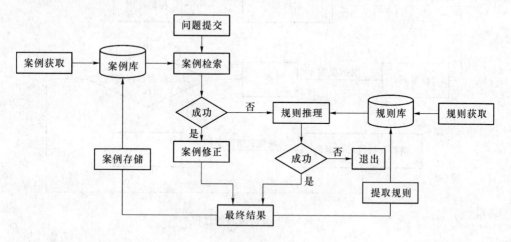

图 6.7 CBR 和 RBR 融合的框架

CBR 将目前面临的新问题称为目标案例,将过去解决过的问题称为源案例。 案例推理的过程可以看作是一个 4R(Retrieve, Reuse, Revise, Retain) 的循环过程,即相似案例检索、案例重用、案例的修改和调整、案例学习四个步骤的循环(如图 6.8 所示)。遇到新问题时,将新问题通过案例描述输入 CBR 系统;系统会检索出与目标案例最匹配的案例,若有与目标案例情况一致的源案例,则将其解决方案直接提交给用户;若没有则根据目标案例的情况对相似案例的解决方案进行调整和修改,若用户满意则将新的解决方案提交给用户,若不满意则需要继续对解决方案进行调整和修改;对用户满意的解决方案进行评价和学习,并将其保存到案例库中。下面详细介绍一种 CBR 算法,即双向式 CBR 算法。

双向式 CBR 算法是指把使用者的使用经验和领域经验分离成为两个逻辑层面,从而使算法的效率和精度得到提高。也就是说,在实际应用中还会碰到另一类系统,它的使用者不具备相对统一的特征,如旅游智能咨询系统,它的用户各种各样,有的使用者时间很宽裕,但资金不足;有的则正好相反,时间不够,但资金很宽裕。如果还把使用者信息和应用实例信息统一在一个实例库中,将造成实例库过分庞大,既难以管理又不利于提高查询精度和速度。

图 6.9 所示的双向式 CBR 算法包括两个部分。

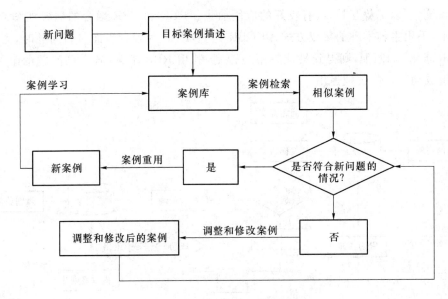

图 6.8　案例推理的过程

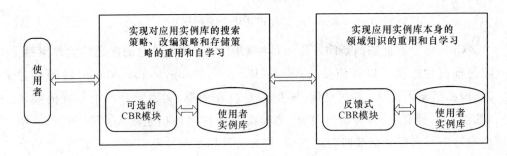

图 6.9　双向式 CBR 原理图

（1）使用者实例库

它主要实现对应用实例库的搜索策略、改编策略和存储策略的重用和自学习。用户在使用该系统时,系统首先对使用者实例库进行搜索,其搜索算法可采用反馈式 CBR 算法或其他算法模块。当用户为新用户时,系统可在老用户间进行类比推理,从而找到与新用户特征匹配最好的老用户,并依据它来确定对应用实例库的三种操作策略,从而实现策略的重用;同时此新用户可对老用户的策略进行修改,若能得到满意结果,则此用户被存为新的一个用户实例,从而为以后的重用打下基础,这其实是实现了策略的自学习。

（2）应用实例库

它主要实现系统所涉及领域的知识的重用和自学习。采用反馈式 CBR 算法,它增加了一张实例查询的中间结果表（Med Case）和权值日志表（Wi Log）。当一个实例进行第一次查询时，将直接查询实例库，其查询结果被存储于中间结果表，一般结果数量可能太大，需要进行第二次查询，修改 Wi 后进行第二次查询，第二次查询只对中间结果表进行搜索，从而避免了对整个数据库的搜索，降低了查询时间，同时权值日志表把旧的权值更新为当前的 Wi 值，如果结果令人满意则停止查询，否则继续以上过程。如果有相类似的实例查询出现，就可能利用已修改的 Wi 一次查询得到满意结果，这其实表现了权值的可学习性。

双向式 CBR 算法的特点如下：从系统整体来看，针对不同的用户、不同的要求，把实例库分成使用者实例库和应用实例库，降低了实例库的复杂度，有利于维护和管理，同时也便于用不同的组织或搜索方法来区别对待它们。如图 6.10 所示，使用者实例库的学习模块可以是任选的 CBR 模块，使得算法的逻辑比较清楚。这样就可以根据不同使用者的存储策略对存储结构进行动态调整，使得应用实例库的存储结构得到不断优化。同时也可以根据不同使用者的改编策略对查询到的应用实例进行改编，达到更高的满意度，同时体现了双向式 CBR 算法的使用者实例库和应用实例库可以同时进行自学习，这也就是它的优势所在。

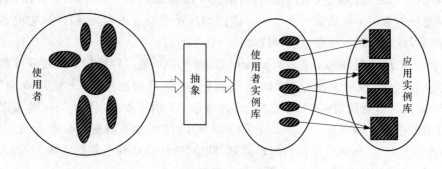

图 6.10　双向式 CBR 算法的思想

从搜索速度和满意度来看，对不同的用户来说，其搜索的要求是不同的，这就导致由此抽象出来的匹配特征是不同的，同时各特征的权值也不同，即对各特征的重视度不同，在应用实例库中的搜索域也不同，所以用户的不同导致了搜索策略的不同，只有区分不同的搜索策略才能达到更好的搜索满意度和速度。搜索满意度的提高主要是由于把使用者分为不同的实例，其针对性和学习的目的性加强，不同的使用者具有和本身特点相对应的一套搜索经验，搜索速度的提高主要由于以下两点。

（1）特征权值、收敛半径、改编经验等的自学习性。

当使用者为一新用户时，它可以在使用者实例库中找到一个与之最匹配的实例,从而实现特征权值和收敛半径的重用,往往能够一次搜索成功,减少了普通 CBR 系统中在调整特征权值和收敛半径时所必须进行的重复搜索。同时它还能针对不同的使用者对改编经验进行学习,使得不同使用者的经验得以个性化的发展。

(2) 利用使用者实例的特征对应用实例库的搜索域进行分解,减小搜索范围。

如图 6.8 所示,假设使用者实例库有 K 个实例,从中抽象出 M 个使用者特征用来区分不同的使用者,应用实例库有 L 个实例,则应用普通 CBR 算法的搜索实例个数为 L,应用双向式 CBR 算法的搜索实例个数为 $\dfrac{K+L}{2^M}$。在 K 很小,L 很大的情况下,存在 $L \gg \dfrac{K+L}{2^M}$,可见此算法能提高收敛速度。

6.2 案例学习算法的应用举例

6.2.1 案例学习算法在无线电环境图中的应用

IEEE 802.22 无线区域网标准(Wireless Regional Area Network,WRAN)是世界范围内第一个将认知无线电技术应用到广播电视业务的商业标准,它允许用户在未授权的情况下使用电视频段(54~862 MHz)。

无线电环境图(Radio Environment Map,REM)是一种可记录无线环境特点的综合数据库,包括多类信息,如地理特征、可获得的服务、频谱使用规则等。REM 信息可以通过观察 CR 节点更新,并通过 CR 网络发布。因此,REM 可以更有效地改进和管理 WRAN。REM 可以为 WRAN 认知引擎提供强有力的支持。比如,基于 REM 的无线电情景驱动测试可以用来评估认知引擎的表现。因此,研究 REM 在认知 WRAN 中的应用非常有意义。

1. 认知 WRAN 系统中的 REM 数据模型

(1) CR 网络中数据库的作用

在具有环境感知、支持案例学习(Case-Based Learning,CBL)和知识学习(Knowledge-Based Learning,KBL)等功能的认知网络中,数据库处于核心地位。REM 作为一个集成的数据库,可以记录环境信息、历史经验及无线电知识。通过简单地参考数据库中存储的信息,CR 就可以较好地了解环境变化,降低功耗,减少适应时间。如果可以共享并利用本地或全球的 REM 数据库,低成本、大规模的 CR 网络就有可能建成[1]。

(2) 认知基站中的 REM 数据模型

如图 6.11 所示,认知基站包括频谱感知模块、REM、认知引擎和无线电收发机等几部分。认知引擎包括基于案例和知识的学习模块、信道建模和预测、多目标优化、频谱管理及其他功能模块。认知引擎首先通过查询 REM 获取情景感知信息,然后决定使用最适合当前情景的功能模式[2]。多目标优化的认知引擎可以同时实现多个目标,如减少有害干扰、最大化频谱效率等。

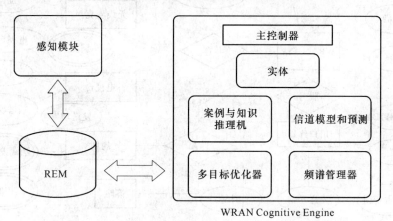

WRAN Cognitive Engine

图 6.11　WRAN 系统中基于 REM 的认知引擎架构图

图 6.12 是为 REM 设计的一个 E R(Entity Relationship)图。在符合当地法规和政策的前提下,认知基站可以为一定数量的用户终端(Customer Premise Equipment)服务,并与现行的授权用户和其他相邻的 WRAN 共存。

(3) REM 和认知引擎之间的应用程序接口

REM 与认知引擎之间通过一般应用程序接口(Application Program Interfaces, APIs)通信,为了使认知引擎在不同的环境都能起作用,它必须相对独立,不能太受环境影响。通过定义合适的 API,REM 和认知引擎可以分别进行开发和升级。

2. 认知 WRAN 基站中 REM 的应用

与传统的接入网相比,认知 WRAN 最重要的特征是对主用户服务的保护、对环境的认知能力以及对无线资源的自优化和自管理。在认知 WRAN 系统中,REM 的应用还有以下几点。

(1) 网络初始化:WRAN 基站通过查询电视使用情况数据库和 WRAN 本地信息库来寻找空闲信道[3]。基站通过调用 REM 相关的数据进行初始化。

(2) 高效频谱感知和最优信道分配:WRAN 基站最重要的功能是为 CPE 分配无线资源,以最小化对主用户的影响。从以往的 REM 信息可以看到,基站可以获取主次用户的运行模式,用于频谱感知和信道状态预测。

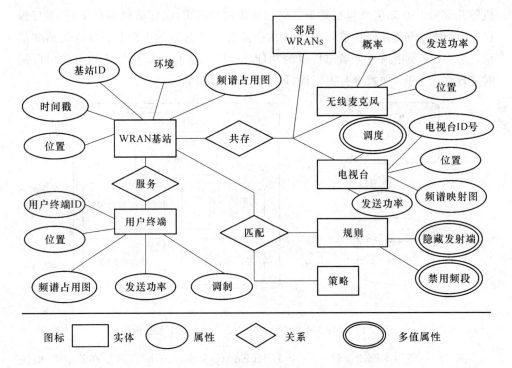

图 6.12 WRAN 系统中 REM 的 E R 图

（3）CPE 发射功率控制：根据选择的信道和 REM，每个 CPE 发射功率的最大值由 802.22 标准确定。

（4）主用户的识别和保护：通过调研 REM-CKL 算法（后面会有解释）可知，根据以前的经验可以确定主用户是否存在。因此，我们可以优先采取措施来避免或减轻对主用户的潜在影响。例如，WRAN 认知引擎在一定场景下可以预测主用户的出现。统计分析可以获取用户的使用方式，如占空比、到达频率、到达间隔等。频道统计可以显示主用户出现在电视频道的概率（如图 6.13 所示），这可以通过分析以往的无线环境信息得到。电视频道"信誉"可用于为备选频道排名，以进一步降低对主用户的干扰。

3. 认知 WRAN 的 REM-CLK 算法

CBL 是一种基于案例的学习技术，通过分析以前的案例来解决当前出现的问题[4,5]。KBL 是一种基于知识的学习技术。REM-CKL（REM-enabled Case and Knowledge-based Learning Algorithm）把两种技术和 REM 结合起来使用[6]。

（1）认知 WRAN 中使用 REM-CLK 的动机

与蜂窝系统相比，WRAN 系统有以下特点：主次用户都可以假设为静止的，

WRAN 系统的无线链路是准静态链路。主次用户的频谱使用模式在一天或一周内通常是周期性的。电视信号不具有突发性,且一般是在预先分配好的信道上进行调度和操作,而不能动态地改变。无线电话的工作频带一般也是固定的、公开的,以上这些特点促使我们利用 WRAN 认知引擎的 CKL 技术。REM 提供了一个有效的工具描述无线场景的特征,这是使用 CKL 的先决条件,也是我们称之为 REM-CKL 的原因。

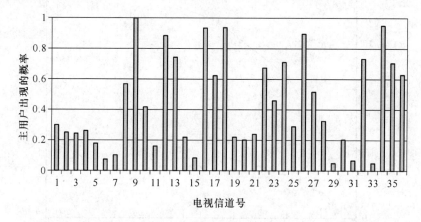

图 6.13 电视信道被主用户占用的概率(通过 REM 统计分析获得)

（2）REM-CLK 的工作原理

REM-CKL 系统说明如下:第一,CR 需要通过标记和索引当前无线电环境,然后检索案例库或知识数据库以查找适当的经验或规则。对于 WRAN,无线场景可以由活跃的 CPE、请求的服务、空闲/候选/被占用的信道集合确定,这些可以呈现无线链路的地理分布、需要的和可以从基站获取的无线资源。REM-CKL 重要的步骤是确定不同无线场景之间的相似度,相似性函数定义如下:

$$f(\cdot) = w_1\Delta_1 + w_2\Delta_2 + w_3\Delta_3 \qquad (6.17)$$

式中,w_1、w_2、w_3 分别代表无线链路相似度、无线环境相似度和无线资源相似度;Δ_1、Δ_2、Δ_3 分别代表 CPE 地理分布和服务请求的相似度、RF(Radio Frequency)环境的相似度以及能从 WRAN 基站获取的无线资源的相似度。

REM-CLK 为 CR 提供了一个很好的起点以加快优化的进程。对于 WRAN 应用,当无线电环境被标识后,KBL 用当前的知识来寻找合适的解决方案。如果没有找到,认知引擎通过 CBL 搜索先前的经验。案例库可以通过仿真来初始化,并且需要通过网络运行的反馈信息不断地更新。

（3）仿真结果

图 6.14 显示了 WRAN BS 认知引擎在不同的无线电场景中的适应时间仿真

结果。每个场景都有一定数量的新连接接入到已存在的 WRAN 网络中。与遗传算法(Genetic Algorithm,GA)相比,使用 REM-CLK 算法后,WRAN 认知引擎的自适应过程更快,这对时间敏感性要求比较高的 CR 应用非常重要。

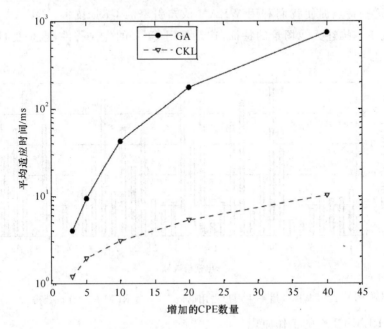

图 6.14　REM-CKL 与 GA 算法适应时间对比

6.2.2　案例学习算法在认知无线电 WiMAX 中的应用

1. 关于 WiMAX 技术

WiMAX 是一种无线 MAN(Metropolitan Area Network)技术,能够给固定和移动用户提供宽带无线连接。WiMAX 基于 OFDM 进行自适应调制,具有优异的性能[7]。WiMAX 中的技术可以用于为许多网络(如 IEEE 802.11hotpots、蜂窝网络以及 WLAN)连接到因特网时提供反馈(BACKHAUL)。

应用 WiMAX 技术可以产生很多好处[8]:WiMAX 基站可以在更大的覆盖范围内提供更大的吞吐量;提供了更大的覆盖区域,尤其是在 NLOS(No Line of Sight)中;WiMAX 可以支持实时的到非实时的多种类型的服务,而且每种服务都能满足其 QoS 参数和覆盖范围的要求。

图 6.15 是提出的 CogMAX 的系统架构,系统架构中的认知引擎有三个接口,这是认知无线电 WiMAX 系统的核心。三个接口分别是应用接口、空中接口以及网络接口。其中,应用接口可以使该系统为不同的应用提供相应的信息而不需要

处理相关的网络和系统需求。这些应用包括基于位置的服务、认证服务和移动性管理服务。应用接口使用认知引擎所提供的关于信道状态和网络条件的信息保证用户的需求和服务质量。空中接口负责感知和预测信道状态信息并且监测频谱的使用情况。空中接口和认知引擎之间存在双向通信，这种通信对于认知引擎执行正确的决定和空中接口对信道参数进行精确估计是必须的。网络接口负责进行网络配置以及监控网络的行为。认知引擎本身也是由一些模块组成，我们主要关注决定信道类型的推理机模块。为了让推理机工作，需要从通信模块处获取一些重要的参数。通信模块控制 WiMAX 系统的 OFDM 参数，包括保护时间、符号间隔、载波间隔、每条子载波的调制类型以及前向纠错编码的类型。参数的选择受到可利用带宽、要求的比特率、延迟扩展以及多普勒位移所影响。

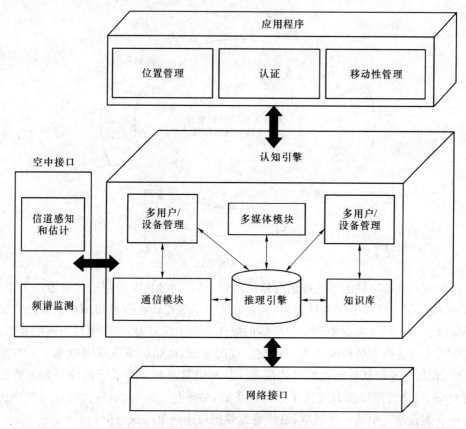

图 6.15　CogMAX 系统架构

通信模块负责处理自适应调制和编码方法（Adaptive Modulation and Coding Scheme，AMC），AMC 是保证无线传输质量的主要方法。WiMAX 支持多种调制和编码方法,定义了七种调制和编码速率的组合,根据不同的信道和干扰条件实现数据速率和鲁棒性的折中。动态资源分配[9](Dynamic Resource Allocation, DRA)是通信模块的主要功能,动态子载波分配(Dynamic Subcarrier Assignment, DSA)可以提高数据速率。由于数据速率是功率分配的函数,因此预计自适应功率分配(Adaptive Power Allocation,APA)也能更好地改善系统速率。DSA 和 APA在每帧或突发水平上对子载波和功率进行分配。在通信模块的架构下,DSA 和APA 能够受到动态有效地控制。从图 6.15 中可以看到,通信模块通过空中接口模块中的信道感知和估计来收集信道信息,这些信息用来帮助进行信道估计。通过信道估计,多普勒频率、延迟扩展、相干带宽、相干时间以及信噪比等参数能够被决定,这些参数最终传递给推理机模块用于决定信道类型。

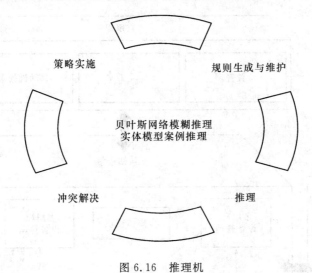

图 6.16   推理机

推理是在特定状态下选择最合适的规则,然后通过这个规则估计信道的类型。图 6.16 展示了认知引擎的推理周期,它开始于生成在现有信道和用户分布的情况下能保证 WiMAX 基站顺利工作所需的规则。为了满足 QoS、应用性能等的要求,规则的生成受限制条件的约束。根据生成的规则,认知引擎可以完成基于贝叶斯网络、模糊理论或其他干扰类型的推理。认知引擎还判定将要采用的规则是否会与 QoS、预留资源以及调度操作等存在矛盾,如果存在冲突,引擎会通过一个冲突解决方案选择其中的一个规则,最后将此规则应用到策略执行中。

2. 基于案例的推理和模糊逻辑

(1)基于案例的推理

CBR 利用曾经历的具体问题情境(即案例)的特定知识为新问题的决策提供

依据。新的问题可以通过找到过去类似案例,然后在新的问题环境中分析解决。CBR 是一个可以不断学习、不断积累的方法,每当一个问题被解决,新的经验就被保存下来,当在未来碰到类似问题时能够立即采用以前积累的方法进行分析。

每当遇到新问题或场景,CBR 在知识库(数据库)中检索与新案例相似的案例,找到最相似的案例后,原先的方法将被用于解决新的案例。如果新问题的解决形成了改进方案,且被认为在解决未来问题中能用到,就会被保存到案例库中。

(2)模糊逻辑

模糊逻辑提供了一种在模糊、噪声或失去输入信息的情况下得到确切结果的简单方法。模糊系统的知识库定义了输入输出参数之间的关系,另外还定义了能够被模糊控制器理解的输入(i/p)和输出(o/p)的模糊表示。每一个 i/p 和 o/p 参数都能够被知识库中的三个主要特性所表征:①能够进行赋值且取值在一定范围的变量;②能够进行定量描述的一组标签;③对于每一个标签,定义一个归属函数。

基于规则的决策是模糊逻辑控制器的核心,它包含了一系列的"如果-就"(if-then)规则。在模糊化过程内,输入的信息用模糊隶属度表示。解模糊化过程是确定合适的可以作为实际输出值的过程。

3. 仿真结果

系统中认知引擎用到的主要算法[10]如图 6.17 所示。

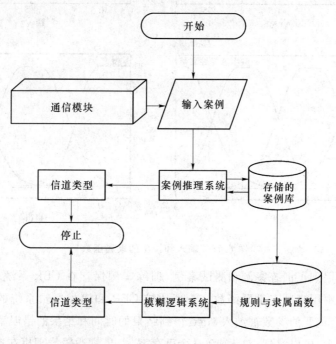

图 6.17 CogMAX 处理流程

通过空中接口的信道预测与感知信息,四个重要参数在通信模块中被估算,它们分别是 T_b(比特间隔)、τ(延迟扩展)、B_d(多普勒频移)和 B_s(信号带宽)。

使用这些参数,信道类型能够被下面的 if-then 原则定义为:①如果(τ/T_b)>1,那么信道是频率选择性衰落,否则是平坦衰落。②如果(B_d/B_s)>1,那么信道是快衰落,否则是慢衰落。

对于 CBR 已存案例,以上两个输入和它们的输出结果都会被保存起来。通过搜索这些结果,可以为一个新案例最快地寻找最接近的匹配。搜索一般会在所有已存的案例中展开,并且使用欧几里得距离判定与新案例最接近的匹配。

而对于模糊逻辑,输入输出的隶属函数会被估计,一系列规则的制定用于从"输入"判定"输出",图 6.18 显示了输入和输出用到的隶属函数。

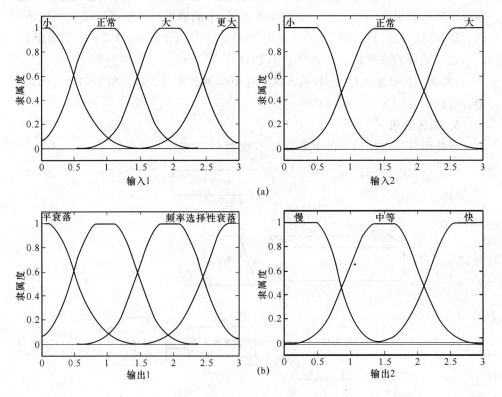

图 6.18　输入和输出的隶属函数

仿真中用到了训练案例和测试案例,训练案例保存在 CBR 系统中,并且在模糊逻辑系统中用来判定隶属函数。为了比较 CBR 和模糊逻辑系统的信道类型判定情况,两个重要的参数被纳入判断:得到结果的时间和结果的错误率。

从图 6.19 可以看到,对于 1 000 个已存案例,模糊逻辑推理机在速度和正确率上都胜过基于案例的认知引擎。然而当案例数目下降到 100 个时,如图 6.20 所示,基于案例的认知引擎比模糊逻辑速度更快但是会有更多的错误。总的来说,模糊逻辑推理机比 CBR 引擎工作更加出色,除非在已存案例足够多的情况下,CBR 引擎能更好地工作。结果也表明,模糊逻辑推理机产生错误的多样性在某种程度上比 CBR 引擎的更小,这使得模糊逻辑推理机能够更好的预见将要出现的错误。

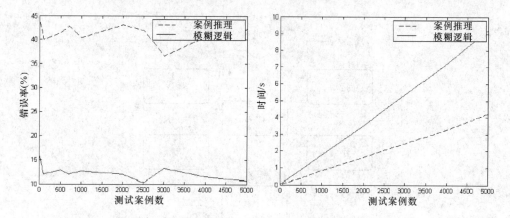

图 6.19 CBR 与模糊逻辑推理的错误率(训练案例数为 1 000)

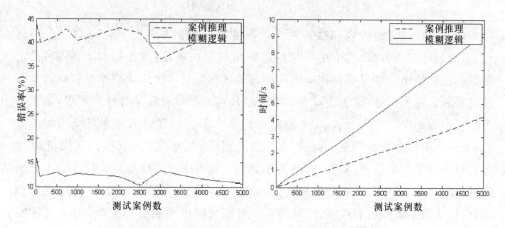

图 6.20 CBR 与模糊逻辑推理的错误率(训练案例数为 100)

6.2.3 认知无线电中提高空间效率和针对多目标的案例学习

一般来说,认知环有 6 部分,如图 6.21 所示。

(1) 观察:CR 分析它收到的信号和未处理过的位置信息,并据此来观察周边的环境。

(2) 适应:将观察到的因素和已知的激励集合相对应,这在一定程度上反映了观察阶段的重要性。

(3) 计划：根据已知的激励构造相应模型，然后进行推理和学习。

(4) 决策：在一些备选决策方案中选择最适合的决策。

(5) 运行：执行在决策阶段作出的最适合的决策。

(6) 学习：依赖于观察和计划阶段，为将来记录成功的经验。

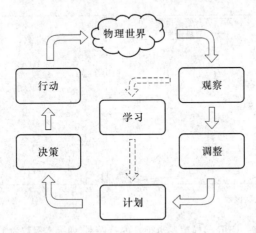

图 6.21　CR 中的认知环

　　认知循环过程的计划和决策两个阶段主要包括信号部分、用户偏好、空间信息、系统时间四个方面，其中用户偏好是指用户为一些目标（比如 QoS 要求）设定的目标值。给出一些目标和相应用户设定的目标值后，CR 设备会检查目标值是否满足要求。如果没有，设备会试着改变一些环境的参数来满足目标值要求，这就是多目标问题的非正式定义。RBR 使用人们熟悉的通信理论来推理可能的解决方案，常用来解决多目标问题。另外，人工神经网络[11]、遗传算法[12-13]以及决策树[14]等也可以用来解决这种问题。这些人工智能方法可学习并找到目标和环境参数之间的函数关系。RBR 方法有很多优点，比如占用更少的存储空间、计算速度较快等，但由于在 CR 系统中目标、环境和系统特征之间的关系更加复杂，RBR 可能在某些情况下找不到相应的解决方案。神经网络和决策树等训练过程会占去一定的时间，这可能导致花在运行时间方面的开销比较大。

　　由于 RBR、神经网络、决策树等方法存在上述问题，CBR 被用于认知无线网络中。CBR 采用案例形式的过往经验来推理未来行为方案。CBR 循环包含四个阶段，即检索、重用、修正和保存[15]。考虑到当前一个或多个问题发生时的环境状况，CBR 从数据库中选择最合适的案例来完成目标。然后，CBR 保存未被记录在案例数据库中的环境和系统特性，然后将其作为一个新案例存储在案例数据库中便于以后的重用。和 RBR 相比,CBR 更能适应环境的较大变化[16],且 CBR 不需要多余的训练或学习的时间。

但是 CR 采用的传统 CBR 有两个重要的问题:①CBR 由于大量案例的存在需要庞大的存储空间。②缺乏可靠和完整的方案获得多目标问题的最优解。

对于第一个问题,CR 系统因为它的移动性不能有太大的存储空间,换句话说,数据库的大小是受限的。对于第二个问题,多个目标之间可能会存在冲突,例如最大化吞吐量和最小化功耗就是矛盾的。因此,这里提出一种新的 CBR 方法,它不需要大量的存储空间来记录案例,能够同时解决多目标冲突的问题。

1. 方案和准备

以下介绍为 CR 系统开发的基于场景的 CBR 方法[17],场景定义如下:m 是观测到的环境特征的度量标记,k 是可以调整系统特性的参数,$v(c,x)$ 返回 c 中 x 的值,其中,$x \in \{m,k,o\}$,$c \in \{\mathrm{cur},c,\mathrm{Sol}_s\}$,cur 代表所有当前的特性,用三元数组 $\langle o, M_o, K_o \rangle$ 来表示。

目标:目标 o 是能影响应用性能的系统特征,对于每一个目标 o,每个用户设定一个目标值 tar_o。函数 $\mathrm{success}(o)$ 检查目标 o 的当前值 $v(\mathrm{cur},o)$ 是否达到它的目标值 tar_o,并且定义如下:

$$\mathrm{success}(o) = \begin{cases} 1 & \mathrm{tar}_o \leqslant v(\mathrm{cur},o) \\ 0 & \mathrm{tar}_o \leqslant v(\mathrm{cur},o) \end{cases} \tag{6.18}$$

场景:方案 s 是目标 $\{o\}$ 的有限集,$\mathrm{success}(s)$ 定义如下:

$$\mathrm{success}(s) = \bigwedge_{\forall o \in s} \mathrm{success}(o) \tag{6.19}$$

案例:与目标 o 对应的案例由 c_o 来表示,定义如下:$\forall c_o \in C_o$,c_o 是三元数组 $\langle o, M_o, K_o \rangle$,其中 C_o 是包含有限个对应目标 o 的案例 $\{c_o\}$ 的案例数据库,M_o 是与 o 相关的度量 m 的有限集,K_o 是与 o 相关的参数 k 的有限集,过去的某一时间内案例在 cur 中被记录。

备选:给定一个目标集合,备选 δ_s 是案例集 $\{c_o | o \in s\}$,这样 δ_s 对于每个目标 o 只有一个案例。

解决方案:备选 δ_s 中的相似参数能合并,合并后的参数组成集合 Sol_s。对系统应用 Sol_s 中的每个 k,如果 $\mathrm{success}(s)$ 返回 1,那么解决方案称为"hit";如果返回 0,那么解决方案称为"miss"。

这里选择三个目标分别是吞吐量、数据准确性、功耗。举例来说,有认知设备的用户通过无线网络观看电视节目,吞吐量和数据准确性问题分别代表了传输延迟和数据帧失真。至于功耗,CR 设备能延长电池寿命提供更长时间的服务。

表 6.1 列出很多与此三个目标相关的度量参数,其中有一些彼此重叠。调整

一些重叠参数可能导致一个目标变得更好而另一个变得更差。例如,提高比特率会增加吞吐量,但会降低数据的正确率。如何使多个目标同时超过它们的目标值显得十分关键。接下来我们将介绍空间有效的多目标 CBR(Space-Efficient Multi-Objective Case Based Reasoning,SEMO CBR)。

表 6.1　目标、度量和参数的关系

目标	吞吐量	数据准确性	功率消耗
度量	侦听信道	主用户	干扰温度
	接入点密度	接入点密度	CPU 利用率
	运动速率	CR 系统间距离	电池剩余时间
	室内/室外	多径	电源
	信噪比	路径损耗	
	分组抖动	时延扩展	
		信噪比	
		多普勒频偏	
参数	信道	信道	天线灵敏度
	分组分段	分组分段	比特速率
	协议	协议	传感器频率
	比特速率	比特速率	发送功率
	多址接入	多址接入	协议
	双工方式	天线灵敏度	
		发送功率	

2. 空间有效的多目标 CBR

　　SEMO CBR 基于分而治之技术,案例根据不同的目标记录在不同的数据库中。每个案例记录:①一个目标和它的值;②与目标相关的计量和它们的值;③与目标相关的参数和它们的值。

　　如果多个目标同时满足条件,SEMO CBR 将从每个目标中选择最适合的案例,然后把这些案例中的共同参数放入一个参数集以同步完成这些目标。

　　(1)度量的相似度计算

　　相似度被用来计算当前的度量和案例 c_o 的度量之间的距离。度量值分为三种类型:数值型、离散型和独立型。它们相应的局部相似性公式定义如下:

$$\mathrm{sim}_G(c_o) = \frac{1}{|M_o|} \sum_{\forall m \in M_o} \mathrm{sim}_L(c_o, m) \tag{6.20}$$

数值计量的值可以是限制范围内的任何连续的值。例如,当前的 BER 是在 0 和 1 之间的 0.001 5。给出一个数值度量,用 m 指代从案例库中取回的案例 c_o 的计量,相似性定义如式(6.21)所示:

$$
\text{sim}_L(c_o, m) = \begin{cases} \dfrac{1}{1 + \dfrac{|\, v(\text{cur}, m) - v(c_o, m)\,|}{\sigma}}, & \sigma < 0 \\[3mm] 1, & \sigma = 0, v(\text{cur}, m) = v(c_o, m) \\[2mm] 0, & \sigma = 0, v(\text{cur}, m) \neq v(c_o, m) \end{cases}
$$

$$(6.21)$$

其中,$\sigma = \sqrt{\dfrac{1}{|C_o|} \displaystyle\sum_{\forall c_o \in C_o} \left(v(c_o, m) - \dfrac{1}{|C_o|} v(c_o, m) \right)^2}$。

离散度量的值可以是给定值域内的任意可能的非连续的值。例如在 802.11a 协议中,比特率可以是 6 Mbit/s、9 Mbit/s、12 Mbit/s、18 Mbit/s、24 Mbit/s、36 Mbit/s、48 Mbit/s、54 Mbit/s。离散计量的相似性运算与数值度量的相同。

独立度量的值之间是没有关系的,但需要一个非常确切的匹配。例如,用于传输的当前信道索引可以是 1～11。让 m 指代案例 c_o 中的独立度量,则相似性定义如下:

$$
\text{sin}_L(c_o, m) = \begin{cases} 0, & v(\text{cur}, m) \neq v(c_o, m) \\ 1, & v(\text{cur}, m) = v(c_o, m) \end{cases} \tag{6.22}
$$

计算了每个度量的局部相似性之后,通过评估案例和相应的现存度量之间的距离,可以计算出总相似性。全局相似性定义如下:

$$
\text{sim}_G(c_o, m) = \frac{1}{|M_o|} \sum_{\forall m \in M_o} \text{sim}_L(c_o, m) \tag{6.23}
$$

(2) 由备选到解决方案的转变

备选是一组相对应不同目标的案例集合,意思是在备选中可能会有相同的参数对应于不同目标,因此有必要为相似参数确定一个统一的值,以便同时满足所有目标。根据参数的类型,结合方法会有所不同。参数被分为数值、离散和独立三类,它们的特征与计量的三种类型一样。转换函数定义如下:

$$
\text{convert}(\delta_s) = \bigcup_{\forall k \in \delta_s} \left\{ \text{statistics}\left(\bigcup_{c_o \in \delta_s} \{ v(c_o, k) \} \right) \right\} \tag{6.24}
$$

其中,statistics()如表 6.2 所示。

表 6.2 三种参数的合并方法

参数类型	statistic(V)	$V=\{1,1,2,3,8\}$	Knob
连续型	平均值(V)	结果 3	发射功率
离散型	中值(V)	结果 2	比特速率
独立型	匹配值(V)	结果 1	信道

(3) 备选的统一函数

统一性代表一组参数的一致性,这些参数是从与备选目标相对应的不同案例收集来的,如算法 6.1 所示。

算法 6.1 Unity function of the candidate δ_s:unity(δ_s,Sol$_s$)

$i = 0$

unity = 0

for $k \in K$ **do**

   for $c_o \in \delta_s$,k related to o **do**

      unity = unity + diff(c_o,Sol$_s$,k)

      $i = i + 1$

   end for

end for

return unity/i

其中,diff(c_o,Sol$_s$,k)计算同一参数两个值的相似性。

当 k 是数值或者离散的,

$$\text{diff}(c_o,\text{Sol},k) = \frac{1}{1+|v(c_o,k)-v(\text{Sol}_s,k)|}$$

当 k 是独立的,

$$\text{diff}(c_o,\text{Sol},k) = \begin{cases} 1, & v(c_o,k)=v(\text{Sol}_s,k) \\ 0, & v(c_o,k) \neq v(\text{Sol}_s,k) \end{cases}$$

统一函数计算了不同备选案例中相同参数 k 的不同取值的相似性,统一性更高的备选方案 δ 对于同时满足所有目标更加可行。相对地,统一性差的备选方案可能导致与解决方案之间参数值更多不同,同时备选可能满足一部分的目标,甚至一个都不满足。

(4) 寻找最佳备选

在这一阶段我们试着在所有的案例之中寻找最佳备选,通过从备选中转换来的解决方案来同时满足多个目标。Depth First Search (DFS) 详细研究了所有备选的适合案例的结合,并同步更新统一性更高的结合。

更详细的流程可以参考算法 6.2,当所有目标对应的案例被找到后,案例被收集起来成为备选。统一性最高的备选同时满足所有目标的概率最高。找到最佳备选后,此备选会被转化为解决方案应用于系统。如果不存在任何备选,就意味着案例库中所有案例与当前环境都不太相似。

算法 6.2 Seek the best candidate δ_{best}, and convert to a solution Sol_s

$\delta_{best} = \phi \{\delta_{best}$ is a global varible$\}$

$\delta_s = \phi$

Let o be the first element of s

for $c_o \in C_o$ **do** {The first loop of recursion}

seek(c_o, o, δ_s)

end for

$Sol_s = convert(\delta_{best})$

ret Sol_s

proc seek(c_o, o, δ_s)

{Parameters are clone, not noumenon}

if $v(c_o, o) \geqslant tar_o \wedge sin_G(c_o) \geqslant$ tolerance **t**

    $\delta_s = \delta_s \bigcup \{c_o\}$

    if o is the final element of s **t**

        if unity(δ_s) $>$ unity(δ_{best}) $\vee \delta_{best} = \phi$ **t**

            $\delta_{best} = \delta_s$ {Record δ_s with the higher unity}

    end if

else

    for $c_{o'} \in C_{o'}$, **do** {o' is the next element to o in s}

    seek($c_{o'}, o', \delta_s$)

    end for

end if

end if

enf proc

3. 案例研究

上面提出的 SEMO CBR 可作为推理函数整合到 CR 平台中。这里,CR 被假定是一个具有有限存储空间和计算功率的移动嵌入式系统。因为 CR 的主要目标是解决与无线电和网络环境相关的问题,CR 系统需要一些预先设定好的目标。这里主要考虑两个目标(吞吐量和功耗)。如果 CR 系统运行中一些应用的吞吐量比既定的目标值低,那么就定义为吞吐量问题。同样,如果功耗的最大值减去当前功耗比给定的目标值低,就定义为功耗问题。这两种问题可能同时发生。

我们已经给出的案例 $\langle o, M_o, K_o \rangle$ 是由目标值、环境特征的值以及系统特征的值组成。每个环境特征代表了 M_o 的一个度量,每个系统特征代表了 K_o 的一个参数。

SEMO CBR 和普通的 CBR 进行对比,虽然普通 CBR 也能处理多个目标,但是存储案例的方法和 SEMO CBR 不一样。在普通 CBR 里,多目标案例的存储形式如图 6.22(a)所示。在 SEMO CBR 方法中,存储的案例根据案例对应的单个目标来分类。更确切地说,只有对应于特定目标的度量和参数被存储在案例库里以便于以后的检索,如图 6.22(b)所示。对于相同案例的处理,SEMO CBR 的数据库大小平均只有普通 CBR 数据库的 66.5%。

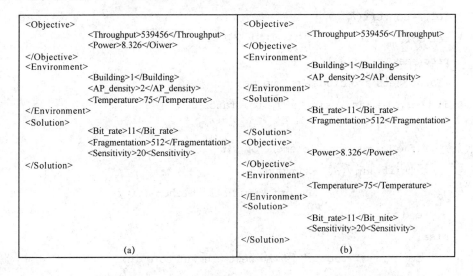

图 6.22　传统的 CBR(a)和 SEMO CBR(b)中 XML 数据库的案例

这里对比两个案例数据库(普通 CBR 和 SEMO CBR),令普通 CBR 数据库中案例总和为 n。我们分别对 n 为 10、30、100、300、1 000、3 000 和 10 000 的案例数据库进行不同的实验。对每个 n,假设每个案例有 10 000 个多目标问题,我们将比较用 SEMO CBR 和普通 CBR 能满足两个目标解的数量。

两组实验用来决定案例数据库的大小和成功解的比率之间的关系。目标值随机确定,每个目标值能达到最大值的 1/4 但小于最大值。图 6.23 是分别采用普通 CBR 和 SEMO CBR 成功解决不同数量案例(每个案例有 10 000 个目标问题)的比率。与普通 CBR 相比,SEMO CBR 方法在所有的试验中都能够成功解决更多的问题。当数据库中有 10 个案例时,两者区别最大达到 274%。若 CR 用户或环境要求更加严苛,目标值提高到最大值的一半,如图 6.24 所示,性能的差异比第一个实验更加显著,SEMO CBR 比普通 CBR 的性能改善最大时达到了797%。

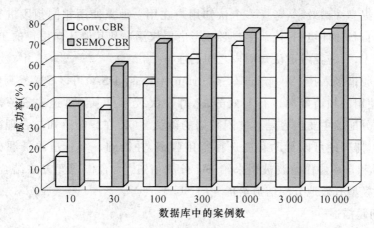

图 6.23 实验1:传统 CBR 与 SEMO CBR 的关系($0.25\text{max} \leqslant \text{tar}_o \leqslant \text{max}$)

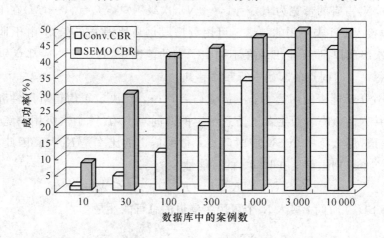

图 6.24 实验2:传统 CBR 与 SEMO CBR 的关系($0.5\text{max} \leqslant \text{tar}_o \leqslant \text{max}$)

6.2.4 认知无线电中采用案例学习和协作滤波的有效频谱分配

利用静态频谱分配方法提高频谱利用率存在较大困难,因此有必要研究在不干扰授权用户的情况下对指定的频谱进行有效分配[18~21]。为了对未使用的频谱进行有效的分配,需设计一种在任意时间和地点能够跟踪频谱使用情况的算法,然后将其分配给需要的用户。

随机动态频谱分配是 CR 用户可使用主用户未占用的频段,或在不干扰主用户的情况下使用主用户频段,这使频谱接入变得较为灵活。设计分布式动态频谱接人方法可能会用到图论、博弈论或其他能迅速适应不同负载要求的人工智能模型,这些模型决定了使用的信道数量和用户的最大化吞吐量。

为了提高频谱效率,考虑多个认知用户在用一地点使用相同频段进行通信的场景。在自私的环境中,认知用户必须考虑授权用户和其他认知用户的出现;而在合作环境中,只需要考虑认知用户之间的通信[22]。

动态频谱接入技术(Dynamic Spectrum Access, DSA)可以显著提高频谱利用率,对未使用的频谱资源进行有效分配,并在次级用户中调度这些资源来共享频谱。资源分配的主要内容是对空闲频谱的确认。CR 在智能感知与合理决策方面十分重要,博弈论可以帮助智能选择空闲频谱,并得到一个合适的资源分配的结果。CBR 和自动协作滤波被用来给 SU 分配信道[23],合作博弈方法结合 CBR 和自动滤波模型有效地分配信道给优先的 SU。

1. 问题描述

用 P 指代 PU,S 指代 SU,有 N 个主用户和 M 个次级用户。每个授权用户 P_i $(i=1,\cdots,N)$ 占有的带宽为 $B_i(i=1,\cdots,N)$,次级用户 $S_i(i=1,\cdots,M)$ 在 PU 睡眠时间竞争接入 PU 未使用的频谱。可用频谱段也与地理分布有关,由于地理分布的原因,次级用户 S_i 可能出现在不同 PU 集的范围中,每一个 SU 都竞争频谱资源,并在每一个时间点的起始进行频谱感知。

第 i 个 SU 能否使用第 j 个主信道$(j=1,\cdots,M)$决定于信道可用性和第 i 个 SU 机会接入的概率。假定对于任意给定的时间点 t,有 M 个次级用户竞争 K 个可用主信道,那么每一个 SU 在时间点 t 得到信道的比率是 K/M。因此,第 i 个 SU 接入 k 个可用主信道在时间 t 的可能性是

$$S_i^k(t) = K/M = K_i(t), \quad i \in M \tag{6.25}$$

所有 SU 在时间 t 接入 K 个可用主信道的总可能性是

$$\sum_{i=1}^{M} S_i^k(t) = \sum_{i=1}^{M} K_i(t) \tag{6.26}$$

机会信道接入用数组(S,K,Π,U)来表示,其中 S 是为资源 $K(k_i \in K)$ 竞争的 SU 的集合,$K(k_i \in K)$ 是 SU 在任意时刻 t 的可用信道集合,每个 SU 使用策略 $\pi \in \Pi$ 产生收益 $u \in U$。对于 s_i 的每个行为,用户用策略 π_i 感知频谱。感知行为可能成功或者失败,返回 R_i 为 1 或 −1。信道接入数组可用一个博弈过程来代表,其中每个 SU 在博弈中都使用一个策略来竞争称为频谱的资源并使用一个收益函数计算竞争该频谱资源付出的代价。该过程中,SU 可能获得或失去机会,从而生成报酬与惩罚。因此,博弈模型 G 表示如下:

$$G = \{S, K, \Pi, U\} \tag{6.27}$$

总获利是所有获得的总和减去惩罚的总和。因此,总报酬 R 如下:

$$R = \wedge \sum_{i=1}^{M} \sum_{t=1}^{T} R_i^t \tag{6.28}$$

式中,$\wedge$ 是 0 和 1 之间的常量。

$$R_i^t = \begin{cases} 1, & \text{在时隙 } t\text{,用户 } i \text{ 用策略 } P_i \text{ 获取资源} \\ 0, & \text{用户未执行任何动作} \\ -1, & \text{在时隙 } t\text{,用户 } i \text{ 未能获取资源} \end{cases} \tag{6.29}$$

认知用户的感知政策决定了在某一时间点将要采取的行为。如果感知到的信道是空闲的,则分配政策判定哪个 SU 优先获得接入。每个时隙 T 的平均报酬计为 R/T。SU 能够获得的信道依赖于当前的状态和最大化总报酬的分配策略。因此,给 SU 分配的信道依赖于信道可用性的概率和能够获取信道的概率。SU 在任意时刻 t 可使用信道的概率是 K/M,信道分配的概率可以通过使用 CBR 方法获得[24,25]。

2. CBR 与自动协作滤波

CBR 系统允许用案例库逐渐建立特征化案例。因此,SU 的案例按优先权策略逐步生成。CBR 用于确认和推荐类似信道(频谱)的计算公式是基于权重欧几里得距离的最近邻值检索。

最近邻值算法基于匹配权重特性处理已存案例和新的可用信道之间的相似性。最麻烦的问题是决定特性的权重,这种方法的限制包括检索时间和能否收敛到正确解。

最近邻算法的第 i 个特性权重 w_i,相似性函数 sim,输入案例的第 i 个特性是 f_i^I,检索案例的第 i 个特征是 f_i^R,最近邻值计算如下:

$$\Phi = \frac{\sum_{i=1}^{n} w_i \times \text{sim}(f_i^I, f_i^R)}{\sum_{i=1}^{n} w_i} \tag{6.30}$$

式(6.30)计算了 SU 可用信道中的最优信道。如果第 i 个和第 j 个特征的差别非常小,那么这两个特征匹配得很好。这也是第 i 个信道评级和匹配程度的计算,作出的选择将会和自动协作滤波(Automated Collaborated Filtering,ACF)进行比较,最终的选择是 ACF 与 CBR 两种方法的结合。

在 ACF 中,如果用户 A 对于信道的评级与用户 B 相匹配,那么若能获得 B 对信道的评级,就可以预测 A 的信道评级。换句话说,假定用户 X、Y、Z 对信道 C1、C2、C3 上有相同的爱好,如果 X、Y 在 C4 上有高的等级,则 Z 在 C4 也有高的等级。因此,我们可以预测用户 Z 对信道 C4 的出价会很高,因为 C4 与 Z 的爱好很接近。

第 k 个出价者可能的出价可以通过数据库中当前出价者对频谱的出价来估算。

ACF 使用两个用户的均方差公式。假设 U 和 J 为两个对信道感兴趣的 SU。U_f 和 J_f 是 U 和 J 在特性 f 上的等级。令 χ 为信道特性集，U 和 J 在对同一信道兴趣之间的区别如下：

$$\Delta = \delta_{U,J} = \frac{1}{\chi} \sum_{f \in S} (U_f - J_f)^2 \tag{6.31}$$

根据用户的偏好推荐，文献[26,27]提到了入侵性的或非入侵性的两种类型的 ACF，入侵性的方法要求明确的用户反馈，偏好值在 0 到 1 之间。非入侵性方法中，偏好是互动的布尔值，评级 0 代表用户没有评级，1 代表已评级，因此非入侵性方法需要用更多的数据进行决策。在 ACF 系统中，所有用户的推荐都会被考虑，即使他们在不同时刻进入。更多的用户推荐会为 ACF 推荐系统提供更多的能量，新的推荐也唯一依赖于此数据。

3. 合作博弈模型

在合作博弈中，玩家联盟之间的竞争将玩家分类并推进合作的行为，玩家采用一致决策过程来选择策略。在合作博弈中，假定每个玩家都有多个选择，选择的结合可能赢得、失去或者拉平分配收益，玩家理解规则并且选择高的收益。收益如式(6.28)所示，信道选择如式(6.30)和式(6.31)所示，即信道选择可以通过 CBR 或 ACF 方法，应用玩家的合作行为来完成。

给 SU 分配信道取决于特征函数 v，定义如下。

定义 6.1 当且仅当 v 是单调函数，数组 (M,v) 是合作博弈，由此推断成本分配是正的。即对于所有的 $S \subseteq S' \subseteq M$，有 $v(S) \leqslant v(S')$。

使用定义 6.1、式(6.30)和式(6.31)，信道偏好可被有序分配，所以 SU 会从可用信道中得到最佳选择。例如，我们考虑把相同兴趣的 SU 放入子集 S'，$S' \subseteq S$。对于特定可用信道上相同兴趣的 SU，需要知道这些用户的优先权，然后使用式(6.30)和式(6.31)计算的最佳可用信道提供两个用户兴趣上的区别。因此，给 SU 分配最匹配的信道并不困难。

在合作博弈中，一个分配可简化为由特定用户创造和接收的值。例如，如果 x_i 是 $i = 1,2,3,\cdots,n$ 的一组与信道相关的值，那么当 x_i 在 $v(S)$ 中时，分配是有效的，即 $\sum_{i=1}^{n} x_i = v(S)$。这表明每个玩家 SU 必须在不和其他用户进行交互时得到尽可能多的所需要的信息。$v(S)$ 意味着它创建数值的效率和 SU 接入合适信道的效率。

定义 6.2 玩家的边际贡献是指：当一个玩家不得不离开游戏时，它贡献的总价值的减少量。

这表明合作博弈与用户贡献具有相关性,同时边际贡献也是信道选择的一个依据。

4. 信道偏好

假定有 4 个 SU,基于用过的 8 个信道来评价等级。权重是用户评级,偏好是相似性函数 sim,sim 基于可用性和检索(偏好)。偏好选择率的变动范围是 $0 \leqslant$ sim $\leqslant 1$,相似地,用户等级(权重)也在 0 和 1 之间变化,$0 \leqslant w_i \leqslant 1$。信道的偏好用表 6.3 所示随机选择值来计算。

表 6.3 **N** 信道和 **K** 信道的频谱竞标

U#	C#	CR	CRR	sim	w
1	1	0.5	0.6	0.55	0.6
2	2	0.4	0.4	0.4	0.5
1	4	0.6	0.5	0.55	0.5
4	3	0.8	0.7	0.75	0.7
3	5	0.2	0.3	0.25	0.3
2	8	0.5	0.6	0.55	0.6
1	7	0.8	0.8	0.8	0.9
2	6	0.6	0.6	0.6	0.7

表 6.3 中的缩写如下:

U# = User Number

C# = Channel Number

CR = Channel Rating

CRR = Channel Retrieval Rate

w = weight assigned to channel

sim = Average weight

使用表 6.3 数据,式(6.30)中最近邻的 Φ 值计算结果为 0.694 8。

因此,SU 会优先选择与这个值接近或更大的信道。在表 6.3 中,信道 3 和 7 具有优先选择权,信道 1、4、6 和 8 具有第二选择权,信道 5 的优先级最低。在 ACF 案例中,我们考虑两个用户在特定信道上的爱好以及他们的评级。爱好因素使用 QoS 和等级的信道特性来计算,如表 6.4 所示。

表 6.4　两个用户爱好的信道等级

User#	Rating	QoS	χ
1	0.7	0.8	0.9
2	0.8	0.75	0.9

使用式(6.31)和表 6.4 的数据,计算出的 Δ 为 0.013 9。

在当前案例中,因为两个用户爱好的不同点接近 1‰,因此两个用户要对此信道出价,出价高者获得信道,或者说通过优先权分配得到爱好最高的 SU 会得到信道。

5. 仿真

此部分我们讨论 SU 对频谱的有效利用,同时 SU 可以得到最佳信道。下面的 CBR-ACF 算法在任意时间使用优先权为 SU 计算和分配适合的信道。算法 CBR-ACF 流程如下。

① 找到可用信道(随机生成)。

② 使用最近邻算法(CBR)

• 找到接近用户 1 偏好的信道;

• 找到接近用户 2 偏好的信道。

③ 用 ACF 公式为两个用户间相同的可用信道找到用户偏好。

④ 用 CBR 和 ACF 数据分配信道。

⑤ 对另一用户重复步骤①～⑤。

算法 CBR-ACF 找出最接近用户选择的信道。如果超过一个用户对同一信道有兴趣,则系统会选择优先用户。

仿真基于 Matlab,用随机数完成。在当前案例中,假定有 99 个信道。CR、CRR 以及 w 的值采用随机方法来分配。每个信道的 sim 值都要计算,为了解释 CBR-ACF,很多仿真被处理和记录。

案例 1

接下来的数据是使用 CBR-ACF 算法和式(6.30)和式(6.31)来获得的。基于仿真数据,我们推断当前可用信道会分配给优先用户。

$\Phi = 0.5079$

可用信道:51　8　6　63　62

偏好的信道:51

该信道偏好的 CRR:0.513 6

该信道三个用户的 ACF:

用户 1   ACF＝0.024 1

用户 2   ACF＝0.037 8

用户 3   ACF＝0.029 5

根据此数据,信道 51 分配给用户 1。

案例 2

Φ＝0.476 9

可用信道:71   50   47   6   68

偏好的信道:6

该信道偏好的 CRR:0.421 8

该信道三个用户的 ACF:

用户 1   ACF＝0.038 1

用户 2   ACF＝0.029 8

用户 3   ACF＝0.054 2

根据此数据,用户 2 分配给信道 6。

以案例 2 为例,CBR 根据优先权分配可用信道给用户 1。但是,考虑到所有用户的优先权和可用信道,我们利用 CBR 与 ACF 的联合决策,得出并分配匹配度最高的信道。这是一个综合决策,因为考虑了所有用户的优先权,根据权重,信道评级以及优先权记录它们的建议。总的来说,CBR 与 ACF 的联合决策有利于节省运算时间,提高信道分配的质量。

6.2.5   3G 网络用于提高覆盖范围的混合认知引擎

CR 可能是 3G 网络中一个重要的工具,它能够帮助制造商和运营商增加系统容量,提高数据速率,减少延迟,并通过支持异质网络间的通信扩大系统覆盖范围。从用户的角度来讲,CR 能够根据过去的信息以及对现有的频谱进行检测来提高频谱利用率,可以通过使用非连续频带这种更有效的频谱管理方法提升系统容量和终端用户数据率。

CR 技术可以通过以下方式增强 3G 无线网络:提供灵活的频谱管理技术;作为现存无线接入技术的桥梁;保证终端用户更好的 QoS;运用推理和学习改善无线频谱资源管理方法;提供迅捷的服务调度以及运用感知数据来优化网络。尽管频谱管理可能是认知无线电最广泛的应用,将 CR 用于无线资源管理的方法能够为网络性能带来显著改善,认知技术一些可能的应用还包括(但不限于)时间调度、交接管理、错误捕获和阻止、模式/服务选择(如 GPRS、GSM、WCDMA)、功率放大器优化、femtocell 网络与蜂窝基础设施共存的改进以及使用先验知识规划蜂窝的布局等[28]。

1. 3G 认知引擎模型

图 6.25 是一般的认知引擎(CE)图解,它标明了引擎各部件的位置。图 6.25 的云代表 3G 网络中认知无线电的周围环境,环境中的实时数据由感知模块收集。一般而言,感知模块属于用户设备(User Equipment,UE),在一些情况下,无线接入网络(Radio Access Network,RAN)也可能有感知能力。感知模块由核心代理(Core Agent)来控制何时以多高频率来感知频谱。核心代理和其他智能网络设备属于无线网络控制器(Radio Network Controller,RNC)。图 6.26 是通用移动通信系统(Universal Mobile Telecommunications System,UMTS)网络架构[29]。感知数据由感知模块传递给环境分析模块,此模块合成与提取引擎的相关环境信息。这个模块属于 RNC,但是在一些情况下,它对 UE 同步当前环境的相关传输数据也是十分有利的。感知到的数据存储在本地的无线电环境图(Radio Environment Map,REM)中。REM 是包含认知无线电综合多域信息的集成数据库,它包括地理信息、可用服务、频谱规定、位置和附近无线设备行为、政策以及过去的经验[30]。REM 接受内外部资源的信息,比如感知模块、同网络中其他的 REM、外部网络中的 REM、策略数据库、地理信息数据库等。REM 存在于网络中的不同位置。局部 REM 有两种:一种在 UE,另一种在 RNC。

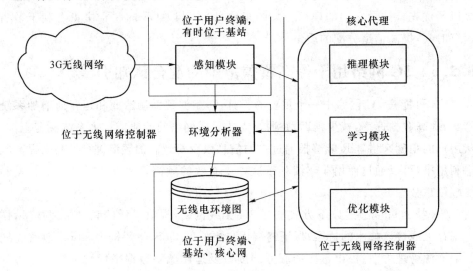

图 6.25 一般的 CE 架构

当信息被同步后,核心代理开始与信息相互作用。核心代理使用同步数据和 REM 中存储的无线环境信息以及终端用户要求来抽象当前环境。这个过程在 CE 设计中很重要,因为用机器学习得到解决方案的方法极大依赖于可用信息的类型

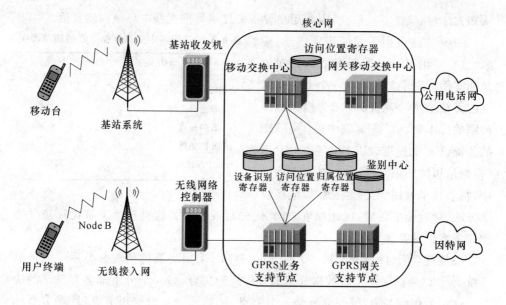

图 6.26   UMTS R99 架构

及信息分类或组织方式。此外,3G 网络是复杂的系统,在给定时间描述系统的变量很多,因此我们必须减少变量的数量,以减少需要的存储容量和计算功率。为了实现这些,我们采用能消除冗余信息的特性提取或者分类算法。流程的下一步是核心代理分析抽象,并判定当前环境的最优行为。核心代理可以使用推理模块、学习模块或优化模块。它在同一时间选择一个模块或三个的任意组合。一般来说这些过程是顺序发生,而非平行发生的。这个想法赋予了核心代理更多的灵活性,同时减少了解决方案的收敛时间。以下讨论混合 CE 的实现所采用的算法。

2. 基于案例的推理和决策树学习

(1) 网络中采用 CBR 和 DT 算法的动机

单一的机器学习算法不能得到一个稳健的 CE,根据需要优化的目标或者应用结合的算法才能够生成更好的 CE。问题描述和数据表述是机器学习方法能够成功应用的重点。

CBR 是采用过去的类似经验或案例来引导问题解决流程,进而获得解决方案的机器学习方法。在 CBR 中,问题的解决方案是通过选择与问题相关的案例,然后找出最匹配的案例调整以适用于当前的案例或情境。选择 CBR 作为主要的推理模块是因为它在动态改变的环境中工作良好,比如说在 3G 无线网络中。CBR 还可以在没有足够知识,但有充足的经验时解决问题。这对无线网络来说常常发生,由于系统的时变性,模型很难生成,网络操作者只能频繁求助于测量值。加入认知方法后,该流程被简化,因为用户设备能提供周围无线电环境的测量值。

CBR 方法可用下述四步来描述:检索、重复使用、校正、为未来增长的知识预期案例。一个案例就是一个事件或问题的详细描述。表 6.5 所示为覆盖范围问题的样本案例。此案例中提供了 UE 的位置、UE 的速度、UE 观察到的 SINR(根据信道的知识来预测)。在案例检索中,很多技术被用于处理案例,如模糊数

表 6.5　3G 网络中提高覆盖范围的简单案例

Attribute	Value
UE 的横坐标	x
UE 的纵坐标	y
UE 的角度	θ
UE 的速度	v
信干噪比	SINR

学方法、最近相邻搜索、统计权重方法、优先启发式等。这里选择决策树算法来协助完成案例选择。

决策树学习(Decision Tree Learning,DTL)采用决策树代表分类系统或预测系统[31]。结果树是一个将数据分组的分层规则集合,每一个分组都会有自己的决策。这个分层称为树,每一部分是一个节点,初始部分是树的根节点,终端节点称为叶子,它们返回决策值,即给定输入的输出预测。决策树可分为两类:分类树(Classification Tree,CT)和回归树(Regression Tree,RT)。CT 采用离散函数,而RT 采用连续函数。在实现中我们采用自顶向下的感应过程、熵信息以及信息增益的概念创建树。熵信息是集合 S 中包含信息数量的估计,信息增益是 S 中一个属性到下一个属性熵值的改变。文献[31]给出更加正式的定义,如式(6.32)所示。S是包含 p 个正案例,n 个负案例的训练集,S 的熵是

$$E(s) = -\frac{p}{p+n}\log_2\left(\frac{p}{p+n}\right) - \frac{n}{p+n}\log_2\left(\frac{n}{p+n}\right) \qquad (6.32)$$

给定熵的标准定义,如果有单一属性 A,A 将训练集 S 分为子集 S_i,$i=1$,$2,\cdots,k$,A 具有 k 个不同的值,那么属性 A 相对于 S 的信息增益是

$$G(S,A) = E(s) - \sum_{i=1}^{k}\frac{p_i+n_i}{p+n}E(S_i) \qquad (6.33)$$

其中每一个子集 S_i 有 p_i 个正案例,n_i 个负案例。信息增益用来决定一个属性的相关性,因此如果一属性具有很高的信息增益,那么它应该靠近决策树的根部。DTL 具有如下优势,有利于其进行 CE 设计。

① 简单性:DT 很容易理解和解释。

② 鲁棒性:DT 能迅速管理大批数据。

③ 可靠性:结果树模型可用统计方法验证。

④ 灵活性:DT 能很好地处理离散和连续函数。

⑤ 成熟性:DT 在理论上已被很好地研究,同时已经提出了几种有效的算法,

可以减少开发时间。

（2）混合引擎如何工作

如果只关注 3G 网络中 Node B 覆盖范围的大小，引擎模块可以被简化[32]。UE 是频谱的授权用户，并且和蜂窝内的其他用户共享带宽，所以感知模块可以被简化。Node B 的容量受覆盖范围限制，而蜂窝的覆盖范围由环境的传播特点（包括障碍物）决定。UE 能够判定它所处位置的干扰等级，然后将其报告给 Node B。Node B 把信息传递给处于 RNC 和核心代理所在的核心网的 REM。在 REM 中，假定只有覆盖范围属性可以从数据库中被抽取。案例由 3G 无线网络仿真产生，每个案例由表 6.5 所列属性来描述。对于这个问题，只有一种类型的问题需要解决，即学习 Node B 的覆盖范围，因此不需要环境分析器。核心代理由基于案例的推理器组成，它包括案例库、索引算法、匹配和检索。核心代理也包括 DTL 学习算法，用来将训练案例分类，并且学习 Node B 的覆盖范围。

第一步是丰富案例库，为 CE 积累经验值。如果实际数据集合可以获得，这一步可以被分析实际数据集的相关性代替。案例库的构成如下：Node B 位于蜂窝中心，蜂窝内有 100 个 UE。Node B 和每一个 UE 都有最大传输功率限制。为了模拟移动性，我们使用随机路径模型。UE 的速率从 $30\sim100$ km/h 不等，选择的仿真环境是郊区的车载测试环境。这里 Node B 的天线很高，路径损耗为 R^{-4}。仿真参数如表 6.6 所示，仿真长度是 300 s，生成了 30 000 个案例。

表 6.6 仿真参数

参数	值
天线高度	40 m
最大小区半径	100 km
天线环境	郊区车载
信道模型	信道 A
业务类型	语音
用户终端移动速度	$30\sim100$ km/h
载波频率	2 GHz

案例库生成后，我们应用 DTL 算法来分析系统，应用在案例库中，目标值是 SINR。该算法可以用于给案例分类，并获得服务端 SINR 值的规则。

3. 仿真结果

考虑包括障碍物的测试场景，如图 6.27 所示。有障碍影响下的传播路径损耗为 100 dBm，在障碍物的前端它逐渐降低为 0 dBm。图中障碍物右侧的黑色阴影点代表 SINR 低于 20 dBm 导致掉线的案例。在初始阶段，假设覆盖区域有 10% 的掉线率，学习算法可以更准确地描述场地和掉线率，积累 Node B 的覆盖范围的相关知识。图 6.28 给出了最终的决策树。

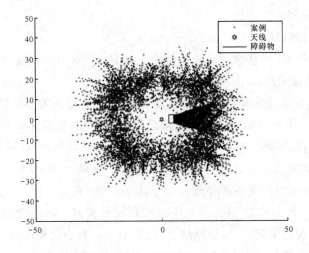

图 6.27　掉线案例数目的分布点

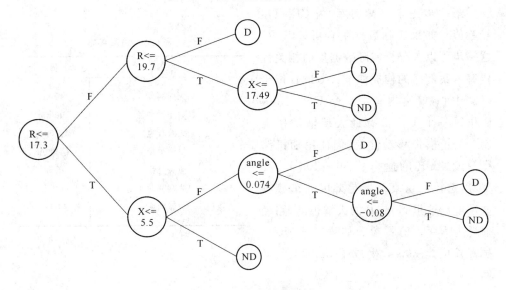

图 6.28　产生的决策树

总的来说,采用 CBR 和 DTL 作为认知引擎的主要推理和学习模块是有利于提升网络性能的。这里仅以覆盖范围举例,还可以基于 CE 设计切换算法防止附近有障碍时的掉线情况,研发功率控制算法来提升容量,进行网络自适应规划等。

认知圈被认为是无限循环的。在应用知识与环境进行互动后,CR 继续观察环境,决定是否需要采取其他行为。这样就开始了一个应用学习知识(而不是训练知识)的新循环。因此,下一步有必要研究环境随着 UE 和网络的互动会如何变化,完善 CE 的设计工作。

本章参考文献

[1] Zhao Y, Le B, Reed J H. Network Support: The Radio Environment Map [M]. B Fette, ed. Elsevier:Cognitive Radio Technology, 2006.

[2] Zhao Y, Gaeddert J, Bae K K, et al. Radio Environment Map-enabled Situation-aware Cognitive Radio Learning Algorithms [J]. In proceedings of Software Defined Radio (SDR) Technical Conference, Orlando FL, Nov. 13-17, 2006:1-6.

[3] IEEE 802. 22 WG. IEEE P802. 22 (D0. 1) Draft Standard for Wireless Regional Area Networks Part 22: Cognitive Wireless RAN Medium Access Control(MAC) and Physical Layer (PHY) specifications: Policies and procedures for operation in the TV Bands. IEEE Standard,2006.

[4] Gaeddert J, Kim K, Menon R, et al. Applying artificial intelligence to the development of a cognitive radio engine [J]. Technical Report, Mobile and Portable Radio Research Group (MPRG), Virginia Tech, June 30, 2006.

[5] Xu L D. Case-based reasoning: A major paradigm of artificial intelligence [J]. IEEE Potentials, Dec 1994-Jan 1995:10-13.

[6] Youping Zhao, Lizdabel Morales, Joseph Gaeddert, et al. Applying Radio Environment Maps to Cognitive Wireless Regional Area Networks [J]. 2nd IEEE International Symposium on New Frontiers in Dynamic Spectrum Access Networks, 2007: 115-118.

[7] WiMAX Forum, Mobile WiMAX - Part I: A Technical Overview and Performance Evaluation, WiMAX Forum, 2006.

[8] Pareek D. The Buisness of WiMAX [M]. Manhattan: John Wiley & Sons Ltd, 2006.

[9] Ali S H, et al. Dynamic Resource Allocation in OFDMA Wireless Metropolitan Area Networks [J]. IEEE Wireless Communications Magazine, 2007, 14 (1):6-13.

[10] Mohamed Khedr, Hazem Shatila, CogMAX- A Cognitive Radio Approach for WiMAX Systems, AICCSA, 2009 [C]. Rabat, Morocco:the 7th IEEE/ACS International Conference on Computer Systems and Applications, 2009.

[11] Baldo N, Zorzi M. Learning and Adaptation in Cognitive Radios using Neural Networks, Consumer Communications and Networking Conference, 2008 [C]. CCNC 2008. 5th IEEE, 2008:998-1003.

[12] Rondeau T W, Le B, Maldonado D, et al. Cognitive Radio Formulation and Implementation, Cognitive Radio Oriented.Wireless Networks and Communications, 2006 [C]. Proc. of 1 st International Conference, 2006: 1-10.

[13] Timothy R N, Brett A B, Alexander M W, et al. Cognitive Engine Implementation for Wireless Multicarrier Transceivers [J]. Wireless Communications and Mobile Computing, 2007, 7(9):1129-1142.

[14] Tom M M. Decision Tree Learning [J]. Machine Learning, 1997, 43: 52-80.

[15] De Mantaras R L, Plaza E. Case-Based Reasoning: an Overview [J]. AI Communications, 1997, 10(1):21-29.

[16] Kolodner J L. An Introduction to Case-Based Reasoning [J]. Artificial Intelligence Review, 1992,6(I):3-34.

[17] Ken-Shin Huang, Chih-Hseng Lin, Pao-Ann Hsiungt. A space-efficient and multi-objective case-based reasoning in Cognitive Radio [J]. 2010 IET International Conference on Frontier Computing. Theory, Technologies and Applications,2010:25-30.

[18] Rondeau T W. Application of Artificial Intelligence to Wireless Communications[D]. Doctoral Dissertation, Electrical and Computer Engineering Dept. Virginia Tech, 2007.

[19] Zheng H, Peng C. Collaboration and Fairness in Opportunistic Spectrum Access, Int. Conf. on Comm. (ICC), 2005 [C]. IEEE International Conference,2005,5(5): 3132-3136.

[20] Wang W, Liu X. List-coloring based channel allocation for open spectrum wireless networks, VTC, 2005 [C]. in Proc. of IEEE. 2005: 690-694.

[21] Sankaranarayanan S, Papadimitratos P, Mishra A, et al. A Bandwidth Sharing Approach to Improve Licensed Spectrum Utilization [J]. in Proc. of the first IEEE Symposium on New Frontiers in Dynamic Spectrum Access Networks, 2005,43(12):10-14.

[22] Liu H, Krishnamachari B, Zhao Q. Cooperation and Learning in Multiuser Opportunistic Spectrum Access, IEEE ICC 2008 [C] CogNets Workshop,

Beijing，China，2008：487-492.

[23] Yenumula B. Reddy，Efficient Spectrum Allocation Using Case-Based Reasoning and Collaborative Filtering Approaches [J]. 2010 Fourth International Conference on Sensor Technologies and Applications，2010：375-380.

[24] Wettschereck D，Aha D W. Weighting Features，Proc. Of the 1st International Conference on Case-Based Reasoning，1995 [C]. Springer，New York，USA，1995.

[25] Kolodner J L. Case-Based Reasoning. Morgan Kaufmann，1993.

[26] Hays C，Cunningham P，Smyth B. A Case-based Reasoning View of Automated Collaborative Filtering [J]. Proceedings of 4th International Conference on Case-Based Reasoning，2001：234-248.

[27] Sollenborn M，Funk P. Category-Based Filtering and User Stereotype Cases to Reduce the Latency Problem in Recommender Systems，6th European Conference on Case Based Reasoning，2002 [C]. Springer Lecture Notes，2002.

[28] Chandrasekhar V，Andrews J，Gatherer A. Femtocell networks：a survey [J]. Communications Magazine，IEEE，2008，46(9)：59-67.

[29] 3G Partnership Project. http：//www. 3gpp. org.

[30] Zhao Y，Morales L，Gaeddert J，et al. Applying radio environment maps to cognitive wireless regional area networks [J]. in Proc. 2nd IEEE International Symposium on New Frontiers in Dynamic Spectrum Access Networks DySPAN 2007，17-20 April 2007：115-118.

[31] Yao X，Liu Y. Search Methodologies [M]. New York：Springer Science & Business Media，2005，ch. Machine Learning，341-374.

[32] Lizdabel Morales-Tirado，Juan E Suris-Pietri，Jeffrey H Reed. A Hybrid Cognitive Engine for Improving Coverage in 3G Wireless Networks，2009. ICC Workshops 2009 [C]. IEEE International Conference on Communications Workshops，2009：1-5.